PHP编程基础与实例教程

（第3版|微课版）

孔祥盛◎主编

人民邮电出版社
北京

图书在版编目（CIP）数据

PHP编程基础与实例教程 : 微课版 / 孔祥盛主编
. -- 3版. -- 北京 : 人民邮电出版社, 2022.11(2024.6重印)
(软件开发人才培养系列丛书)
ISBN 978-7-115-59907-0

Ⅰ. ①P… Ⅱ. ①孔… Ⅲ. ①PHP语言一程序设计一教材 Ⅳ. ①TP312

中国版本图书馆CIP数据核字(2022)第155501号

内 容 提 要

PHP 简单易学且功能强大，是 Web 开发的首选语言。本书由浅入深、循序渐进，系统地介绍了PHP 的相关知识及其在 Web 开发中的实际应用，通过具体案例使读者巩固所学知识，并能够更好地进行开发实践。本书共分为 14 章，涵盖了 PHP 开发环境的搭建、PHP 语法、FORM 表单、数据库开发、面向对象编程、使用 PDO 连接数据库、会话控制、界面设计等内容。

本书内容丰富、讲解深入，适用于初、中级 PHP 用户，可作为普通高等院校相关课程的教材，也可作为 PHP 爱好者的自学参考书。

◆ 主　　编　孔祥盛
　责任编辑　许金霞
　责任印制　王　郁　陈　犇

◆ 人民邮电出版社出版发行　　北京市丰台区成寿寺路 11 号
　邮编　100164　　电子邮件　315@ptpress.com.cn
　网址　https://www.ptpress.com.cn
　山东华立印务有限公司印刷

◆ 开本：787×1092　1/16
　印张：16　　　　　　2022 年 11 月第 3 版
　字数：434 千字　　　2024 年 6 月山东第 4 次印刷

定价：59.80 元

读者服务热线：(010)81055256　印装质量热线：(010)81055316
反盗版热线：(010)81055315
广告经营许可证：京东市监广登字 20170147 号

第 3 版前言

Preface

PHP 是全球普及、应用极其广泛的 Web 应用程序开发语言之一，易学易用，越来越受到广大程序员的青睐和认同。目前，PHP 最新版本是 PHP8，PHP8 在 PHP7、PHP6 和 PHP5 的基础上进行了大幅的功能升级。为了满足众多 PHP 初学者的使用需求，编者在 2011 年编写了《PHP 编程基础与实例教程》，并于 2016 年出版了第 2 版。本书受到了很多读者的欢迎和关注，他们给我们反馈了大量的意见和建议。此次改版基于 PHP8 的功能，对教材内容进行了很多修订和完善。

本书在内容的编排以及章节的组织上精心设计，力求让读者在短时间内掌握使用 PHP 开发动态网站的常用技术和方法，从而能够快速入门。本书以“坚持理论知识够用，专业知识实用，专业技能会用”为原则，在讲解具体案例的同时，融合了异常处理、结构化编程、面向对象编程、软件工程、软件测试、数据库设计、界面设计等知识，真正做到了 PHP 编程基础与项目实训合二为一。

本书具有如下特色。

1．入门门槛较低。读者无须掌握太多程序设计基础知识，就能非常轻松地掌握数据库设计、软件工程及动态网站开发等相关技术。

2．内容丰富、严谨。作者对 PHP 内容的选取非常严谨，书中知识结构安排一环扣一环，从一个知识点过渡到另一个知识点非常顺畅和自然。

3．涉及知识面广。异常处理、结构化编程、面向对象编程、软件工程、软件测试、数据库设计、界面设计等知识在本书中均有涉及。

4．强调实训环节与 PHP 基础知识的结合。本书以讲解 PHP 基础知识为目标，以案例的实现为载体，以不同的章节完成不同的任务为理念，采用软件工程的思想实现具体案例。

5. 配套微课视频，针对重点、难点进行详细解析，读者扫描二维码即可观看。

6. 丰富且实用的课后习题。精选新浪、百度等知名公司的面试题。

本书由孔祥盛担任主编，李敏、胡鹏飞、赵春、牛静雯、茹蓓担任副主编。其中，孔祥盛编写第 1 章～第 4 章，李敏编写第 5 章～第 7 章；胡鹏飞编写第 8 章、第 9 章；赵春编写第 10 章、第 11 章；茹蓓编写第 12 章；牛静雯编写第 13 章、第 14 章。孔祥盛设计了本书的案例、组织架构，并进行了全书统稿。由于编者水平有限，书中难免存在不妥之处，敬请广大读者批评指正。

为了便于读者使用本书，本书还提供了丰富的教学资源，包括源程序、安装程序、电子课件、教学大纲、电子教案、课后习题答案（电子版）、教学进度表、实验教学进度表、课程设计报告模板、期中考试方案及期末考试方案。读者可通过人邮教育社区（www.ryjiaoyu.com）下载。

编者

2022 年 5 月

目录

Contents

第1章 PHP入门

第2章 PHP基础知识

第 3 章

PHP 表达式

第 5 章

PHP 数组

第 6 章

PHP 处理 FORM 表单

第 7 章 自定义函数

第 8 章 PHP 结构化编程和 PHP 面向对象编程

第 9 章

MySQL 数据库

第 10 章

PHP 访问 MySQL 数据库

第 11 章 个人博客系统的设计与开发

第 12 章 会话控制技术：Cookie 与 Session

第1章 PHP入门

本章介绍PHP概况和Web开发基础知识，重点介绍PHP程序的执行流程，演示Apache服务和PHP预处理器的安装和配置。通过本章的学习，读者可以编写简单的PHP程序，并可以将其部署到Apache服务器和PHP预处理器上执行。

1.1 PHP概况

PHP概况

PHP（Personal Home Page：Hypertext Preprocessor）是一种在服务器端执行的脚本语言，主要用于开发动态网站。PHP语言通常和HTML相互嵌套，共同组成PHP程序。

PHP发展到今天，具备很多优势，简单介绍如下。

（1）易学好用：学习PHP的过程非常简单。PHP的主要目标是让Web开发人员只需很少的编程知识就可以快速构建一个动态网站。PHP语言的风格类似于C语言。用户非常容易学习，只要了解PHP的基本语法和语言特色，就可以开始PHP编程之旅。

（2）免费开源：基于PHP的动态网站源代码是免费开源的。

（3）良好的可扩展性：PHP的免费开源使其可扩展性大大增强，任何程序员为PHP扩展附加功能都非常容易。

（4）平台无关性（跨平台）：同一个PHP程序，无须修改任何源代码，就可以运行在Windows、Linux、UNIX、macOS等绝大多数操作系统环境中。

（5）功能全面：PHP几乎涵盖了动态网站开发所需的一切功能，例如，使用PHP可以进行图形处理、编码与解码、压缩文件处理、JSON解析、支持HTTP的身份认证、支持Session和Cookie。

（6）数据库支持：PHP最强大、最显著的优势是支持包括甲骨文公司的Oracle及MySQL、微软公司的Access及SQL Server在内的大部分数据库管理系统，并且使用PHP访问数据库非常简单。

（7）支持面向对象编程：早期版本的PHP是结构化编程语言，不支持面向对象编程。从PHP3开始，PHP提供了面向对象编程的支持，提高了代码的复用性。

1.2 Web开发基础知识

Web开发基础知识

动态网站开发也叫作Web开发，其本质是基于B/S网络架构的软件开发。B/S网络架构的全称为Browser/Server网络架构（浏览器/服务器网络架构）。

1.2.1 浏览器

B/S中的B表示浏览器，也称为Web浏览器，主要功能是显示HTML程序，并让浏览器用户与HTML程序产生互动。浏览器是一款可以运行在计算机主机或者智能手机上的软件，浏览器种类繁多，常见的有 Edge、Chrome、Firefox、UC、IE、Safari、Opera 等。有了浏览器，我们只需要在浏览器地址栏中输入某个 URL 网址或者点击某个超链接即可畅游网络。

1.2.2 服务器

服务器种类繁多，有 Web 服务器、DNS 服务器、数据库服务器、文件服务器等。B/S 中的 S 特指 Web 服务器，也称为 WWW（World Wide Web）服务器。对于初学者而言，Web 服务器遥远而又陌生。简单地讲，Web 服务器就是安装了 Web 服务软件的计算机，常用的 Web 服务软件有 Apache、Nginx 和 IIS。

Apache 具有免费、速度快、性能稳定等特点，作为最流行的 Web 服务器软件之一，本书使用它部署 PHP 程序。Apache 服务器主要提供 4 个功能。

（1）存储资源文件。Apache 服务器通常存储了很多资源文件供浏览器用户远程访问。典型的资源文件有 HTML 文件、CSS 文件、JavaScript 文件、各种多媒体文件（如图片文件、音频文件、视频文件等）以及 PHP 程序。

（2）接收 HTTP 请求数据。当浏览器用户打开浏览器，在浏览器地址栏中输入 URL 网址或点击超链接时，浏览器向 Apache 服务器发出 HTTP 请求数据，请求访问 Apache 服务器的某个资源文件；Apache 服务器接收 HTTP 请求数据。

（3）定位资源文件。Apache 服务器根据 HTTP 请求数据中的 URL 网址，计算得出资源文件所在的物理位置，定位资源文件。

（4）返回 HTTP 响应数据。Apache 服务器根据资源文件的运行结果，生成 HTTP 响应数据，返回给浏览器。浏览器与 Apache 服务器之间的交互过程如图 1-1 所示。

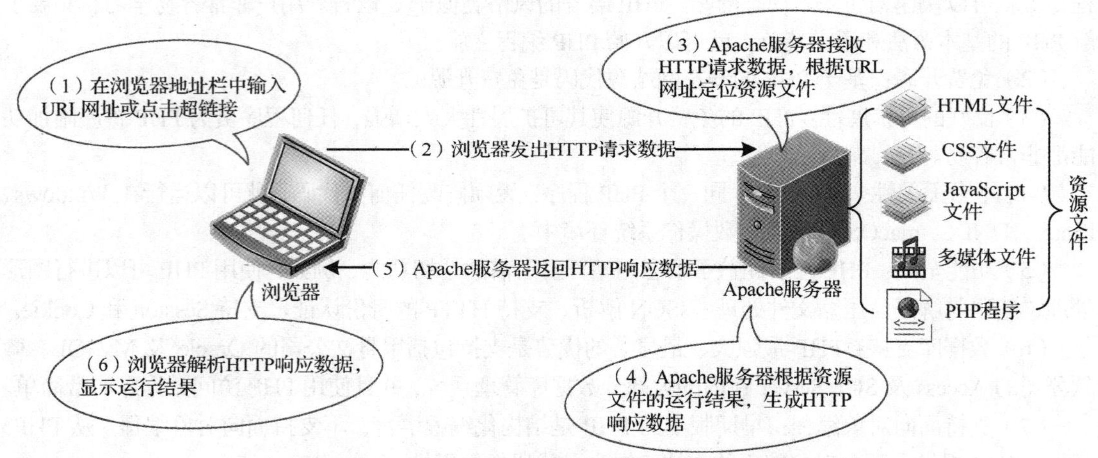

图 1-1 浏览器与 Apache 服务器之间的交互过程

1.2.3 静态资源文件和动态资源文件

静态代码与动态代码的界定是相对于浏览器而言的。浏览器能够直接解释执行的代码属于静态代码，反之则属于动态代码。文本、HTML 代码、CSS 代码、JavaScript 代码等属于静态代码，PHP 代码属于动态代码。

Apache 服务器只能处理静态代码，对于 PHP 代码，Apache 服务器无能为力。Apache 服务器必须委托 PHP 预处理器（PHP Preprocessor）解释执行 PHP 代码，PHP 预处理器将执行结果（静态代码）返回给 Apache 服务器；Apache 服务器将执行结果封装为 HTTP 响应返回给浏览器。

Apache 服务器对待静态代码与 PHP 代码的处理方式并不相同，Apache 服务器是如何区分静态代码与 PHP 代码的呢？解决思路如下。

（1）无论是静态代码还是 PHP 代码，都需要写入程序文件中，程序文件属于资源文件。

说明：程序文件本质是文本文件，扩展名可以是.js、.css、.htm、.html 和.php 等。

（2）如果资源文件的扩展名是.php，则 Apache 服务器认为该资源文件属于动态资源文件，否则属于静态资源文件。为便于描述，本书将扩展名为.php 的资源文件称为 PHP 程序（或 PHP 脚本程序）。

说明：PHP 程序本质是文本文件，并且其扩展名为.php，PHP 程序属于动态资源文件。

（3）对于 PHP 程序，Apache 服务器将其交给 PHP 预处理器解释执行。

PHP 程序可以既包含静态代码，又包含 PHP 代码，PHP 预处理器是如何区分静态代码与 PHP 代码的呢？方法是："<?php" 标记着 PHP 代码的开始（进入 PHP 代码模式），"?>" 标记着 PHP 代码的结束（退出 PHP 代码模式），从 "<?php" 开始到 "?>" 结束的代码称为 PHP 代码，"<?php" 和 "?>" 之外的代码是静态代码。

（4）PHP 预处理器执行 PHP 程序，将执行结果（静态代码）返回给 Apache 服务器。

1.3 HTML 程序和 PHP 程序的执行流程

Web 开发初学者最先认识的是 HTML 程序，然后是 PHP 程序。HTML 程序属于静态资源文件，浏览器能够直接解释执行；PHP 程序属于动态资源文件，浏览器不能直接解释执行。

HTML 程序

1.3.1 HTML 程序

HTML（Hypertext Marked Language）译作超文本标记语言。HTML 1.0 诞生于 1993 年，最新版本是 HTML5，发布于 2014 年。HTML 的首字母 H 代表 Hyper，意思是"above, beyond"（译作超越）。Hypertext 译作超文本，该词诞生于 1965 年，直到 1991 才被引入互联网。不同于普通文本，超文本突破了普通文本的限制，允许浏览器用户通过单击鼠标等方式访问互联网上的资源文件。Marked Language 译作标记语言，标记语言的典型特征是使用"开始标签"以及"结束标签"成对标签（有时称为标记）定义网页内的元素。

扩展名为.htm 或.html 的文本文件是 HTML 程序，HTML 程序通常存在大量的 HTML 代码，HTML 代码定义了在浏览器上显示的内容。HTML 程序属于静态资源文件，浏览器能够直接解释执行。以 HTML 程序 hello.html 为例，将其部署到 Apache 服务器后，该程序的代码、执行流程以及在浏览器中的渲染效果如图 1-2 所示。

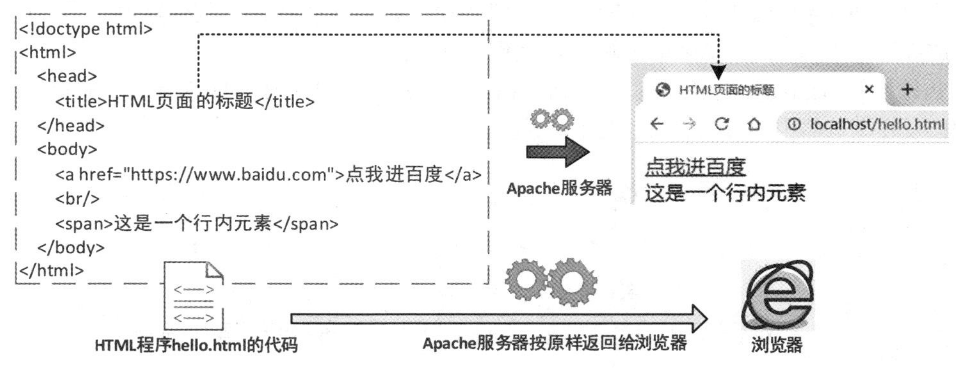

图 1-2　HTML 程序 hello.html 的代码、执行流程以及在浏览器中的渲染效果

HTML 程序 hello.html 的代码说明如下。

（1）代码“<!doctype html>”定义了 HTML 程序的内容类型，表示该 HTML 程序用 HTML5 编写。“<!doctype html>”通常位于 HTML 程序的第 1 行。

（2）HTML 程序通常由<html>、<head>和<body>等标签构成，如图 1-3 所示。<head>标签定义了 HTML 程序的“头”；“头”通常用于定义 HTML 程序的标题、元数据以及引用文件的链接。<body>标签定义了 HTML 程序的“体”，“体”通常用于定义显示在浏览器上的内容。在本例中，显示在浏览器上的内容是<a>标签定义的一个超链接、
标签定义的一个换行以及<span>标签定义的一个行内元素。

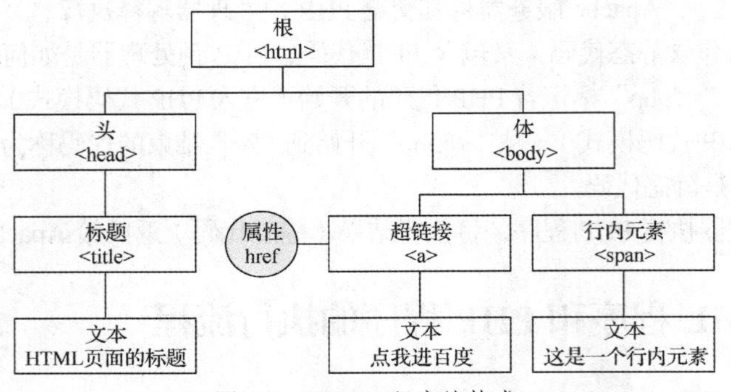

图 1-3　HTML 程序的构成

HTML 程序 hello.html 的执行流程说明如下。

（1）当浏览器用户请求访问 HTML 程序 hello.html 时，Apache 服务器根据扩展名.html 得知该程序属于静态资源文件，Apache 服务器直接将 HTML 程序封装为 HTTP 响应数据返回给浏览器。

（2）浏览器接收到 HTTP 响应数据后，逐行渲染，例如，“<br/>”被浏览器渲染成“换行”。

▶注意：扩展名为.htm 或.html 的 HTML 程序属于静态资源文件，即便 HTML 程序中存在 PHP 代码，这些 PHP 代码也会按原样输出（不会被 PHP 预处理器解释执行）。

说明：有关 Apache 服务器的安装、配置和 HTML 程序的执行，可参见本章上机实践 1 和上机实践 2 的内容。

1.3.2　PHP 程序

PHP 程序

PHP 是一种在服务器端执行的脚本语言，不能直接被浏览器解释执行。扩展名为.php 的文本文件是 PHP 程序，属于动态资源文件。PHP 程序可以包含 PHP 代码，也可以不包含 PHP 代码，如果包含 PHP 代码，则 PHP 代码必须被 PHP 预处理器解释执行成静态代码后，浏览器才能理解 PHP 代码的真正意图。

以 PHP 程序 hello.php 为例，将其部署到 Apache 服务器和 PHP 预处理器后，该程序的代码、执行流程以及在浏览器中的渲染效果如图 1-4 所示。

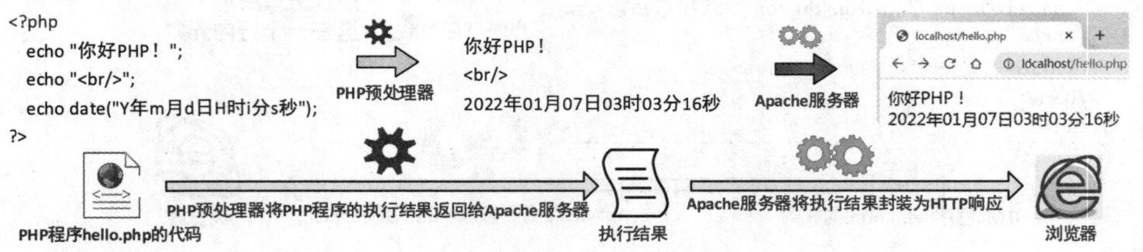

图 1-4　PHP 程序 hello.php 的代码、执行流程以及在浏览器中的渲染效果

PHP 程序 hello.php 的代码说明如下。

（1）在 PHP 程序中，“<?php”表示从 HTML 代码模式进入 PHP 代码模式，“?>”表示退出 PHP 代码模式并进入 HTML 代码模式，“<?php”和“?>”分别叫作 PHP 代码的开始标记和结束标记。

（2）echo 是 PHP 的输出语句，用于向浏览器输出字符串。

（3）“echo "你好 PHP！";”“echo "<br/>";”和“echo date("Y 年 m 月 d 日 H 时 i 分 s 秒");”是 3 条 PHP 语句，PHP 语句使用英文分号“;”结束，3 条 PHP 语句被 PHP 预处理器解释执行，分别输出“你好 PHP！”“<br/>”和 Web 服务器主机的当前时间（如“2022 年 01 月 07 日 03 时 03 分 16 秒”）3 个字符串。

说明：PHP 语句使用英文分号“;”结束，对于“?>”前的 PHP 语句，其后的“;”可以省略。

（4）date()是 PHP 的日期时间函数，该函数需要一个字符串参数，如"Y 年 m 月 d 日 H 时 i 分 s 秒"。Y 是 year 的第 1 个字母，m 是 month 的第 1 个字母，d 是 day 的第 1 个字母，H 是 hour 的第 1 个字母，i 是 minute 的第 2 个字母，s 是 second 的第 1 个字母，分别代表 Apache 服务器当前的年、月、日、时、分、秒。

（5）“?>”表示退出 PHP 代码模式并进入 HTML 代码模式。如果“?>”之后没有其他任何代码，则“?>”可以省略，否则不可以省略，例如，示例程序中的“?>”可以省略。

▶注意：不能同时省略“;”和“?>”，例如，图 1-5 所示的 4 个 PHP 程序中，最后一个 PHP 程序存在语法错误。

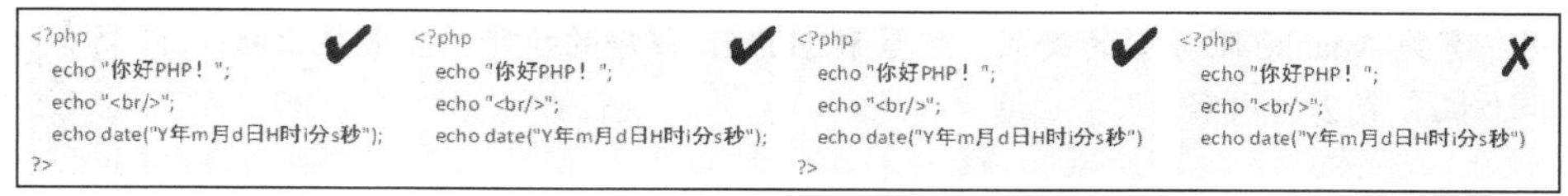

<?php
echo "你好PHP！";
echo "<br/>";
echo date("Y年m月d日H时i分s秒");
?>
<?php
echo "你好PHP！";
echo "<br/>";
echo date("Y年m月d日H时i分s秒");
<?php
echo "你好PHP！";
echo "<br/>";
echo date("Y年m月d日H时i分s秒")
?>
<?php
echo "你好PHP！";
echo "<br/>";
echo date("Y年m月d日H时i分s秒")

图 1-5 不能同时省略“;”和“?>”

PHP 程序 hello.php 的执行流程说明如下。

（1）当浏览器用户请求访问 PHP 程序 hello.php 时，Apache 服务器根据扩展名得知该程序属于动态资源文件，Apache 服务器委托 PHP 预处理器执行该 PHP 程序；PHP 预处理器根据开始标记“<?php”和结束标记“?>”辨别 PHP 代码，解释执行 PHP 代码；PHP 预处理器将 PHP 程序的执行结果（静态代码）返回给 Apache 服务器；Apache 服务器将执行结果（静态代码）封装为 HTTP 响应数据返回给浏览器。

（2）浏览器接收到 HTTP 响应数据后，逐行渲染，例如，“<br/>”被浏览器渲染成“换行”。

说明：有关 PHP 预处理器的安装、配置和 PHP 程序的执行，可参见本章上机实践 1 和上机实践 2 的内容。

1.3.3 存在静态代码的 PHP 程序

存在静态代码的 PHP 程序

通常情况下，PHP 程序既可以包含 PHP 代码，又可以包含 HTML、CSS、JavaScript 等静态代码，并且 PHP 代码和静态代码以相互嵌套的方式组织在一起。以 PHP 程序 PHP_HTML.php 为例，其代码、执行流程以及在浏览器中的渲染效果如图 1-6 所示。

PHP 程序 PHP_HTML.php 的代码以及执行流程说明如下。

（1）示例程序既包含 PHP 代码（阴影部分代码），又包含 HTML 代码，它们以相互嵌套的方式组织在一起。

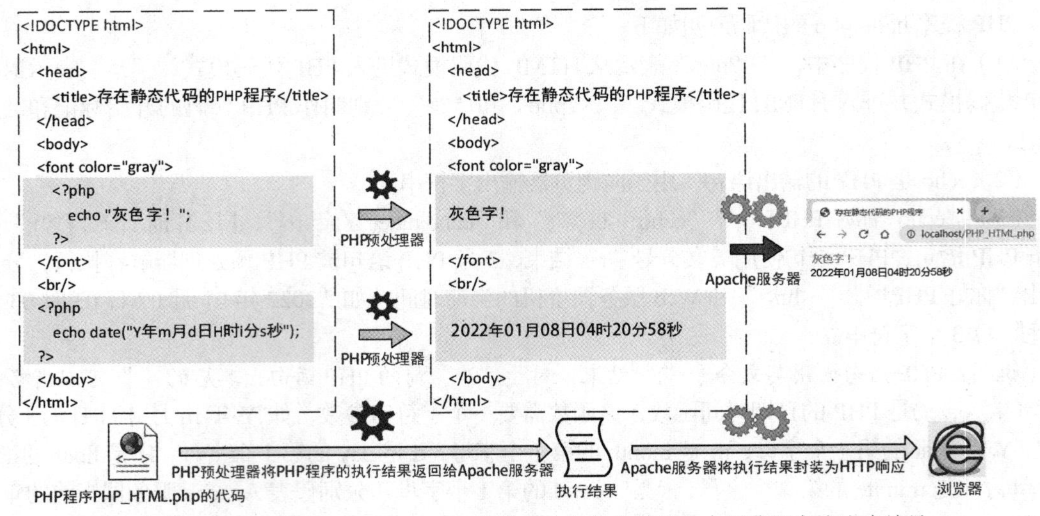

图 1-6　PHP 程序 PHP_HTML.php 的代码、执行流程以及在浏览器中的渲染效果

（2）当浏览器用户请求访问示例程序时，Apache 服务器根据扩展名得知该程序属于动态资源文件，Apache 服务器委托 PHP 预处理器执行该 PHP 程序，原则是 PHP 预处理器执行从“<?php”开始到“?>”结束的 PHP 代码，“<?php”和“?>”之外的静态代码按原样输出；PHP 预处理器将 PHP 程序的执行结果（静态代码）返回给 Apache 服务器；Apache 服务器将执行结果（静态代码）封装为 HTTP 响应数据返回给浏览器；浏览器接收到 HTTP 响应数据后，逐行渲染。

说明：有关 Apache 服务器的安装、配置和 HTML 程序的执行，可参见上机实践 1 和上机实践 2 的内容。

静态资源文件和 PHP 程序的执行流程

1.4 静态资源文件和 PHP 程序的执行流程

静态资源文件和 PHP 程序的执行流程可以通过图 1-7 进行简单描述。

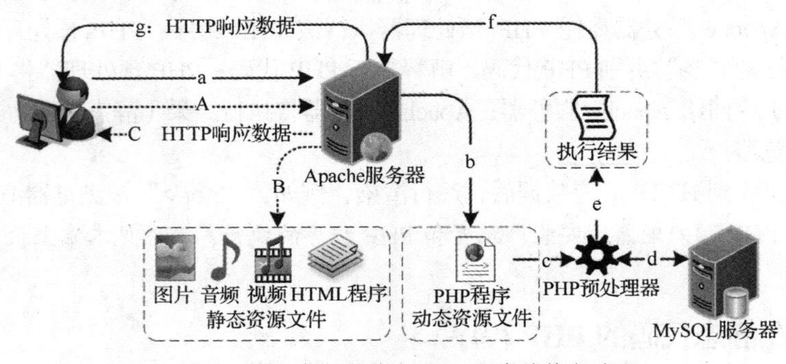

图 1-7　静态资源文件和 PHP 程序的执行流程

1．静态资源文件的执行流程

A→B→C 是静态资源文件的执行流程（虚线），具体步骤如下（以 HTML 程序 hello.html 为例）。

（1）浏览器用户在浏览器地址栏中输入 URL 网址（如 http://localhost/hello.html），按回车键后，浏览器向 Apache 服务器发送 HTTP 请求数据（步骤 A）。

说明：由于 Apache 服务安装在本地机器，URL 网址中的 localhost 表示“我”，代表自己，localhost 可以替换成 127.0.0.1，localhost 和 127.0.0.1 就像口语中的“我”、书面语中的“本人”。

（2）Apache 服务器根据 HTTP 请求数据得知 hello.html 是静态资源文件，并计算得出 hello.html 的物理位置，找到该 HTML 程序（步骤 B）。

（3）Apache 服务器将 HTML 程序按原样封装为 HTTP 响应数据，返回给浏览器（步骤 C）。

（4）浏览器接收到 HTTP 响应数据后，逐行渲染。

2. PHP 程序的执行流程

a→b→c→d→e→f→g 是 PHP 程序的执行流程（实线），具体步骤如下（以 PHP 程序 PHP_HTML.php 为例）。

（1）浏览器用户在浏览器地址栏中输入 URL 网址（如 http://localhost/PHP_HTML.php），按回车键后，浏览器向 Apache 服务器发送 HTTP 请求数据（步骤 a）。

（2）Apache 服务器根据 HTTP 请求数据得知 PHP_HTML.php 是 PHP 程序，并计算得出 PHP_HTML.php 的物理位置，找到该 PHP 程序（步骤 b）。

（3）Apache 服务器委托 PHP 预处理器执行 PHP 程序（步骤 c）。

（4）如果 PHP 程序存在操作 MySQL 数据库的代码，则 PHP 预处理器和 MySQL 服务器完成信息交互（步骤 d）。

（5）PHP 预处理器执行 PHP 程序，并产生执行结果（步骤 e）。

（6）PHP 预处理器将执行结果返回给 Apache 服务器（步骤 f）。

（7）Apache 服务器将执行结果封装为 HTTP 响应数据，返回给浏览器（步骤 g）。

（8）浏览器接收到 HTTP 响应数据后，逐行渲染。

总之，Apache 服务器先通过扩展名判断资源文件是属于静态资源文件还是 PHP 程序。对于静态资源文件，Apache 服务器按原样返回给浏览器；如果是 PHP 程序，则 Apache 服务器委托 PHP 预处理器执行；PHP 预处理器将 PHP 程序的执行结果返回给 Apache 服务器；Apache 服务器将执行结果封装为 HTTP 响应数据返回给浏览器。

Apache 服务器和 PHP 预处理器各司其职，再配合 MySQL 数据库存储数据，它们共同组成了 Web 开发的黄金搭档，成就了经典的 WAMP 组合（Windows + Apache + MySQL + PHP）和 LAMP 组合（Linux + Apache + MySQL + PHP）。

上机实践 1 安装、启动和关闭 Apache 服务

知识提示 1：Apache 的全称是 The Apache HTTP Server，最新版本是 2.4.52。本书使用 Windows 操作系统部署 Apache 服务，在下载 Apache 前，务必清楚 Windows 操作系统的系统类型是 32 位还是 64 位。

知识提示 2：Apache 官方提供了 httpd-2.4.52-win32-VS16.zip 和 httpd-2.4.52-win64-VS16.zip 两个版本的 ZIP 压缩文件，前者适用于 32 位 Windows 操作系统，后者适用于 64 位 Windows 操作系统。另外，从 ZIP 压缩文件的命名可以得知：这两款 ZIP 压缩文件基于 VS16 构建，VS16 的别名是 Windows Visual Studio C++ 2019。在安装 Apache 服务前，务必安装 32 位或 64 位 Windows 操作系统的 Windows Visual Studio C++ 2019。

知识提示 3：部署 Apache 服务时，务必确保文件路径中不存在空格、中文文本等字符。

场景 1 安装 Apache 服务

（1）在 D：盘创建 wamp 目录。

说明：为便于管理，本书将 Apache、PHP 预处理器、MySQL 都安装在 D：盘的 wamp 目录下。

（2）将 ZIP 压缩文件拷贝到 D:/wamp/目录，右击 ZIP 压缩文件，选择“解压到当前文件夹”，

此时的目录结构如图 1-8 所示。

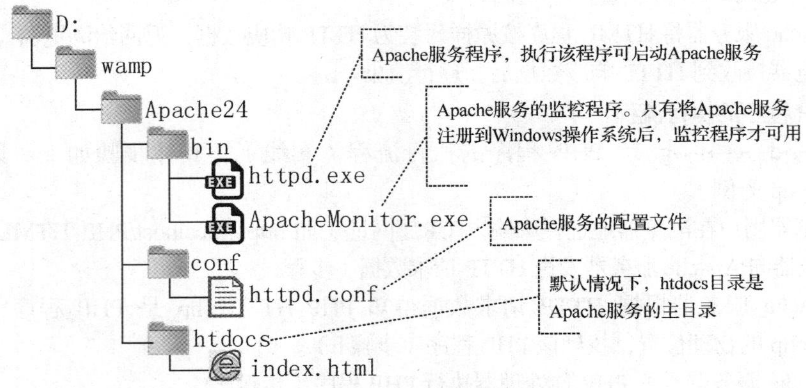

图 1-8 Apache 的目录结构

说明：默认情况下，htdocs 目录是 Apache 服务的主目录。例如，在浏览器地址栏中输入 URL 网址 http://localhost/index.html，本质访问的是 htdocs 目录的 index.html 程序。

（3）配置 Apache 服务的根目录。使用记事本程序打开 D:\wamp\Apache24\conf 目录下的 httpd.conf 配置文件，将 Define SRVROOT "C:/Apache24"修改为如下配置，保存配置文件，关闭配置文件。

```
Define SRVROOT "D:/wamp/Apache24/"
```

说明 1：httpd.conf 配置文件一旦配置错误，Apache 服务将无法启动。修改该配置文件前，建议留存一份该配置文件的备份文件。

说明 2：Linux 路径分隔符是“/”，Windwos 路径分隔符可以是“\”，也可以是“/”。为了保持兼容性，并且由于“\”存在转义功能，而“/”不存在转义功能，本书统一使用“/”作为路径分隔符。

说明 3：“#”用于在配置文件中添加单行注释。在 Apache 配置文件、MySQL 配置文件，甚至是 SQL 脚本文件中，都是使用“#”添加单行注释。需要注意的是，在 PHP 配置文件中，使用“;”添加单行注释。

场景 2 启动和停止 Apache 服务

（1）双击 D:\wamp\Apache24\bin 目录下的 httpd.exe 可执行程序，启动 Apache 服务，进入 Apache 后台，如图 1-9 所示。

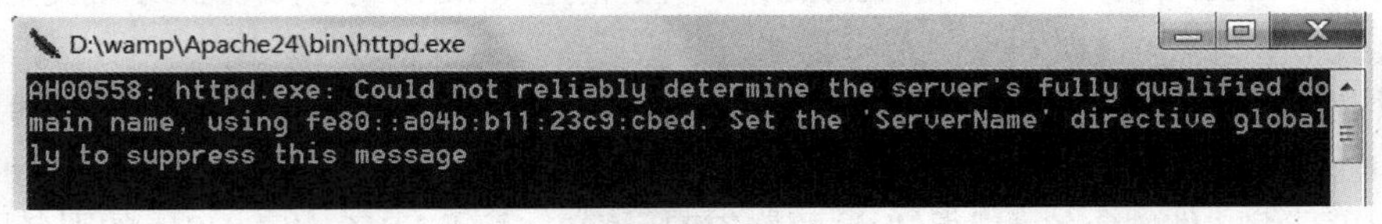

图 1-9 启动 Apache 服务

（2）打开浏览器，输入 URL 网址 http://localhost，如果能够看到图 1-10 所示的页面，则表示 Apache 服务启动成功。

说明：本步骤是 D:\wamp\Apache24\htdocs\index.html 程序的执行结果。

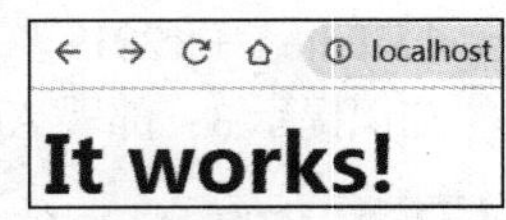

图 1-10 Apache 服务启动成功

（3）关闭 Apache 后台，停止 Apache 服务。

说明：为了方便管理 Apache 服务，建议在计算机桌面创建 httpd.exe 的快捷方式，或者将启动后的 Apache 服务锁定到任务栏。

上机实践 2　编写 HTML 程序和 PHP 程序

知识提示：在编写 HTML 程序和 PHP 程序前，不能隐藏已知文件类型的扩展名，如图 1-11 所示。

（1）启动 Apache 服务。

（2）打开 D:\wamp\Apache24\htdocs\目录，使用记事本程序创建文本文档，并将文件名修改为 hello.html，使用记事本程序打开该文件，并输入图 1-2 所示的代码，单击“文件”菜单，选择“另存为”选项，将字符编码设置为 UTF-8，如图 1-12 所示，单击“保存”按钮，弹出“确认另存为”对话框，单击“是”按钮，关闭文件。

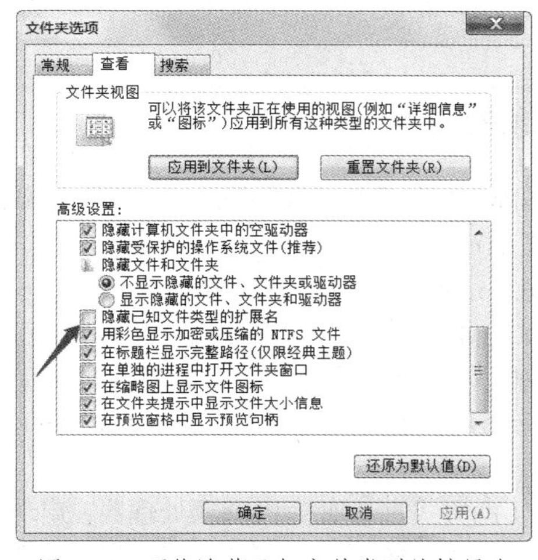

图 1-11　不能隐藏已知文件类型的扩展名

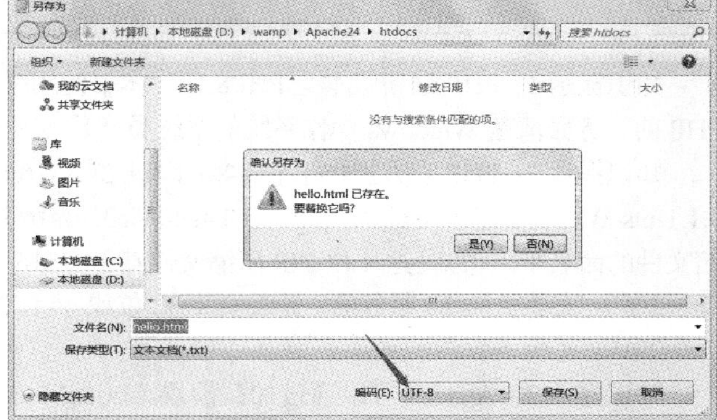

图 1-12　编码设置为 UTF-8

说明：如果读者使用的是 Windows10 操作系统，为了保证实验结果的一致性，请选择“带有 BOM 的 UTF-8”。

（3）打开 D:\wamp\Apache24\htdocs\目录，使用记事本程序创建文本文档，并将文件名修改为 hello.php，使用记事本程序打开该文件，输入图 1-4 所示的代码，单击“文件”菜单，选择“另存为”选项，将字符编码设置为 UTF-8，单击“保存”按钮，弹出“确认另存为”对话框，单击“是”按钮，关闭文件。

（4）打开 D:\wamp\Apache24\htdocs\目录，使用记事本程序创建文本文档，并将文件名修改为 PHP_HTML.php，使用记事本程序打开该文件，输入图 1-6 所示的代码，单击“文件”菜单，选择“另存为”选项，将字符编码设置为 UTF-8，单击“保存”按钮，弹出“确认另存为”对话框，单击“是”按钮，关闭文件。

（5）打开浏览器，分别输入 URL 网址 http://localhost/hello.html、http://localhost/hello.php 和 http://localhost/PHP_HTML.php，3 个程序的执行结果如图 1-13 所示。

说明 1：由于没有将 PHP 预处理器配置到 Apache 服务中，Apache 将 PHP 程序 hello.php 和 PHP_HTML.php 的代码按原样返回给浏览器，浏览器无法理解 PHP 代码的真正意图，浏览器以 HTML 文本方式（即 text/html 方式）显示 PHP 代码。

说明 2：PHP 代码只有借助 PHP 预处理器运行，浏览器才能理解 PHP 代码的真正含义。

（6）停止 Apache 服务。

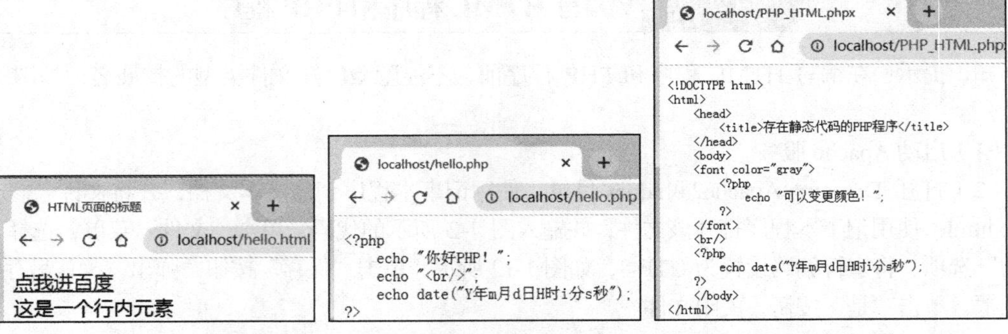

图 1-13　hello.html、hello.php 和 PHP_HTML.php 的执行结果（PHP 程序未执行）

上机实践 3　安装 PHP 预处理器

知识提示 1：PHP 最新版本是 PHP8.1.1。本书使用 Windows 操作系统部署 PHP 预处理器，下载 PHP 前，务必清楚 Windows 操作系统的系统类型是 32 位还是 64 位。

知识提示 2：PHP 官方提供了 php-8.1.1-Win32-vs16-x86.zip、php-8.1.1-Win32-vs16-x64.zip、php-8.1.1-nts-Win32-vs16-x86.zip 和 php-8.1.1-nts-Win32-vs16-x64.zip 4 个版本的 ZIP 压缩文件。从 ZIP 压缩文件的命名可以得知：这 4 款 ZIP 压缩文件基于 VS16 构建，VS16 的别名是 Windows Visual Studio C++ 2019。安装 Apache 服务前，务必安装 32 位或 64 位 Windows 操作系统的 Windows Visual Studio C++ 2019。

知识提示 3：Apache 可以通过加载模块（LoadModule）的方式自动加载 PHP 预处理器，启动 Apache 后，Apache 自动加载 PHP 预处理器。需要注意的是，下载 PHP 预处理器时，务必确保下载的是线程安全（Thread Safe）的 PHP 预处理器。4 款 ZIP 压缩文件中，名称中包含“nts”表示非线程安全（Non Thread Safe）。

知识提示 4：部署 PHP 预处理器时，务必确保文件路径中不存在空格、中文文本等字符。

（1）将安装程序拷贝到 D:/wamp/目录下，鼠标右键单击 ZIP 压缩文件，选择“解压到 php-8.1.1-Win32-vs16-x64”，此时的目录结构如图 1-14 所示。

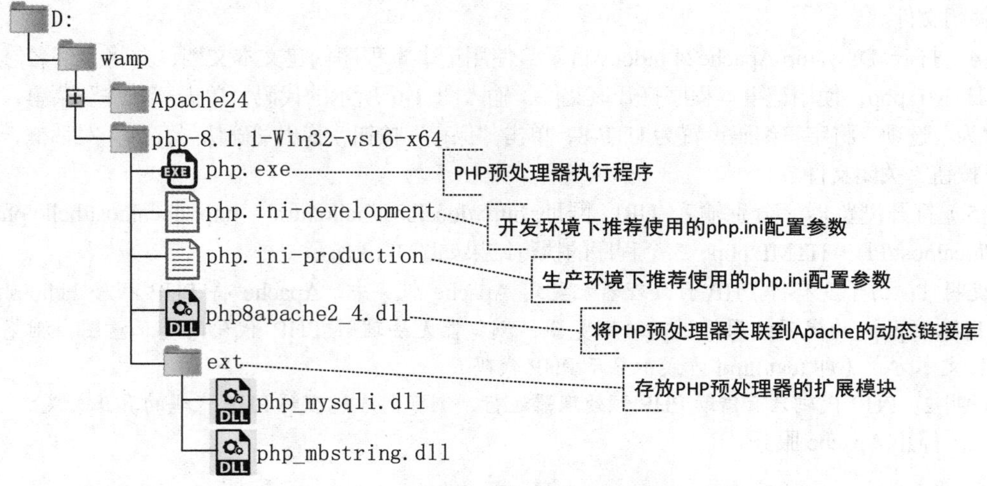

图 1-14　PHP 预处理器的目录结构

（2）打开 D:\wamp 目录，按住 Shift 键并用鼠标右键单击 php-8.1.1-Win32-vs16-x64 目录，选择“在此处打开命令窗口”，打开 CMD 命令窗口后，执行下面的命令，查看 PHP 预处理器的版本，执行结果如图 1-15 所示。

```
php -v
```

```
C:\Users\Administrator>php -v
PHP 8.1.1 (cli) (built: Dec 15 2021 10:31:43) (ZTS Visual C++ 2019 x64)
Copyright (c) The PHP Group
Zend Engine v4.1.1, Copyright (c) Zend Technologies
```

图 1-15 查看 PHP 预处理器的版本

说明：如果本步骤的执行结果如图 1-16 所示，则表示未安装 Windows Visual Studio C++ 2019。

```
C:\Users\Administrator>php -v
PHP Warning:  'C:\Windows\system32\VCRUNTIME140.dll' 14.0 is not compatible with this PHP build linked with 14.29 in Unknown on line 0
```

图 1-16 未安装 Windows Visual Studio C++ 2019

（3）将 D:\wamp\php-8.1.1-Win32-vs16-x64\目录下的“php.ini-development”文件重命名为“php.ini”。

说明：php.ini 配置文件一旦配置错误，PHP 预处理器将无法启动。建议备份该配置文件后，再修改该配置文件。

上机实践 4 Apache 以加载模块方式自动加载 PHP 预处理器

知识提示：Apache 以加载模块方式自动加载 PHP 预处理器时，PHP 预处理器没有独立的进程，而是作为模块以 DLL 的形式加载到 Apache 中，随 Apache 的启动而启动。另外，Windows 下的 Apache 为多线程工作模式，PHP 预处理器自然需要运行在多线程模式下。因此，务必下载线程安全的 PHP ZIP 压缩文件。

（1）使用记事本程序打开 D:\wamp\Apache24\conf 目录下的 httpd.conf 配置文件，在所有的 LoadModule 配置后面添加如下配置。

```
LoadModule php_module D:/wamp/php-8.1.1-Win32-vs16-x64/php8apache2_4.dll
PHPIniDir D:/wamp/php-8.1.1-Win32-vs16-x64/
AddType application/x-httpd-php .php
```

说明：第 1 行配置参数确保 PHP 预处理器随 Apache 的启动而启动；第 2 行配置参数配置了 PHP 预处理器启动时读取 php.ini 配置文件的路径；第 3 行配置参数使 PHP 预处理器处理扩展名为.php 的 PHP 程序。

（2）启动 Apache 服务。

（3）重新执行上机实践 2 的步骤（5），3 个程序的执行结果如图 1-17 所示。

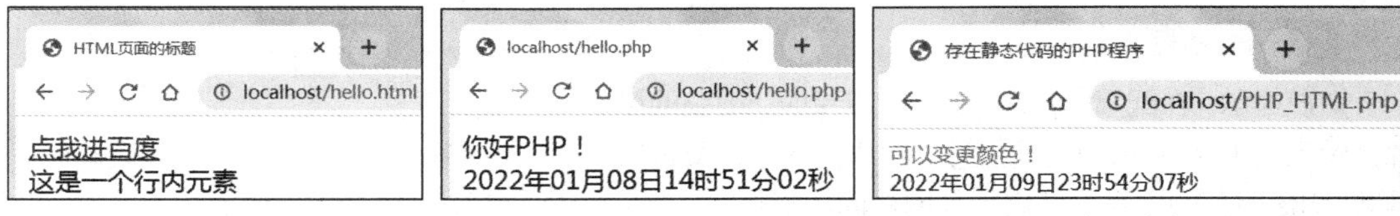

图 1-17 hello.html、hello.php 和 PHP_HTML.php 的执行结果（PHP 程序成功执行）

说明：细心的读者会发现，执行结果中显示的时间与 Apache 服务器主机的时间相差 8 小时，这是因为 PHP 的 date 函数使用的时区是 UTC（即世界标准时间），而中国的时区是 UTC+8，为了解决该问题，需要修改 php.ini 配置文件。

（4）停止 Apache 服务。

上机实践 5　设置 PHP 预处理器的时区

（1）使用记事本程序打开 D:\wamp\php-8.1.1-Win32-vs16-x64\php.ini 配置文件，找到 date.timezone 的配置参数，去掉前面的“;”的注释，修改为如下配置，保存配置文件，然后关闭配置文件。

```
date.timezone = PRC
```

（2）重启 Apache 服务，使新配置文件生效

（3）重新执行上机实践 2 的步骤（5），观察执行结果中显示的时间与 Apache 服务器主机的时间是否一致。

上机实践 6　配置 Apache 服务

场景 1　配置 Apache 服务的主目录

知识提示：默认情况下，Apache 服务的主目录是 D:\wamp\Apache24\htdocs 目录。从本次上机实践开始，将 Apache 服务的主目录修改为 D:\wamp\www。

（1）在 D:/wamp 目录新建 www 目录。

（2）使用记事本程序打开 D:\wamp\Apache24\conf 目录下的 httpd.conf 配置文件，将下列配置：

```
DocumentRoot "${SRVROOT}/htdocs"
<Directory "${SRVROOT}/htdocs">
```

修改为如下配置，保存配置文件，然后关闭配置文件。

```
DocumentRoot "D:/wamp/www/"
<Directory "D:/wamp/www/">
```

（3）重启 Apache 服务，使新配置文件生效。

（4）重新执行上机实践 2 的步骤（5），3 个程序的执行结果如图 1-18 所示，说明修改后的配置参数已经生效。

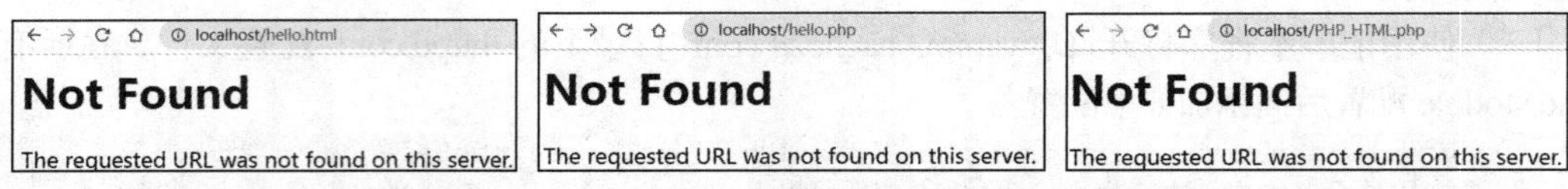

图 1-18　hello.html、hello.php 和 PHP_HTML.php 的执行结果（程序未找到）

说明：Apache 服务的主目录修改为 D:\wamp\www 目录，Apache 服务器接收到 HTTP 请求数据后，在该目录下查找资源文件。由于没有找到，向浏览器返回 404 Not Found 错误，告知浏览器“您拨打的号码为空号”。

（5）将上机实践 2 的所有程序拷贝到 D:/wamp/www/目录下，重新执行上机实践 2 的步骤（5），观察执行结果。

场景 2　有趣的实验

知识提示：在配置 Apache 服务主目录时，细心的读者会看到图 1-19 所示的配置信息。默认情况下，Apache 对 Apache 服务的主目录开启了外网访问功能。

```
<Directory "D:/wamp/www/">
    Options Indexes FollowSymLinks
    AllowOverride None
    # Controls who can get stuff from this server.
    Require all granted
</Directory>
```

图 1-19　Apache 对 Apache 服务的主目录开启了外网访问功能

（1）在 CMD 命令窗口中输入 ipconfig 命令，查看 Apache 服务器主机的 IP 地址（本次测试使用的 Apache 服务器主机 IP 地址为 192.168.43.29）。

（2）选择局域网内的一台其他主机，或者选择一部通过 Wi-Fi 接入该局域网的智能手机，打开浏览

器，在浏览器地址栏中分别输入 URL 网址 http://192.168.43.29/hello.html、http://192.168.43.29/hello.php 和 http://192.168.43.29/PHP_HTML.php，执行结果如图 1-20 所示。

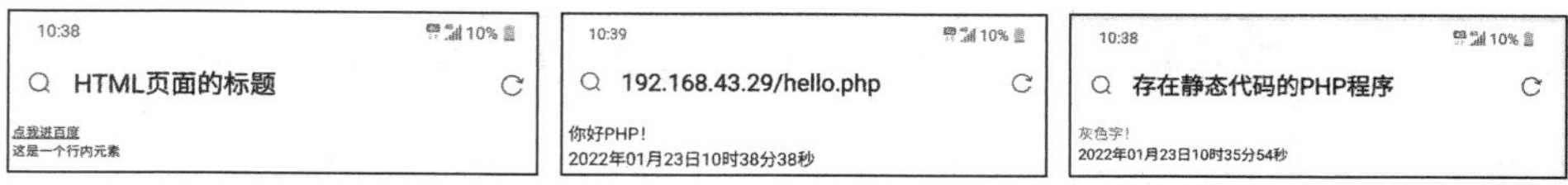

图 1-20　hello.html、hello.php 和 PHP_HTML.php 的执行结果（通过智能手机）

场景 3　配置每个目录的首页

知识提示：Apache 允许 Web 开发人员自定义每个目录的首页（也叫起始页）及其优先级。

（1）使用记事本程序打开 D:\wamp\Apache24\conf 目录下的 httpd.conf 配置文件。

（2）在 httpd.conf 配置文件中查找关键字“DirectoryIndex”，将

```
DirectoryIndex index.html
```

修改为如下配置，保存配置文件，然后关闭配置文件。

```
DirectoryIndex index.html index.php
```

说明：DirectoryIndex 关键字设置了每个目录的首页及其优先级（资源文件名之间用空格隔开，优先级从左到右依次递减）。

（3）重启 Apache 服务，使新配置文件生效。

说明 1：在浏览器地址栏中输入“http://localhost/”时，Apache 服务在主目录中先查找 index.html 程序，若不存在，则依次查找 index.php 程序，若还不存在，则返回 404 Not Found 错误。

说明 2：在浏览器地址栏中输入“http://localhost/2/”时，Apache 服务在主目录下的“2”目录中先查找 index.html 程序，若不存在，则依次查找 index.php 程序，若还不存在，则返回 404 错误。

上机实践 7　查看 PHP 的配置信息

知识提示：phpinfo 函数用于输出关于当前 PHP 预处理器的配置信息，包括 PHP 版本号、Apache 服务器信息、HTTP 头信息、PHP 启用的扩展、操作系统信息、PHP 环境变量、PHP 授权信息（PHP License）等。

（1）在 D:/wamp/www/目录下创建 PHP 程序 phpinfo.php，并输入如下 PHP 代码，保存文件，然后关闭文件。

```
<?php
    phpinfo();
```

（2）启动 Apache 服务，重新执行上机实践 2 的步骤（5）。

（3）打开浏览器，输入 URL 网址 http://localhost/phpinfo.php，执行结果如图 1-21 所示。

PHP Version 8.1.1　php

System	Windows NT SD-20190820WMMF 6.1 build 7601 (Windows 7 Ultimate Edition Service Pack 1) AMD64
Build Date	Dec 15 2021 10:28:29
Build System	Microsoft Windows Server 2019 Datacenter [10.0.17763]
Compiler	Visual C++ 2019
Architecture	x64
Configure Command	cscript /nologo /e:jscript configure.js "--enable-snapshot-build" "--enable-debug-pack" "--with-pdo-oci=..\..\..\..\instantclient\sdk,shared" "--with-oci8-19=..\..\..\..\instantclient\sdk,shared" "--enable-object-out-dir=../obj/" "--enable-com-dotnet=shared" "--without-analyzer" "--with-pgo"
Server API	Apache 2.0 Handler
Virtual Directory Support	enabled
Configuration File (php.ini) Path	no value
Loaded Configuration File	D:\wamp\php-8.1.1-Win32-vs16-x64\php.ini

图 1-21　查看 PHP 的配置信息

说明：注意观察 PHP 的配置信息以及 PHP 启用的扩展。

（4）停止 Apache 服务。

上机实践 8　查看 Web 服务器端口占用情况

知识提示 1：一台计算机的端口可以有 65 536 个，每个端口都可以运行一个网络程序，网络程序都是通过端口号来识别的（如 Apache 服务、MySQL 服务、QQ 程序）。读者可以将计算机看作一部“多卡多待”的手机，将计算机的每个端口看作一个 SIM 卡槽，计算机上运行的每个服务看作一张 SIM 卡。默认情况下，Apache 服务这张 SIM 卡安装在第 80 个 SIM 卡槽上。浏览器主机向 Apache 服务器主机发送 HTTP 请求，访问 Apache 服务器主机第 80 个 SIM 卡槽如同访问 Apache 服务这张 SIM 卡，如图 1-22 所示。

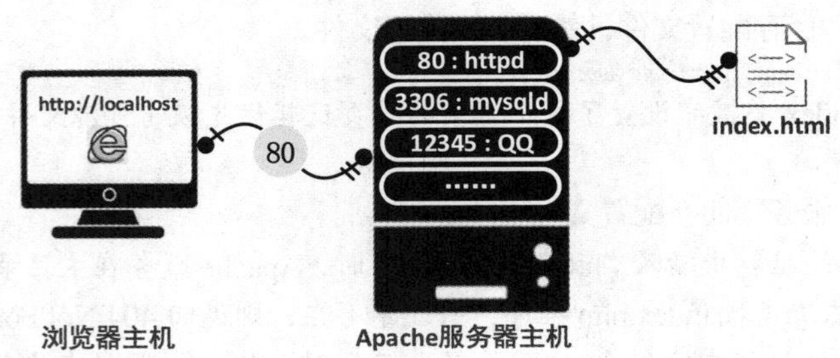

图 1-22　Web 服务器端口

知识提示 2：默认情况下，浏览器访问 Apache 服务器的资源文件时，默认访问的是 Apache 服务器的 80 号端口，也就是说，在浏览器地址栏中输入“http://localhost/”或“http://localhost:80/”，访问的都是 Apache 服务器的 80 号端口。

知识提示 3：一个端口同时只能运行一个服务，如同一个卡槽同时只能安装一张 SIM 卡。如果第 80 个“卡槽”已经插了一张 SIM 卡，则新 SIM 卡将不能再插入第 80 个“卡槽”。也就是说，如果当前主机安装了 IIS 服务（IIS 默认占用 80 号端口），则将导致 Apache 服务无法启动（Apache 默认占用 80 号端口）。除非拔掉旧 SIM 卡，或者修改新 SIM 卡的默认端口号（选择一个未用卡槽）。

场景 1　拔掉旧 SIM 卡

知识提示：如果 80 号端口已经被占用，则将导致 Apache 无法启动。第 1 个解决方法是：拔掉旧 SIM 卡，意思就是停止旧 SIM 卡对应的服务，以便释放 80 号端口，供新 SIM 卡使用。

（1）查看所有端口的占用情况。在 CMD 命令窗口中输入“netstat -aon”命令，查看所有端口的占用情况。

（2）查看指定端口的占用情况。在 CMD 命令窗口中输入“netstat -aon | findstr "80"”命令，查找占用 80 号端口的进程唯一标识符 PID（如 3748）。

（3）确定 PID 对应的进程信息。在 CMD 命令窗口中输入“tasklist | findstr "3748"”命令，确定 PID 是 3748 的进程信息。

（4）输入“tskill 3748”命令，即可拔掉旧 SIM 卡。

（5）重新启动 Apache 服务，测试能否启动成功。

场景 2　修改新 SIM 的默认端口号

知识提示 1：如果 80 号端口已经被占用，则将导致 Apache 无法启动。第 2 个解决方法是：修改新 SIM 卡的默认端口号，意思就是将 Apache 服务的默认端口号 80 修改为其他端口号（如 8888），让 IIS 服务与 Apache 服务能够同时运行在同一台主机上。

知识提示 2：新启动的 Apache 服务将占用新端口对外提供服务。

（1）使用记事本程序打开 D:\wamp\Apache24\conf 目录下的 httpd.conf 配置文件。

（2）在 httpd.conf 配置文件中查找关键字“Listen 80”。

（3）将 80 修改为别的端口号（如 8888），保存配置文件，关闭配置文件。

（4）重启 Apache 服务，使新配置文件生效。

> ▶注意：此后访问 Apache 服务时，必须在浏览器地址栏中加入 Apache 服务的端口号（如 http://localhost:8888/）。

上机实践 9 了解字符编码对于程序的重要性

知识提示 1：HTML 程序和 PHP 程序本质是文本文件，文本文件必须设置字符编码。使用记事本程序打开 HTML 程序或 PHP 程序后，单击“文件”菜单，选择“另存为”选项可查看文本文件的字符编码。

知识提示 2：使用 Windows 操作系统的记事本程序创建 HTML 程序或 PHP 程序时，默认采用 ANSI 字符编码，简体中文版 Windows 操作系统中的 ANSI 等效于 GBK 字符编码。

（1）使用记事本程序分别打开 PHP 程序 hello.php 和 PHP_HTML.php，分别单击“文件”菜单，选择“另存为”选项，将字符编码修改为 ANSI，如图 1-23 所示，单击“保存”按钮，弹出“确认另存为”对话框，单击“是”按钮，关闭文件。

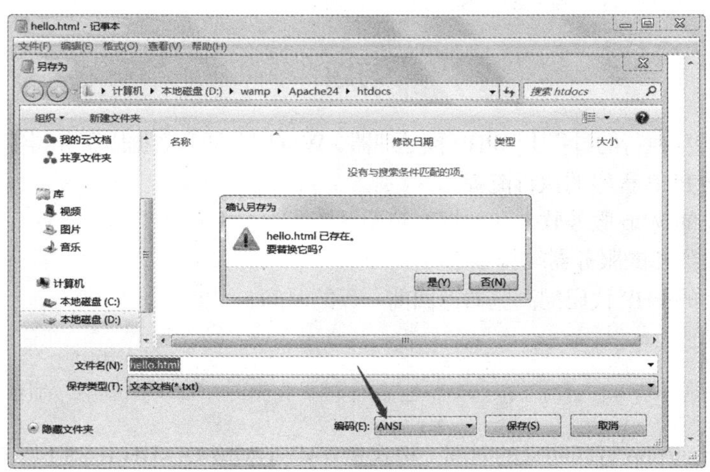

图 1-23 将字符编码修改为 ANSI

（2）重新执行两个 PHP 程序，PHP 程序出现中文字符乱码问题，执行结果如图 1-24 所示。

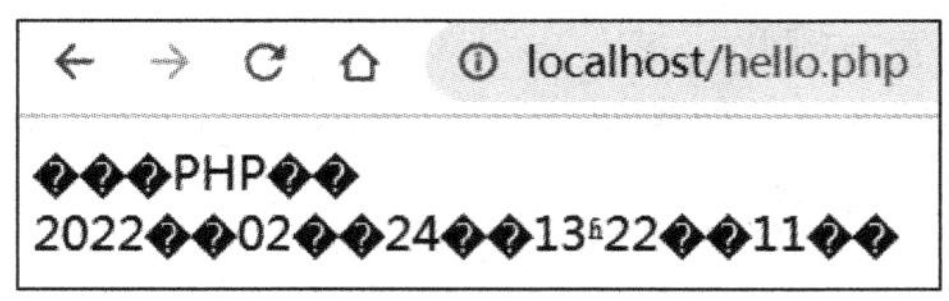

图 1-24 PHP 程序出现中文字符乱码问题

说明：PHP 程序使用 ANSI 字符编码（简体中文版 Windows 操作系统中的 ANSI 等效于 GBK），浏览器采用 UTF-8 字符编码解析执行结果，因此出现了中文字符乱码问题。

（3）将 PHP 程序 hello.php 和 PHP_HTML.php 的代码分别修改为图 1-25 所示的代码。重新执行这两个 PHP 程序，观察中文字符乱码问题是否解决。

```
<?php
    header('Content-type: text/html; charset=GBK');
    echo "你好PHP！";
    echo "<br/>";
    echo date("Y年m月d日H时i分s秒");
?>
```

```
<!DOCTYPE html>
<html>
  <head>
    <title>存在静态代码的PHP程序</title>
  </head>
  <body>
  <font color="gray">
    <?php
      echo "灰色字！";
    ?>
  </font>
  <br/>
  <?php
    header('Content-type: text/html; charset=GBK');
    echo date("Y年m月d日H时i分s秒");
  ?>
  </body>
</html>
```

图 1-25　修改后的 PHP 程序 hello.php 和 PHP_HTML.php 的代码

说明：PHP 程序中的 header 函数用于控制浏览器使用何种字符编码解析响应体的内容，本步骤的 header 函数控制浏览器使用 GBK 字符编码解析响应体的内容。有关 header 函数的更多用法可参见“第 12 章会话控制技术：Cookie 与 Session”的内容。

习题

（1）在 PHP 程序执行的过程中，PHP 预处理器、Web 服务器和数据库服务器各自的功能是什么？

（2）简单描述 PHP 程序的执行流程。

（3）列举常见的 Web 服务软件和数据库管理系统。

（4）列举你所熟知的服务器端脚本语言。

（5）如果下面的 PHP 代码向浏览器返回前一天的时间，

```
<?php
date_default_timezone_set('PRC');                         //设置中国时区
echo date("Y年m月d日 H时i分s秒", time()-24*3600);    //打印前一天的时间
?>
```

则编写程序 tomorrow.php 打印明天的时间（格式是 YYYY-MM-DD HH:II:SS），并说明 date 函数的参数中 Y、y、m、M、d、D、H、h、i、s 的含义以及 time 函数的功能。

（6）默认情况下，Apache 的配置文件以及 PHP 预处理器的配置文件分别是什么？这些配置文件存放在哪个目录下？

（7）你所熟知的 Apache 的配置有哪些？PHP 的配置有哪些？

（8）PHP 语句使用英文分号“;”结束，满足怎样的条件可以省略“;”。“?>”表示退出 PHP 代码模式，满足怎样的条件可以省略“?>”。能不能同时省略“;”和“?>”？

第2章 PHP基础知识

本章主要讲解PHP代码基础知识、赋值语句、变量、命名空间、常量、预定义常量、数据类型、数据的输出以及编程规范，从全局命名空间的角度详细讲解赋值语句的执行流程。通过本章的学习，读者可以从命名空间和数据类型的角度深入了解PHP的特点。

2.1 PHP代码基础知识

从“<?php”开始到“?>”结束的代码是PHP代码，“<?php”和“?>”之外的代码是静态代码，通常情况下，“<?php”和“?>”必须成对出现。

2.1.1 PHP标记的简写

PHP标记的简写

PHP预处理器执行“<?php”和“?>”之间的PHP代码，“<?php”和“?>”之外的静态代码按原样输出。

（1）如果“<?php”和“?>”之间只有一行PHP代码，并且该PHP代码是echo语句，那么可以简化PHP标记，图2-1所示的4段PHP代码等效，最后一段PHP代码最为精简。

```
<?php
  echo "你好PHP！";
?>
```

```
<?php
  echo "你好PHP！"
?>
```

```
<?php echo "你好PHP！" ?>
```

```
<?= "你好PHP！" ?>
```

图2-1　4段PHP代码等效

说明1：“<?= 字符串 ?>”是“<?php echo 字符串;?>”的简写。

说明2：开始标记“<?php”中的php关键字不区分大小写，例如，“<?PHP”与“<?php”等效。

说明3：只有将php.ini文件中的short_open_tag配置参数设置为On时，“<?= ?>”才会生效。默认情况下，PHP开启了该配置参数。

（2）“?>”表示退出PHP代码模式进入HTML代码模式。如果“?>”之后没有其他任何代码，则“?>”可以省略，否则不可以省略。省略“?>”的优点在于：可以避免Web开发人员无意中在“?>”的后面输出不可见字符（如空格或换行）。图2-2所示的2段PHP代码，第1段PHP代码向浏览器返回3字节的内容，第2段PHP代码向浏览器返回3+1=4字节的内容。

```
<?php
  echo "PHP";
【空格】
```

```
<?php
  echo "PHP";
?>【空格】
```

图2-2　2段PHP代码不等效

2.1.2 PHP 语句及语句块

PHP 语句及语句块

PHP 语句使用英文分号“;”结束，每条 PHP 语句通常会独占一行，但是一行写多条 PHP 语句或者一条 PHP 语句占多行也是合法的（可能导致代码可读性差，不推荐）。

如果多条 PHP 语句之间密不可分，则可以使用“{”和“}”将这些 PHP 语句包裹起来形成语句块。例如，图 2-3 所示的 2 段 PHP 代码等效。

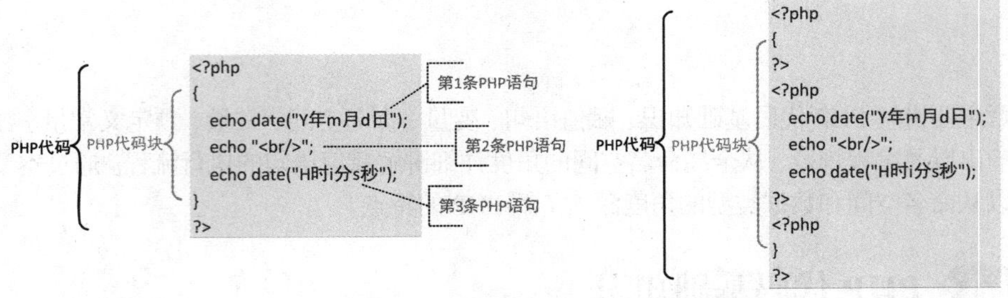

图 2-3　2 段 PHP 代码等效

说明 1：为便于描述，本书规定：从“<?php”开始到“?>”结束的代码称为 PHP 代码，从“{”开始到“}”结束的代码称为 PHP 代码块，使用英文分号“;”分隔的是 PHP 语句。

说明 2：如果语句块中只有一条 PHP 语句，则“{”“}”可以省略。

说明 3：单独使用语句块没有任何意义，语句块只有结合条件控制语句（if...else）、循环语句（for 和 while）、函数等一起使用时才有意义，上述 PHP 代码中的“{”和“}”无实际意义。

说明 4：图 2-4 所示的 4 段 PHP 代码等效，读者可以自行判断哪一种 PHP 代码更为简洁。

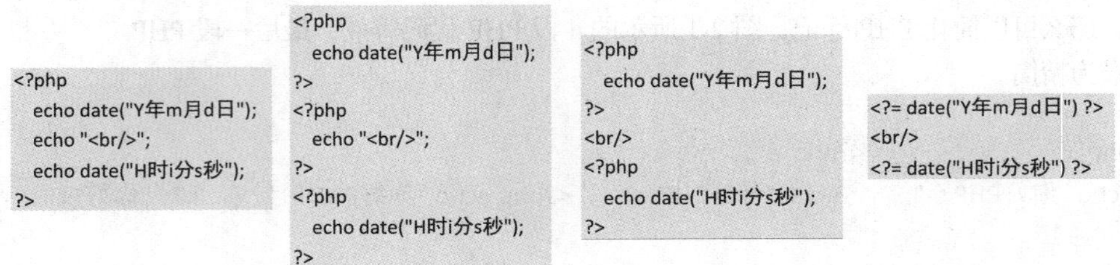

图 2-4　PHP 代码可以被分解与合并

可见当某个 PHP 程序中既存在 PHP 代码，又存在 HTML 代码时，其书写形式并不是千篇一律的。需要注意的是，PHP 代码的书写形式虽然灵活多变，但是一定要遵守最基本的语法格式，例如，“<?php”和“?>”必须成对出现，“{”和“}”必须成对出现。图 2-5 所示的 PHP 代码存在语法错误，原因是 PHP 代码块存在“{”，不存在“}”。

```
<?php
{
?>
<?php
  echo date("Y年m月d日");
  echo "<br/>";
  echo date("H时i分s秒");
?>
```

图 2-5　存在语法错误的 PHP 代码

2.1.3 PHP 代码注释和 HTML 代码注释

软件开发是一种高级脑力劳动，精妙的算法之后往往伴随着难以理解的代码，对于不经常维护的代码，时过境迁，往往连开发者本人也忘记编写的初衷。为了提高代码的可读性，应该养成为代码添加注释的习惯，这不仅可以增强代码的可读性，还可以节省代码后期维护的时间。

PHP 程序既可以包含 HTML 代码，又可以包含 PHP 代码，我们有必要为 HTML 代码以及 PHP 代码添加注释。请记住：我们应该尽最大努力把方便留给别人和将来的自己。

PHP 代码注释和 HTML 代码注释

PHP 代码注释必须位于“<?php”和“?>”之间，PHP 代码注释会被 PHP 预处理器忽略（不会被 PHP 预处理器处理）。可以这样理解，PHP 代码供“PHP 预处理器”阅读，而 PHP 代码注释仅供“Web 开发人员”阅读。PHP 支持如下 3 种 PHP 代码注释风格。

（1）/*多行注释风格*/

（2）//单行注释风格

（3）#单行注释风格

HTML 只有一种代码注释风格，以“<!--”开始，以“-->”结束，例如，下面是一段 HTML 代码注释。

```
<!--这是一段 HTML 代码注释，
该注释不会在浏览器中显示。-->
```

需要注意的是，HTML 代码注释属于静态代码，必须位于“<?php”和“?>”之外。由于 HTML 代码注释属于静态代码，PHP 预处理器会按原样输出 HTML 代码注释，浏览器接收到 HTML 代码注释后，会隐藏其内容，即 HTML 代码注释不会在浏览器中显示，但 HTML 代码注释在网页源代码中可见。

例如，图 2-6 所示的 PHP 程序 annotation.php 不仅演示了 3 种 PHP 代码注释风格，还演示了 HTML 代码注释风格。图 2-6 还展示了 PHP 程序在浏览器中的显示效果以及通过右击查看网页的源代码。

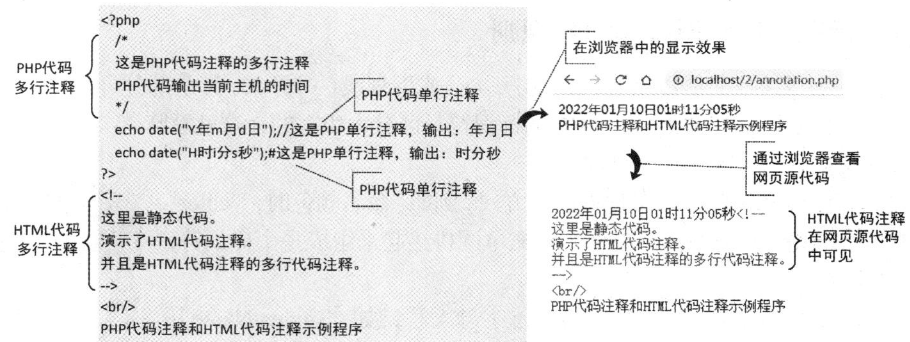

图 2-6　PHP 代码注释和 HTML 代码注释

通过对比 PHP 程序的源代码、在浏览器中的显示效果以及网页源代码可以得知，PHP 代码注释被 PHP 预处理器忽略，HTML 代码注释则按原样输出到浏览器，浏览器接收到 HTML 代码注释后，解析处理但并不显示，HTML 代码注释在网页源代码中可见。

2.1.4　PHP 代码的分解与合并

PHP 代码的分解与合并

PHP 程序既可以包含静态代码，又可以包含 PHP 代码。例如，图 2-7 所示的 PHP 代码 1 全都是 PHP 代码；PHP 代码 2 既包含静态代码，又包含 PHP 代码。PHP 代码 1 和 PHP 代码 2 是等效的，PHP 代码 1 可以分解成 PHP 代码 2，PHP 代码 2 也可以合并成 PHP 代码 1。

读者应该具备将“1 段 PHP 代码”分解成“若干段 PHP 代码+若干段静态代码”的能力，同时也应该具备将“若干段 PHP 代码+若干段静态代码”合并成“1 段 PHP 代码”的能力。

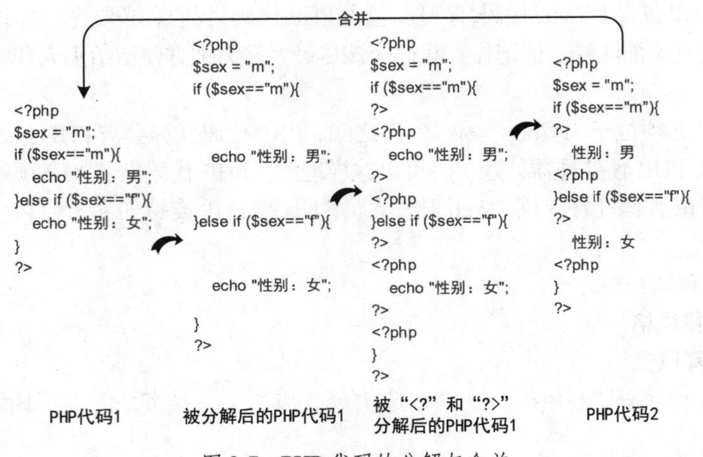

图 2-7　PHP 代码的分解与合并

2.2 赋值语句和变量

PHP 程序使用变量和常量存储数据。变量分为自定义变量和预定义变量（Predefined Variables），自定义变量必须定义后才能使用，预定义变量无须定义可直接使用，$GLOBALS、$_SERVER、$_GET、$_POST、$_FILES、$_COOKIE、$_SESSION、$_REQUEST 和$_ENV 都是预定义变量。

标识符和标识符的命名规则

2.2.1　标识符和标识符的命名规则

标识符是一个名称，只能以字母（A～Z / a～z）或下划线（_）开头，其余部分可以包含字母（A～Z / a～z）、下划线（_）或者数字。PHP 的标识符是区分大小写的，这就意味着"studentName"和"studentname"是两个不同的标识符。

命名标识符时，建议使用语义化英语的方式。例如，命名颜色时，"color"比"c"更"见名知意"。有时需要将多个英文单词拼接起来组成一个标识符，有以下两种拼接方法。

（1）从第二个单词开始，每个单词的首字母大写，如"studentName""teacherName"等。这种命名规则也称为驼峰标记（CamelCase），如图 2-8 所示。

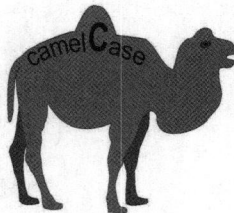

图 2-8　驼峰标记

（2）使用下划线作为单词分隔符，如"student_name""teacher_name"等。

说明 1：类名的首字母通常大写，例如，宫保鸡丁菜谱类的类名是 KungPaoChickenRecipe。

说明 2：不建议使用两个下划线作为前缀的名称作为标识符，这种特殊的名称通常用作魔术方法，PHP 为这种特殊的名称赋予特殊的含义。

2.2.2　赋值语句和变量

赋值语句和变量

如果经常拨打某个手机号，我们就会为该手机号命名一个标识符，并将其存储到电话簿中，便于今后再次使用。同样的道理，如果频繁使用某个数据，则最好的办法也是为它命名一个标识符。在 PHP 中，使用赋值语句可以为频繁使用的数据命名，语法格式是"变量名 = 变量值;"，这里的变量值就是频繁使用的数据。

赋值语句的功能是将"="右边的变量值赋给左边的变量名，执行过程是先执行"="右边的代码，再执行“=”左边的代码，最后执行“=”，具体如下。

① “=”右边的代码负责在“堆内存”中申请存储空间存储数据或重用已有的数据。

② “=”左边的代码的执行流程是先在“当前命名空间”中查找变量名，如果不能找到，则在“当前命名空间”中创建变量名；如果能够找到，则重用已有变量名。

③ “=”负责为变量值贴上“变量名”标签。

以 PHP 程序 var.php 为例，该程序的代码及执行结果如图 2-9 所示。

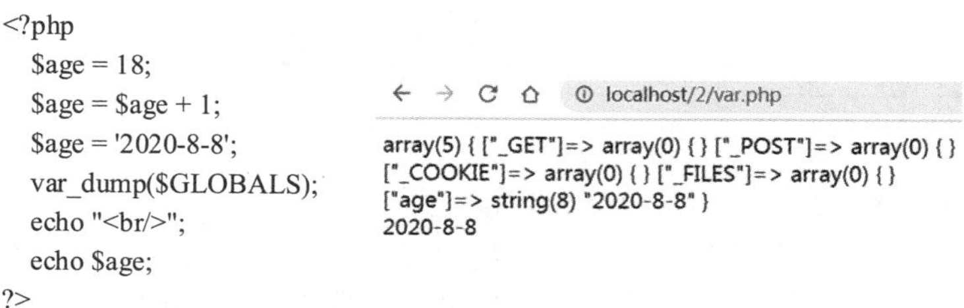

<?php
$age = 18;
$age = $age + 1;
$age = '2020-8-8';
var_dump($GLOBALS);
echo "<br/>";
echo $age;
?>
localhost/2/var.php
array(5) { ["_GET"]=> array(0) { } ["_POST"]=> array(0) { }
["_COOKIE"]=> array(0) { } ["_FILES"]=> array(0) { }
["age"]=> string(8) "2020-8-8" }
2020-8-8

图 2-9　PHP 程序 var.php 的代码及执行结果

说明 1：PHP 内置函数 var_dump($data)的功能是查看参数$data 的数据类型和值，经常用于调试程序。

说明 2：在 PHP 程序中定义变量名时，变量名被放入当前 PHP 程序的全局命名空间中，全局命名空间的本质是$GLOBALS 数组。$GLOBALS 是预定义变量，无须定义可直接使用，$GLOBALS 数组记录了当前 PHP 程序的全局命名空间中的所有变量名（及其指向的变量值）。很多传统高级编程语言如 C、Java 使用堆栈（先进后出的数据结构）管理变量名，但 PHP 使用命名空间管理变量名。

说明 3：PHP 程序的变量值存储在堆内存中，变量名存储在命名空间中。

该程序的具体执行流程描述如下。

（1）执行到第 1 条 PHP 语句时，内存变化如图 2-10 所示。

① 执行“=”右边的代码，在堆内存开辟存储空间存储整数 18（引用计数初始化为 0）。

② 执行“=”左边的代码，在当前命名空间（这里是全局命名空间）中查找变量名$age，由于不能找到，所以在全局命名空间中开辟存储空间存储变量名$age。

③ 执行“=”，将变量名$age 贴在整数 18 上，整数 18 的引用计数加 1 变为 1。

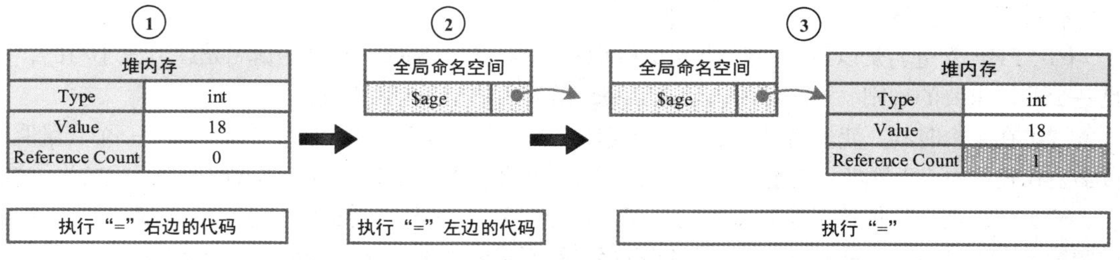

图 2-10　PHP 程序 var.php 第 1 条 PHP 语句的执行流程

（2）执行到第 2 条 PHP 语句时，内存变化如图 2-11 所示。

① 执行“=”右边的代码，重用已有变量名$age（值是整数 18）。

② 计算整数 18 和整数 1 的求和结果是整数 19（整数 19 的引用计数为 0）。

③ 执行“=”左边的代码，在全局命名空间中查找变量名$age，由于能够找到，所以重用变量名$age；执行“=”，将变量名$age 贴在整数 19 上（整数 19 的引用计数加 1 变为 1），由于同一个变量名在某个时刻只能贴在一个变量值上，所以整数 18 少了$age 标签（引用计数减 1 变为 0）。

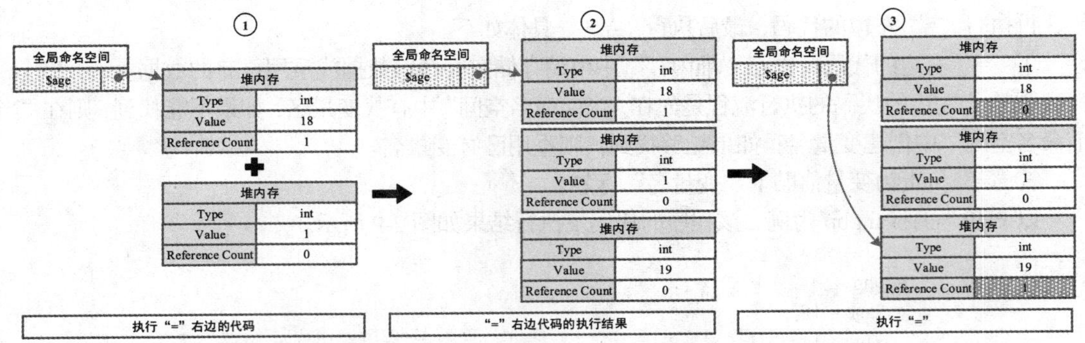

图 2-11 PHP 程序 var.php 第 2 条 PHP 语句的执行流程

（3）执行到第 3 条 PHP 语句时，内存变化如图 2-12 所示。

① 执行“=”右边的代码，在堆内存开辟存储空间存储字符串'2020-8-8'（引用计数初始化为 0）。

② 执行“=”左边的代码，在全局命名空间中查找变量名$age，由于能够找到，所以重用变量名$age；执行“=”，将变量名$age 贴在字符串'2020-8-8'上，整数 19 的引用计数减 1 变为 0，字符串'2020-8-8'的引用计数加 1 变为 1。

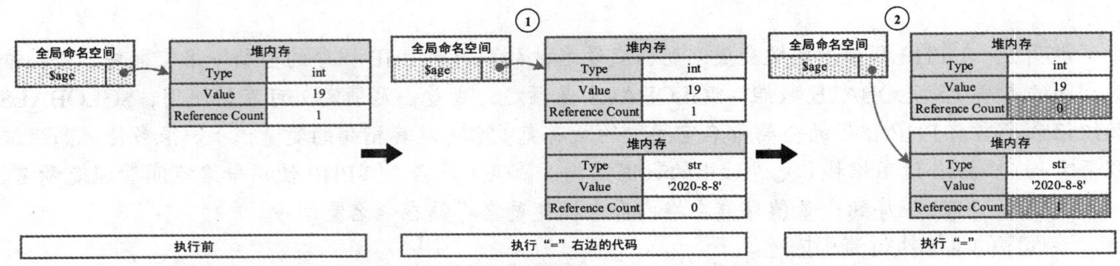

图 2-12 PHP 程序 var.php 第 3 条 PHP 语句的执行流程

（4）执行到第 4 条 PHP 语句时，查看全局命名空间中的所有变量名（及其所指向的变量值），全局命名空间中存在$age 变量名（所指向的变量值是'2020-8-8'）。

（5）程序执行结束时，PHP 垃圾回收机制将自动做两件事情。①从全局命名空间中删除变量名$age；②从堆内存中删除引用计数为 0 的变量值（此处是整数 18 和字符串'2020-8-8'）。

有关变量、变量名、变量值的说明如下。

（1）PHP 变量名是以符号“$”开头的标识符，如变量名$age。并且变量名是区分大小写的，这是一个非常重要的规则。这意味着$age 和$Age 是两个截然不同的变量名。

（2）在某个时刻，变量名只能贴在一个变量值上。也就是说，变量名能够唯一标记一个变量值，数学公式表示为“变量名→变量值”。因此，只要管理了变量名的作用域，就管理了变量值的作用域。

（3）变量名必须依赖于变量值才能存在，离开变量值，变量名没有丝毫意义。Web 开发人员通过变量名实现了变量值的按名访问，访问不存在的变量名将抛出 Warning: Undefined variable 警告信息。为便于描述，本书谈及变量时，本质是指变量名所指向的变量值。例如，谈及$age 变量（或者变量$age）时，本质是指变量名$age 所指向的变量值。

（4）PHP 是一种“弱类型的编程语言”，声明变量时，无须声明变量的数据类型，变量值决定了变量名的数据类型。

（5）在不同时刻，同一个变量名可以“贴在”不同数据类型的数据上，PHP 是“动态数据类型的编程语言”。例如，程序执行到第 1 条和第 2 条 PHP 语句时，变量名$age 指向一个整数；程序执行到第 3 条 PHP 语句时，变量名$age 指向一个字符串。

有关命名空间的说明如下。

（1）变量名存储在命名空间中，占用的空间极小；变量值存储在堆内存空间中，占用的空间通常很大。

（2）PHP 程序的变量值存储在堆内存中。Web 开发人员可以创建变量值，却无法删除变量值。PHP 使用引用计数和垃圾回收机制管理变量值的生命周期。

（3）Web 开发人员可以通过赋值语句创建变量名、重用变量名，可以通过 unset 函数删除变量名。总之，Web 开发人员可以管理变量名，只要管理了变量名，就可以管理变量值。

（4）变量名是一个贴在变量值上的“标签”。变量值和变量名的存在顺序永远是先有变量值，再有变量名。变量值和变量名的删除顺序永远是先删除变量名，再删除引用计数为 0 的变量值。

（5）PHP 程序执行结束时，PHP 垃圾回收机制将自动做两件事情：①从当前命名空间中删除变量名；②从堆内存中删除引用计数为 0 的变量值。

2.2.3 手动删除变量名

手动删除变量名

如果电话簿中的某个手机号不再使用，则可以将其从电话簿中手动删除。同样的道理，如果某个变量名不再使用，则 Web 开发人员可以使用 unset 函数手动将变量名从当前命名空间中删除。unset 函数的语法格式如下，其功能是从当前命名空间中手动删除变量名。

```
unset ( mixed var ) : void
```

需要注意，变量名存储在命名空间中，变量值存储在堆内存空间中。删除变量名和删除变量名值并不是同一个概念，可以通过 unset 函数手动删除变量名，无法手动删除变量值。

以 PHP 程序 unset.php 为例，该程序的代码及执行结果如图 2-13 所示。

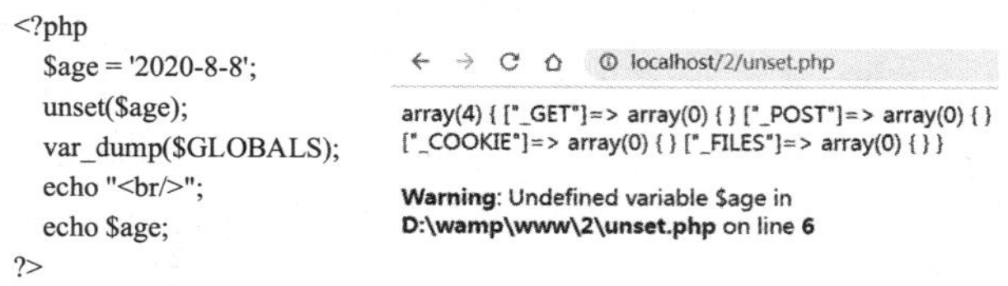

<?php
$age = '2020-8-8';
unset($age);
var_dump($GLOBALS);
echo "<br/>";
echo $age;
?>
localhost/2/unset.php
array(4) { ["_GET"]=> array(0) { } ["_POST"]=> array(0) { } ["_COOKIE"]=> array(0) { } ["_FILES"]=> array(0) { } }
Warning: Undefined variable $age in D:\wamp\www\2\unset.php on line 6

图 2-13 PHP 程序 unset.php 的代码及执行结果

该程序的执行流程描述如下。

（1）第 2 条 PHP 语句执行前和执行后的内存变化如图 2-14 所示。执行第 2 条 PHP 语句后，unset 函数从全局命名空间中删除变量名$age，字符串'2020-8-8'的引用计数减 1 变为 0，变成“断了线的风筝”，但字符串'2020-8-8'并不会立即从堆内存中消失，PHP 垃圾回收机制会“适时”从堆内存中删除引用计数为 0 的变量值。

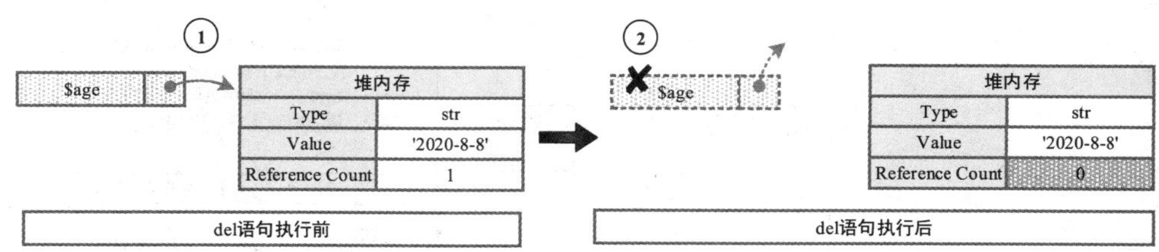

图 2-14 PHP 程序 unset.php 第 2 条 PHP 语句执行前后的内存变化

（2）执行到第 3 条 PHP 语句时，查看全局命名空间中的所有变量名（及其指向的变量值），全局命名空间中不再有$age 变量名。

（3）执行到最后一条 PHP 语句时，访问全局命名空间中不存在的变量名，抛出 Warning: Undefined variable 警告信息。

（4）PHP 程序执行结束时，PHP 垃圾回收机制从堆内存中删除引用计数为 0 的变量值（此处是字符串'2020-8-8'）。

2.2.4 变量赋值方法

变量赋值方法

PHP 提供了传值赋值和传引用（&）赋值两种赋值方法。通过传引用（&）赋值，可以实现一个变量值被多个变量名同时引用。

1．传值赋值

传值赋值的语法格式为：$newVariable = $oldVariable，传值赋值将$oldVariable 变量值的“拷贝”赋值给新变量$newVariable，前面所有的程序都是使用传值赋值为变量赋值的。以 PHP 程序 by_value.php 为例，该程序使用传值赋值，该程序的代码以及执行流程如图 2-15 所示。

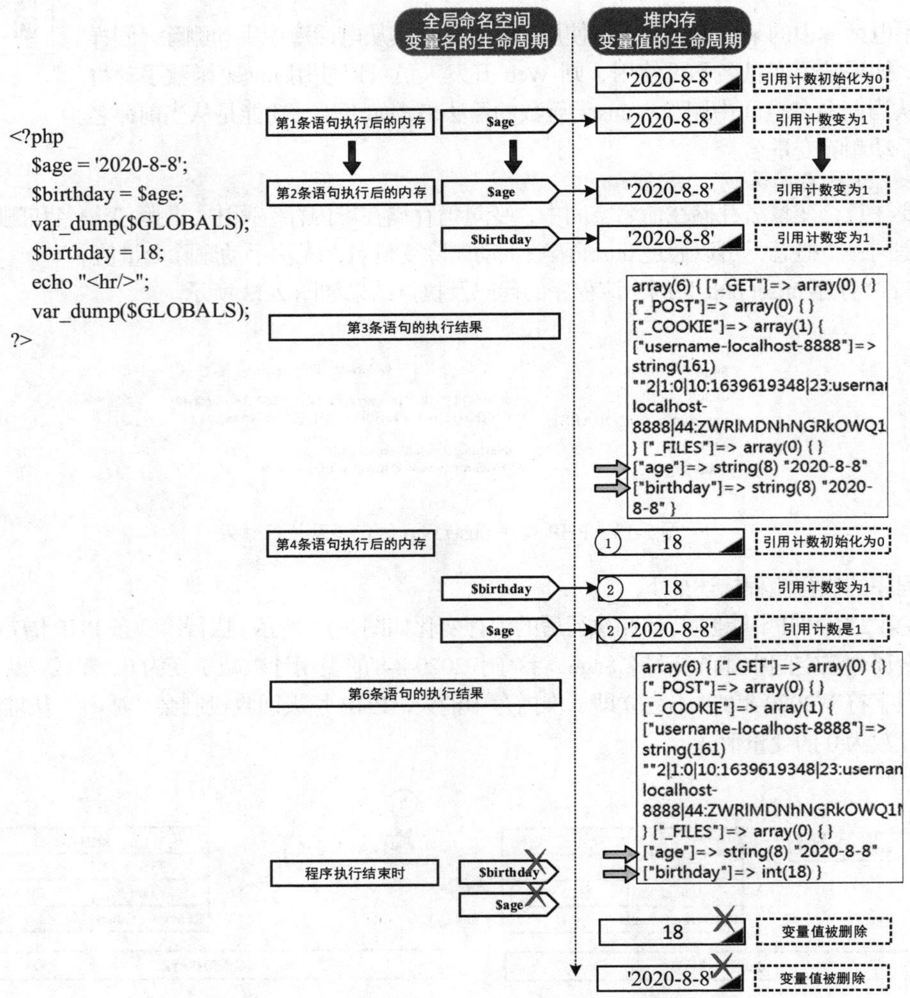

图 2-15 PHP 程序 by_value.php 的代码以及执行流程

传值赋值示例程序的执行流程如下。

（1）执行到第 2 条 PHP 语句时，变量名$age 和$birthday 指向堆内存中的两个变量值。

（2）执行到第 4 条 PHP 语句时，①在堆内存开辟存储空间存储整数 18（引用计数初始化为 0）；②重用当前命名空间（这里是全局命名空间）已有的变量名$birthday，将变量名$birthday 贴在整数 18 上，由于变量名$age 和$birthday 指向不同的变量值，所以变量名$age 不受影响，整数 18 的引用计数变为 1，字符串'2020-8-8'的引用计数依然是 1。也就是说，通过传值赋值，变量名$birthday 和变量名$age 不会相互影响对方的变量值。

（3）程序执行结束时，PHP 垃圾回收机制将自动做两件事情。①从当前命名空间（这里是全局命名空间）中删除变量名$age 和$birthday；②从堆内存中删除引用计数为 0 的变量值（此处是整数 18 和字符串'2020-8-8'）。

说明："echo "<hr/>"" 用于输出一条水平线。

2．传引用（&）赋值

传引用（&）赋值的语法格式为：$newVariable = &$oldVariable，功能是将源变量$oldVariable 的内存地址赋值给新变量$newVariable，即新变量$newVariable 引用了源变量$oldVariable 的值，改动新变量$newVariable 的值将影响到源变量$oldVariable 的值，反之亦然。以 PHP 程序 by_reference.php 为例，该程序的代码及执行流程如图 2-16 所示。

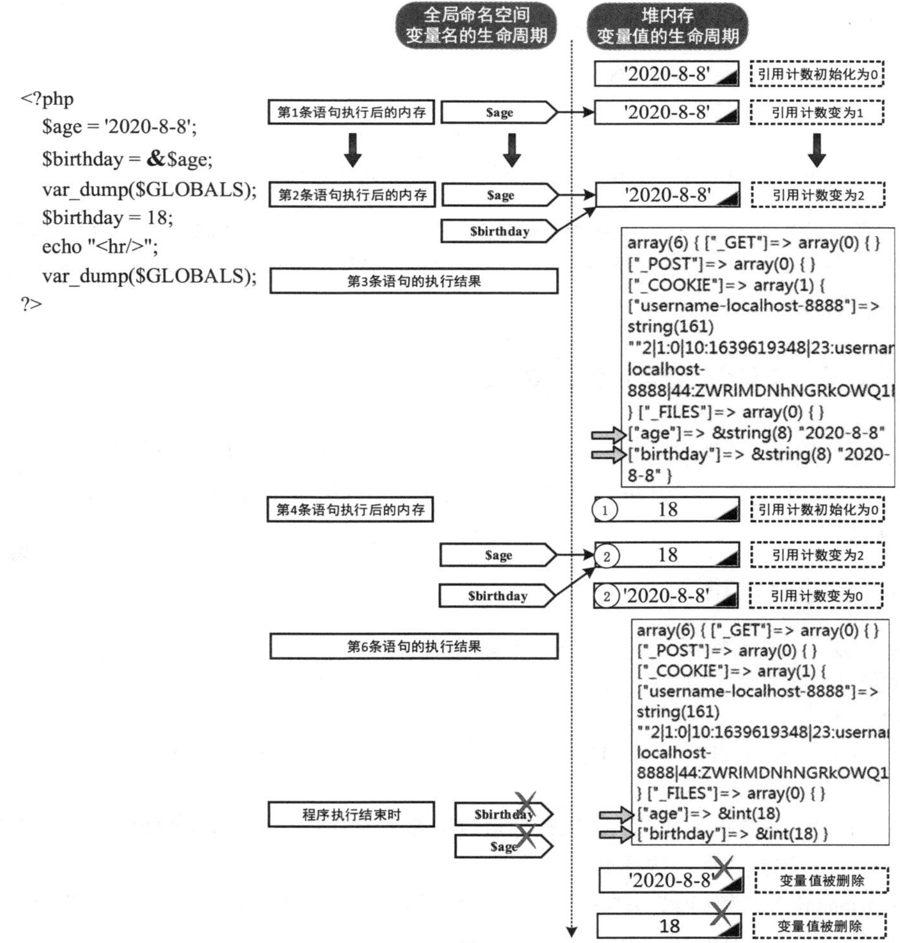

图 2-16　PHP 程序 by_reference.php 的代码及执行流程

传引用赋值示例程序的执行流程如下。

（1）执行到第 2 条 PHP 语句时，变量名$age 和$birthday 指向同一个变量值，字符串'2020-8-8'对象同时贴上$age 和$birthday 两个变量名。

（2）执行到第 4 条 PHP 语句时，①在堆内存开辟存储空间存储整数 18（引用计数初始化为 0）。②重用当前命名空间（这里是全局命名空间）已有的变量名$birthday，将变量名$birthday 贴在整数 18 上，由于变量名$age 和$birthday 指向同一个变量值，所以变量名$age 也贴在整数 18 上，整数 18 的引用计数变为 2，字符串'2020-8-8'的引用计数变为 0。也就是说，通过传引用（&）赋值，变量名$birthday 和变量名$age 会相互影响对方的变量值。

（3）程序执行结束时，PHP 垃圾回收机制将自动做两件事情。①从当前命名空间（这里是全局命名空间）中删除变量名$age 和$birthday；②从堆内存中删除引用计数为 0 的变量值（此处是整数 18 和字符串'2020-8-8'）。

可变变量

2.2.5 可变变量

可变变量的工作原理是用一个变量的“值”作为另一个变量的“名”。例如，PHP 程序 variable_variable.php 的代码及执行结果如图 2-17 所示。

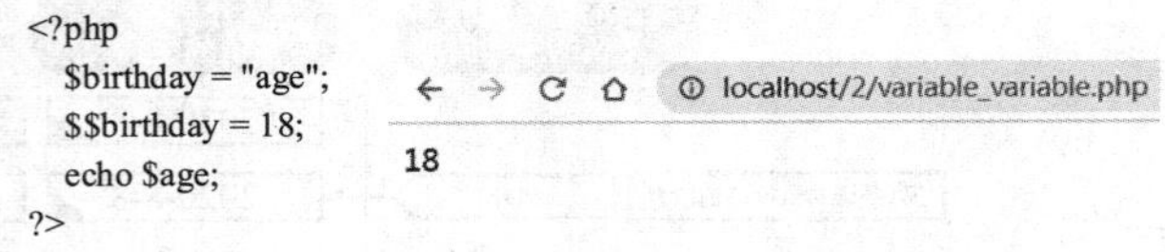

<?php
$birthday = "age";
$$birthday = 18;
echo $age;
?>
localhost/2/variable_variable.php
18

图 2-17 PHP 程序 variable_variable.php 的代码及执行结果

说明：在定义可变变量时可能会出现歧义。例如，在可变变量$$age[1]中，是将$age[1]作为一个变量名，还是将$$age 作为一个变量名？为了解决这样的歧义，可以使用${$age[1]}和${$age}[1]分别表示上述两种情况。

2.3 自定义常量和预定义常量

PHP 程序使用变量和常量存储数据。常量是指在 PHP 程序运行过程中始终保持不变的量。常量一旦被定义，常量的值将不再发生变化。PHP 常量分为自定义常量和预定义常量。

自定义常量

2.3.1 自定义常量

define 函数专门用于定义自定义常量，其语法格式如下。

```
define(string $constant_name, mixed $value, bool $case_insensitive = false) : bool
```

参数说明如下。

$constant_name：常量名，符合标识符命名规则的字符串（不以“$”符号开头），区分大小写，建议全部大写。

$value：常量名对应的常量值，可以是标量数据类型的数据，也可以是数组。这里的 mixed 是伪数据类型，表示可以接收多种数据类型的数据。

$case_insensitive：默认值为 false，表示常量名区分大小写。从 PHP8.0.0 开始，传递 true 将产生警告，也就是说，从 PHP8.0.0 开始，常量名区分大小写。

函数的返回值：布尔值。成功定义自定义常量时，函数返回 true，否则返回 false。

例如，PHP 程序 constant.php 的代码及执行结果如图 2-18 所示。

```
<?php
  define("DB_NAME","student");
  define("PI",3.14);
  echo DB_NAME;
  echo "<br/>";
  echo PI;
?>
```

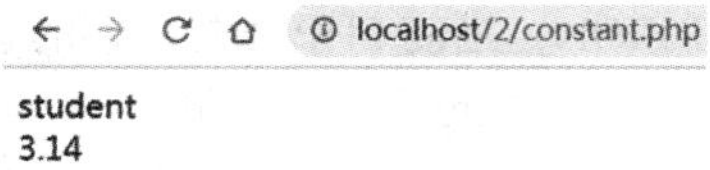

```
localhost/2/constant.php

student
3.14
```

图 2-18　PHP 程序 constant.php 的代码及执行结果

常量的定义及注意事项如下。

（1）常量名被放入常量存储区。常量存储区是一块比较特殊的存储空间，位于该存储空间的常量是全局的，且在程序运行期间不能修改和销毁。也就是说，常量一经定义，即可在程序的任意位置使用；常量一经定义，常量值不能在程序运行过程中修改，也不能销毁。

例如，PHP 程序 defineError.php 的代码及执行结果如图 2-19 所示。

```
<?php
  define("DB_NAME","student");
  define("DB_NAME","student");
  echo "你好PHP";
?>
```

```
localhost/2/defineError.php

Warning: Constant DB_NAME already defined in
D:\wamp\www\2\defineError.php on line 3
你好PHP
```

图 2-19　PHP 程序 defineError.php 的代码及执行结果

（2）PHP 预处理器将裸字符串解析为常量名。例如，PHP 程序 fatal_error.php 的代码及执行结果如图 2-20 所示，代码“echo name”将 name 解析为常量名 name。

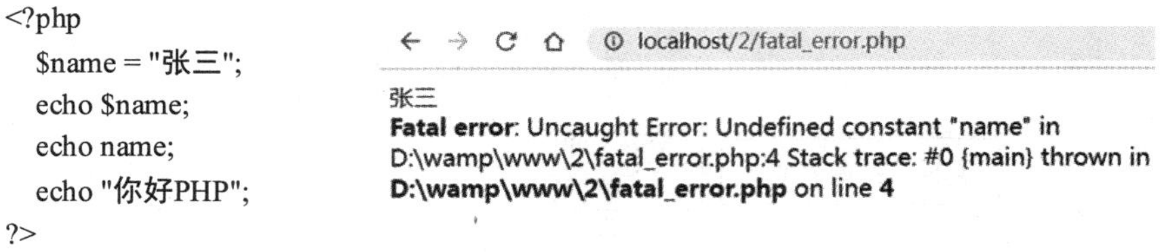

图 2-20　PHP 程序 fatal_error.php 的代码及执行结果

说明：自 PHP8.0.0 起，如果访问一个未定义的常量名，则程序将抛出 Fatal error 致命错误。一旦抛出 Fatal error 致命错误信息，程序会立即终止执行。

2.3.2　预定义常量

预定义常量

PHP 预定义了许多常量，这些常量无须定义便可直接使用（预定义常量不区分大小写）。下面列举了一些常用的预定义常量。其中，两个下划线作为前缀、两个下划线作为后缀的预定义常量称作魔术常量，魔术常量会根据它们的使用位置而变化。例如，__LINE__的值取决于它在 PHP 程序中的位置。

（1）__FILE__：当前正在执行的 PHP 程序名。

（2）__LINE__：PHP 程序的当前行号。

（3）__DIR__：当前正在执行的 PHP 程序所在的目录，该目录是绝对路径，等效于 dirname(__FILE__)。需要注意，__DIR__的返回值不以“/”结尾，在字符串拼接时，需要在__DIR__的末尾手动添加目录分隔符“/”。

（4）__FUNCTION__：当前正在执行的函数名。
（5）__CLASS__：当前正在执行的类名。
（6）__METHOD__：当前正在执行的方法名。
（7）PHP_VERSION：当前 PHP 预处理器的版本号。
（8）PHP_OS：PHP 预处理器所在的操作系统类型。
（9）true、false 和 null 也是预定义常量，这里不赘述。

例如，PHP 程序 magic_constant.php 的代码及执行结果如图 2-21 所示。

```
<?php
  echo "<br/>"; echo __FILE__;
  echo "<br/>"; echo __LINE__;
  echo "<br/>"; echo __DIR__;
  echo "<br/>"; echo PHP_VERSION;
  echo "<br/>"; echo PHP_OS;
?>
```

```
localhost/2/magic_constant.php

D:\wamp\www\2\magic_constant.php
3
D:\wamp\www\2
8.1.1
WINNT
```

图 2-21　PHP 程序 magic_constant.php 的代码及执行结果

2.4 数据类型

在计算机世界中，先有数据类型，再有数据。PHP 提供了 10 种内置数据类型，如图 2-22 所示。其中标量数据类型有 4 种，分别是布尔值（bool）、整数（int）、浮点数（float）和字符串（string）；复合数据类型有 4 种，分别是数组（array）、对象（object）、可调用（callable）和可迭代（iterable）；特殊数据类型有 2 种，分别是资源（resource）和 null。

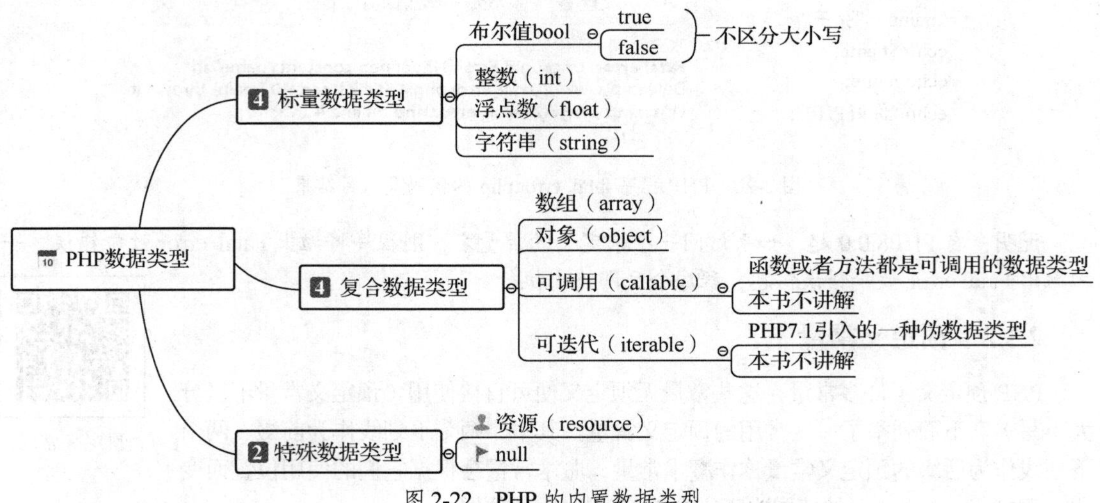

图 2-22　PHP 的内置数据类型

2.4.1　布尔值

布尔值

布尔值（bool）只有两个值，分别是 true 和 false，它们都不区分大小写，例如，TRUE 和 true 是等效的。true 和 false 主要用于 if、for、while 等控制语句中。例如，PHP 程序 bool.php 的代码及执行结果如图 2-23 所示。

```
<?php
  echo false;
  echo "<br/>";
  echo true;
?>
```

localhost/2/bool.php
1

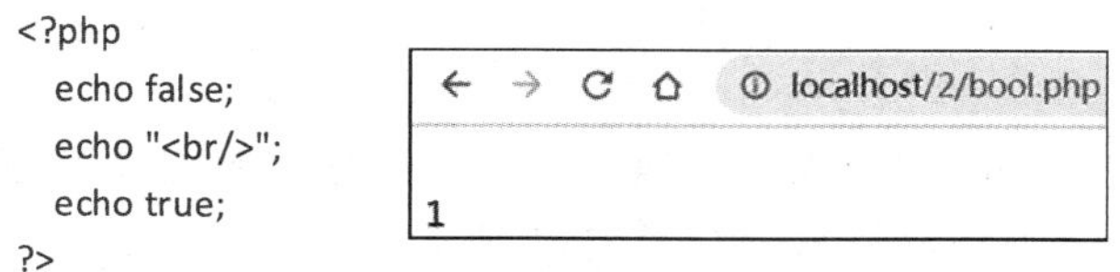

图 2-23　PHP 程序 bool.php 的代码及执行结果

说明：echo 用于输出字符串。使用 echo 输出 true 时，true 被自动类型转换为字符串 1；使用 echo 输出 false 时，false 被自动类型转换为空字符串。

2.4.2　整数

整数

整数（int）是指没有小数点的数。整数可以用十进制、二进制、八进制或十六进制表示，并且可以包含正号（+）和负号（-）。为了区分十进制数，二进制整数必须以 0b 开头，八进制整数必须以 0（零）开头，十六进制整数必须以 0x 开头。

例如，PHP 程序 int.php 的代码及执行结果如图 2-24 所示。

```
<?php
  echo 123;
  echo "<br/>";
  echo -123;
  echo "<br/>";
  echo 0b1111011;
  echo "<br/>";
  echo 0173;
  echo "<br/>";
  echo 0x7b;
?>
```

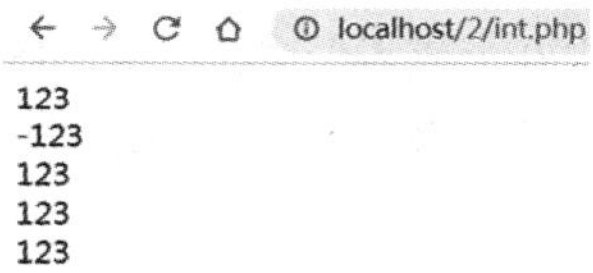

localhost/2/int.php
123
-123
123
123
123

图 2-24　PHP 程序 int.php 的代码及执行结果

说明 1：从 PHP8.1.0 开始，八进制整数也可以以 0o 或 0O 开头。

说明 2：整数的大小取决于平台，预定义常量 PHP_INT_SIZE 定义了整数占用的字节数，预定义常量 PHP_INT_MAX 定义了整数的最大值，预定义常量 PHP_INT_MIN 定义了整数的最小值。如果超出整数范围，则整数将被解释为浮点数。例如，PHP 程序 int_bound.php 的代码及执行结果如图 2-25 所示。

```
<?php
  echo PHP_INT_SIZE;
  echo "<br/>";
  echo PHP_INT_MIN;
  echo "<br/>";
  echo PHP_INT_MAX;
  echo "<br/>";
  echo PHP_INT_MIN - 1;
  echo "<br/>";
  echo PHP_INT_MAX + 1;
?>
```

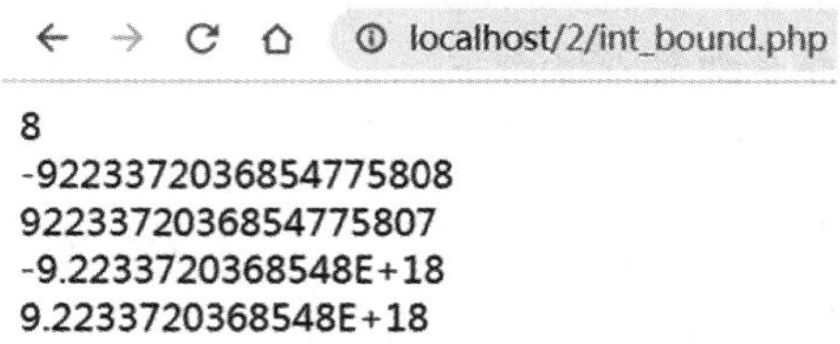

localhost/2/int_bound.php
8
-9223372036854775808
9223372036854775807
-9.2233720368548E+18
9.2233720368548E+18

图 2-25　PHP 程序 int_bound.php 的代码及执行结果

2.4.3 浮点数

浮点数

浮点数（float）是指有小数点的数。1.234、1.2e3 以及 7E-10 等都是浮点数。例如，PHP 程序 float.php 的代码及执行结果如图 2-26 所示。

说明：浮点数的大小和精度取决于平台，预定义常量 PHP_FLOAT_DIG 定义了浮点数的最大精度，预定义常量 PHP_FLOAT_EPSILON 定义了可以表示的最小正数，预定义常量 PHP_FLOAT_MIN 定义了浮点数的最小值，预定义常量 PHP_FLOAT_MAX 定义了浮点数的最大值。

```
<?php
  echo 1.234;
  echo "<br/>";
  echo 1.2e3;
  echo "<br/>";
  echo 7E-10;
?>
```

```
← → C ⌂ ⓘ localhost/2/float.php
1.234
1200
7.0E-10
```

图 2-26 PHP 程序 float.php 的代码及执行结果

2.4.4 字符串

字符串

字符串（string）是由 0 个或多个字符组成的序列，定义一个字符串最简单的方法是使用一对单引号（'）或一对双引号（"）。例如，PHP 程序 str.php 的代码及执行结果如图 2-27 所示。

```
<?php
  $first_name = '张';
  $last_name = "三丰";
  $name1 = '$first_name$last_name';
  $name2 = "$first_name$last_name";
  echo $name1;
  echo "<br/>";
  echo $name2;
?>
```

```
← → C ⌂ ⓘ localhost/2/str.php
$first_name$last_name
张三丰
```

图 2-27 PHP 程序 str.php 的代码及执行结果

说明 1：使用双引号定义字符串时，字符串中如果出现变量名（以$开头），那么变量名将被解析为对应的变量值；使用单引号定义字符串时，不会解析字符串中的变量名。这是单引号定义字符串和双引号定义字符串的主要区别。

说明 2：使用双引号定义字符串时，字符串中如果出现"$"符号，则 PHP 预处理器将尽可能长的标记作为变量名，将变量名放在"{ }"中可以明确变量名的开始和结尾。例如，PHP 程序 greed.php 的代码及执行结果如图 2-28 所示。

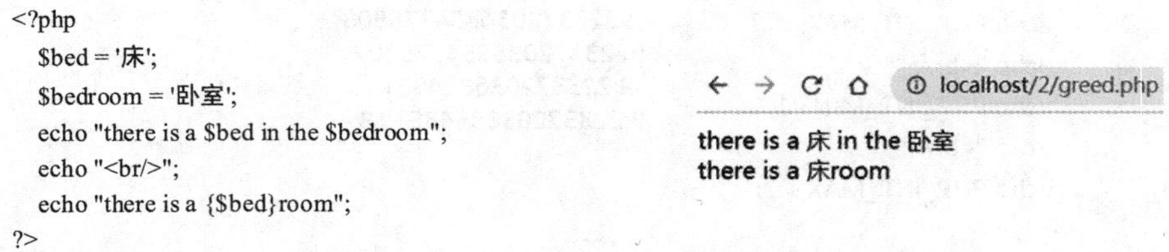
<?php
$bed = '床';
$bedroom = '卧室';
echo "there is a $bed in the $bedroom";
echo "<br/>";
echo "there is a {$bed}room";
?>
localhost/2/greed.php
there is a 床 in the 卧室
there is a 床room

图 2-28 PHP 程序 greed.php 的代码及执行结果

说明 3：可以使用“[ ]”指定从 0 开始的偏移量访问或修改字符串中的字符，并且从 PHP7.1.0 开始，支持负偏移量（例如，-1 表示倒数第 1 个字符，-2 表示倒数第 2 个字符，以此类推）。

▶注意：偏移量必须是整数或类似于整数的字符串，并且偏移量不能越界。

说明 4：字符串被存储为字节数组，PHP 没有提供将字节转换为字符的相关方法，PHP 将这一任务留给 Web 开发人员。并且 PHP 规定：如果 PHP 程序使用 UTF-8 编码编写，则字符串也使用 UTF-8 编码（UTF-8 是“不等宽”编码方案，1 个英文字符占用 1 字节，1 个中文字符占用 3 字节）；如果 PHP 程序使用 GBK 编码编写，则字符串也使用 GBK 编码（GBK 是“不等宽”编码方案，1 英文字符占用 1 字节，1 个中文字符占用 2 字节）；如果 PHP 程序使用 ISO-8859-1 编码编写，则字符串也使用 ISO-8859-1 编码（ISO-8859-1 是单字节编码，不支持中文字符）。例如，PHP 程序 byte.php 分别采用 UTF-8 编码和 GBK 编码时，执行结果并不相同，如图 2-29 所示。

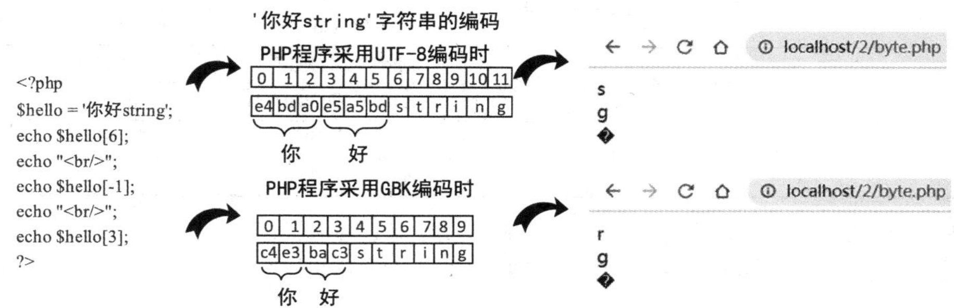

图 2-29　同一个 PHP 程序分别采用 UTF-8 编码和 GBK 编码时执行结果并不相同

▶注意：PHP 支持利用偏移量修改字符串中的字符。例如，PHP 程序 byte_modify.php 分别采用 UTF-8 编码和 GBK 编码时，代码的执行结果并不相同，如图 2-30 所示。字符串是字节数组。当字符串中的一个字符对应多字节时，使用“[ ]”访问或修改字符串可能导致意外结果。总之，由于 PHP 字符串以字节为单位进行存储，所以当字符串中存在中文字符时，不建议使用“[ ]”访问或修改字符串中的内容。

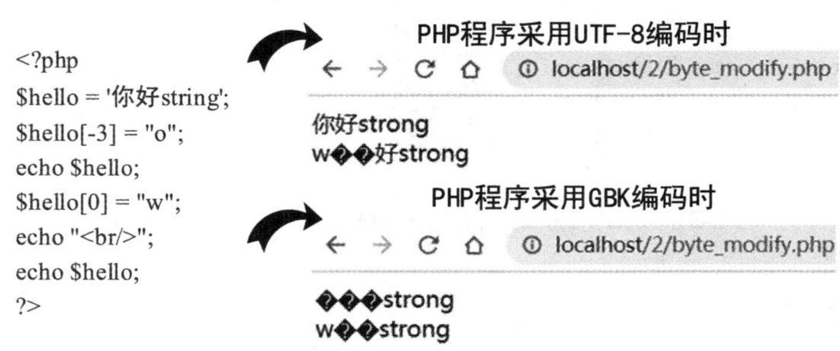

图 2-30　不建议使用“[ ]”访问或修改字符串中的内容

说明 5：字符串本质就是字节数组，这是 PHP 没有提供字节数据类型的主要原因。

说明 6：转义字符可以让字符串包含退格符、制表符、换行符等不可见字符，还可以让字符串包含单引号或者双引号字符，转义字符用于解决字符串中特殊字符的问题。转义字符可以使用数学公式“转义功能+特殊字符=转义字符”表示，其中转义功能由反斜杠“\”提供。需要注意“\”后面必须紧跟特殊字符，转义功能才能生效，否则反斜杠“\”就是一个普通的字符。从外观上，反斜杠“\”后跟特殊字符由两个字符构成，但实际上这两个字符共同组成了单个字符，该单个字符就是转义字符，如表 2-1 所示。

表 2-1　反斜杠“\”后紧跟特殊字符构成单个字符

转义字符后跟特殊字符构成一个字符	描述	举例	输出结果	备注
\\	一个反斜杠字符	echo"\\";	\	转义生效
		echo'\\';	\	转义生效
\'	一个单引号字符	echo"\'";	\'	转义失效
		echo'\'';	'	转义生效
\"	一个双引号字符	echo"\"";	"	转义生效
		echo'\"';	\"	转义失效
\t	一个制表符（Horizontal Tab）	echo"你好\tPHP";	你好 PHP	转义生效
		echo'你好\tPHP';	你好\tPHP	转义失效
\n	一个换行符（Line Feed）	echo"你好\nPHP";	你好 PHP	转义生效
		echo'你好\nPHP';	你好\nPHP	转义失效
\$	一个$符	echo"你好\$PHP";	你好$PHP	转义失效
		echo'你好\$PHP';	你好\$PHP	转义失效

说明 1：使用双引号指定字符串时，字符序列（\'）被逐字符处理。

说明 2：使用单引号指定字符串时，除了两个特殊字符序列（\\和\'）外，字符串的内容被逐字符处理。

例如，PHP 程序 escape_character.php 的代码及执行结果如图 2-31 所示。

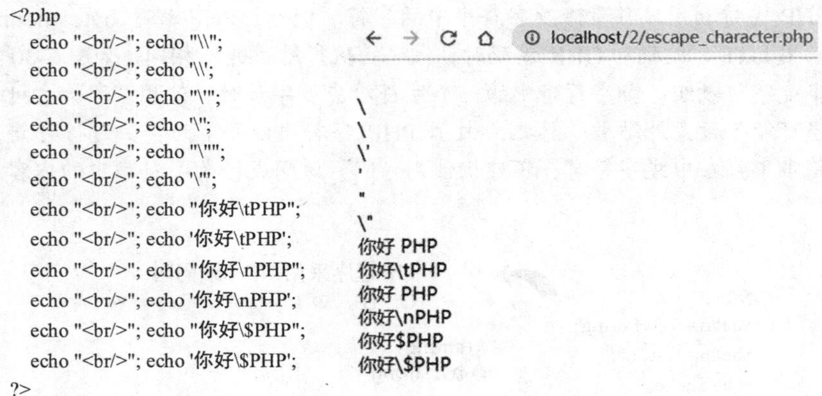
<?php
echo "<br/>"; echo "\\";
echo "<br/>"; echo '\\';
echo "<br/>"; echo "\'";
echo "<br/>"; echo '\'';
echo "<br/>"; echo "\"";
echo "<br/>"; echo '\"';
echo "<br/>"; echo "你好\tPHP";
echo "<br/>"; echo '你好\tPHP';
echo "<br/>"; echo "你好\nPHP";
echo "<br/>"; echo '你好\nPHP';
echo "<br/>"; echo "你好\$PHP";
echo "<br/>"; echo '你好\$PHP';
?>
localhost/2/escape_character.php
\
\
\'
'
"
\"
你好 PHP
你好\tPHP
你好 PHP
你好\nPHP
你好$PHP
你好\$PHP

图 2-31　PHP 程序 escape_character.php 的代码及执行结果

2.4.5　数组

数组

PHP 数组（array）是一种“键”与“值”相互关联的数据类型，其本质是一个有序字典，是 PHP 最常用的复合数据类型。PHP 数组由若干个元素构成，每个元素都是一个由“键”指向“值”的“键值对”（key=>value）。PHP 数组中元素的键不能相等（==），因此可以根据“键”唯一确定一个数组元素。

PHP 提供了 3 种创建数组的方法，分别是变量名后跟“[ ]”变为数组名、使用 array 语句和使用“[ ]”语句。例如，PHP 程序 array.php 的代码及执行结果如图 2-32 所示（3 段代码等效，运行结果相同）。

```php
<?php
  $array["foot"] = "ball";
  $array["bed"] = "room";
  var_dump($array);
?>
```

```php
<?php
  $array = array(
    "foot" => "ball",
    "bed" => "room",
  );
  var_dump($array);
?>
```

```php
<?php
  $array = [
    "foot" => "ball",
    "bed" => "room",
  ];
  var_dump($array);
?>
```

localhost/2/array.php

array(2) { ["foot"]=> string(4) "ball" ["bed"]=> string(4) "room" }

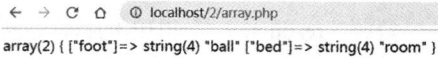

图 2-32　PHP 程序 array.php 的代码及执行结果

2.4.6　对象

对象

在面向对象编程语言中，先有类（class）再有对象（object）。类是模板，是蓝图（blueprint），是数据类型，一个类可以创建无数个对象，对象必须有数据类型，类与对象的关系是抽象与具体的关系。

类和对象之间的关系就像菜谱和菜之间的关系，菜谱罗列了食材和操作流程，但菜谱是类，不是对象，菜谱并不可以吃。厨师购买了食材，本质是厨师为菜谱中的食材赋值的过程；厨师按照菜谱的操作流程可以做出无数佳肴，这些佳肴都是菜谱的对象。菜谱上罗列的食材是属性，菜谱上描述的操作流程是方法。

例如，PHP 程序 object.php 的代码及执行结果如图 2-33 所示。

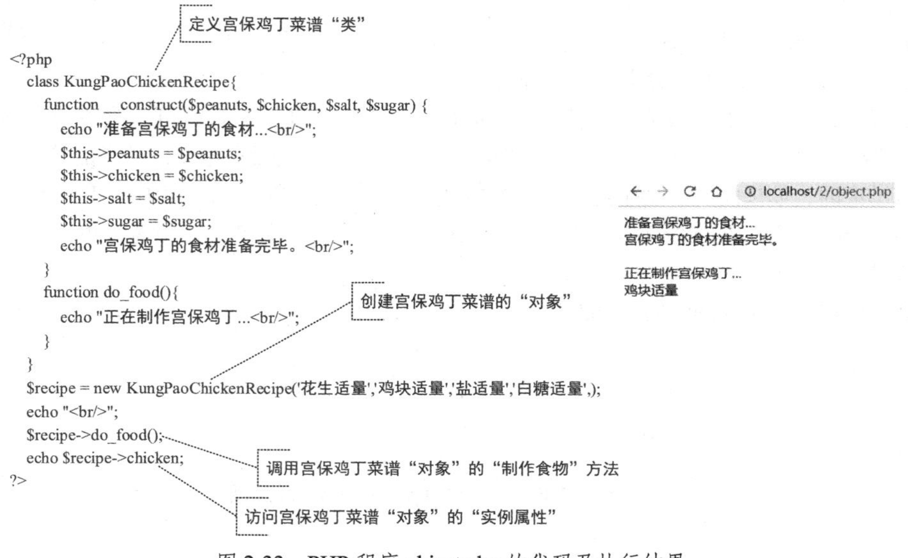

定义宫保鸡丁菜谱“类”
<?php
class KungPaoChickenRecipe{
function __construct($peanuts, $chicken, $salt, $sugar) {
echo "准备宫保鸡丁的食材...
";
$this->peanuts = $peanuts;
$this->chicken = $chicken;
$this->salt = $salt;
$this->sugar = $sugar;
echo "宫保鸡丁的食材准备完毕。
";
}
function do_food(){
echo "正在制作宫保鸡丁...
";
}
}
$recipe = new KungPaoChickenRecipe('花生适量','鸡块适量','盐适量','白糖适量',);
echo "<br/>";
$recipe->do_food();
echo $recipe->chicken;
?>
创建宫保鸡丁菜谱的“对象”
调用宫保鸡丁菜谱“对象”的“制作食物”方法
访问宫保鸡丁菜谱“对象”的“实例属性”
localhost/2/object.php
准备宫保鸡丁的食材...
宫保鸡丁的食材准备完毕。
正在制作宫保鸡丁...
鸡块适量

图 2-33　PHP 程序 object.php 的代码及执行结果

说明 1：程序 object.php 定义了一个 KungPaoChickenRecipe 类（宫保鸡丁菜谱类），该类定义了 1 个构造方法__construct 和 1 个实例方法 do_food,其中构造方法定义宫保鸡丁菜谱类的 4 个属性，分别是$peanuts、$chicken、$salt 和$sugar。

说明 2：使用 new 关键字实例化 KungPaoChickenRecipe 类的对象（宫保鸡丁菜谱类的对象）时，PHP 自动调用该类的构造方法__construct，完成实例属性的初始化工作。

说明 3：$recipe 持有了宫保鸡丁菜谱类的对象，可以通过$recipe 调用它的实例方法 do_food 制作宫保鸡丁，可以通过$recipe 访问它的实例属性$chicken。访问对象的实例属性的方法：对象->实例属性，例如，$recipe->chicken，注意 chicken 前没有“$”符号。调用对象的实例方法的方法：对象->实例方法，例如，$recipe->do_food( )。

2.4.7 资源

资源（resourse）是 PHP 的特殊数据类型，表示持有外部资源的引用，例如，持有数据库连接的引用、持有文件流的引用等。PHP 提供了一些特殊函数可以帮助我们持有外部资源的引用，继而操作外部资源，例如，mysqli_connect 函数可以帮助我们持有 MySQL 数据库连接的引用，fopen 函数可以帮助我们持有文件流的引用。例如，PHP 程序 resource.php 的代码及执行结果如图 2-34 所示。

资源

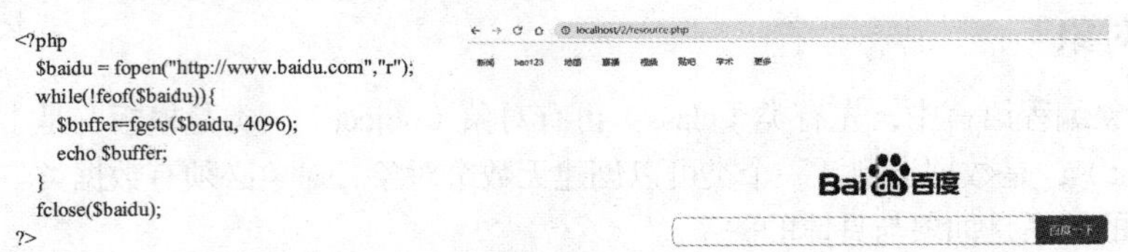

<?php
$baidu = fopen("http://www.baidu.com","r");
while(!feof($baidu)){
$buffer=fgets($baidu, 4096);
echo $buffer;
}
fclose($baidu);
?>
localhost/2/resource.php
Bai百度

图 2-34 PHP 程序 resource.php 的代码及执行结果

说明：任何资源在不需要使用时应该及时回收。如果 Web 开发人员忘记了释放资源，也没有关系，这是因为引用计数系统是 PHP 的一部分，PHP 垃圾回收机制会自动检测引用计数为 0 的资源，并从堆内存中删除它，避免内存资源浪费。

2.4.8 null

null 是 PHP 的特殊数据类型，该数据类型只有一个 null 值，用来标识一个不确定或不存在的数据。null 不区分大小写，即 null 和 NULL 是等效的。

var_dump(NULL);
null

举例来说，一个刚出生孩子的姓名是一个不确定的值，使用 PHP 代码可以描述为“$baby_name = null”，孩子的姓名不是空格字符，不是“空字符串”，也不是没有定义，孩子的姓名就是 null。课程没有结束时，如果问一个学生这门课程的成绩，学生会说成绩未知，使用 PHP 代码可以描述为“$grade = null”，学生的成绩不是零分或者不及格，也不是缺考、作弊、缓考，也不是没有定义，学生的成绩就是 null。

例如，PHP 程序 null.php 的代码及执行结果如图 2-35 所示。

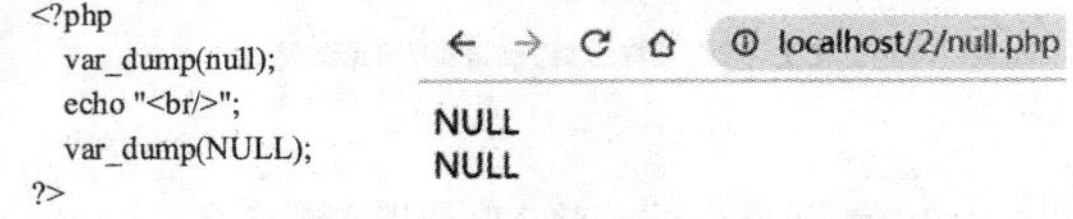

var_dump(null);

图 2-35 PHP 程序 null.php 的代码及执行结果

2.5 数据的输出

PHP 主要提供了 5 种输出语句（或函数），分别是 echo、print、printf、var_dump 和 print_r。echo 和 print 用于输出没有经过格式化的字符串，printf 用于输出经过格式化的字符串，对于复合数据类型的数据（如数组或对象），可选用 var_dump、var_export 和 print_r 输出，不建议使用 echo 或 print。

2.5.1 print 和 echo

print 和 echo

print 和 echo 两者的功能几乎完全一样，都用于输出字符串。它们之间的区别总结如下。

（1）使用 echo 可以同时输出多个字符串（多个字符串之间使用逗号隔开即可），而 print 每次只能输出一个字符串。例如，PHP 程序 echo.php 的代码及执行结果如图 2-36 所示。

```
<?php
  echo "你好", "PHP";
  echo "<br/>";
  print("你好");
  print("PHP");
?>
```

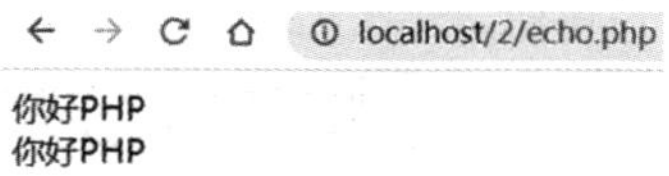

```
localhost/2/echo.php
你好PHP
你好PHP
```

图 2-36　PHP 程序 echo.php 的代码及执行结果

（2）echo 是语句不是表达式；print 是函数，是表达式。在 print 前可以使用错误抑制运算符“@”，而 echo 不能。

说明：“<?php echo 字符串; ?>”可以简写为“<?= 字符串 ?>”。

print_r 函数

2.5.2　print_r 函数

对于复合数据类型的数据输出，经常使用 print_r 函数。使用 print_r 函数输出数组或对象的内容时，将按照“键=>值”或“实例属性=>值”的方式输出。

例如，PHP 程序 print_r.php 的代码及执行结果如图 2-37 所示。

```
<?php
  class Person{
    public $name = "张三";
    public $sex = "男";
    public $age = 20;
    function say(){
      echo "这个人在说话";
    }
    function walk(){
      echo "这个人在走路";
    }
  }
  $person = new Person();
  print_r($person);
  echo "<br/>";
  $words = array("Java","Python","PHP");
  print_r($words);
?>
```

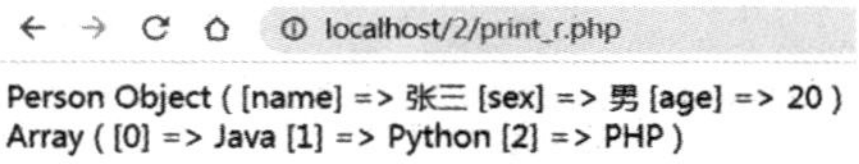

```
localhost/2/print_r.php
Person Object ( [name] => 张三 [sex] => 男 [age] => 20 )
Array ( [0] => Java [1] => Python [2] => PHP )
```

图 2-37　PHP 程序 print_r.php 的代码及执行结果

var_dump 函数

2.5.3　var_dump 函数

var_dump 函数的语法格式如下，它用于输出一个或多个数据的结构化信息（包括数据类型和值）。数据 value 可以是变量（带$符号），也可以是常量（不带$符号）。

```
var_dump(mixed value1, mixed value2...)
```

对于复合数据类型的数据输出，也可使用 var_dump 函数。使用 var_dump 函数输出数组或对象的内容时，将按照“键=>值”或“实例属性=>值”的方式输出（包括值的数据类型）。例如，PHP 程序 var_dump.php 的代码及执行结果如图 2-38 所示。

```php
<?php
  class Person{
    public $name = "张三";
    public $sex = "男";
    public $age = 20;
    function say(){
      echo "这个人在说话";
    }
    function walk(){
      echo "这个人在走路";
    }
  }
  $person = new Person();
  var_dump($person);
  echo "<br/>";
  $words = array("Java","Python","PHP");
  var_dump($words);
?>
```

← → C ⌂ ⓘ localhost/2/var_dump.php

```
object(Person)#1 (3) { ["name"]=> string(6) "张三" ["sex"]=> string(3) "男" ["age"]=> int(20) }
array(3) { [0]=> string(4) "Java" [1]=> string(6) "Python" [2]=> string(3) "PHP" }
```

图 2-38 PHP 程序 var_dump.php 的代码及执行结果

2.5.4 var_export 函数

var_export 函数

var_export 函数的功能与 var_dump 函数的功能非常相似，不同之处在于，var_export 函数的返回值是有效的 PHP 代码。例如，PHP 程序 var_export.php 的代码及执行结果如图 2-39 所示。

```php
<?php
  class Person{
    public $name = "张三";
    public $sex = "男";
    public $age = 20;
    function say(){
      echo "这个人在说话";
    }
    function walk(){
      echo "这个人在走路";
    }
  }
  $person = new Person();
  var_export($person);
  echo "<br/>";
  $words = array("Java","Python","PHP");
  var_export($words);
?>
```

← → C ⌂ ⓘ localhost/2/var_export.php

```
Person::__set_state(array( 'name' => '张三', 'sex' => '男',
'age' => 20, ))
array ( 0 => 'Java', 1 => 'Python', 2 => 'PHP', )
```

图 2-39 PHP 程序 var_export.php 的代码及执行结果

2.6 编程规范

俗话说，“没有规矩，不成方圆。”养成良好的编程习惯能够提高代码的易读性；而不良的编程习惯会造成代码缺陷，使其难以阅读和维护，并且很可能在维护时又引入新的缺陷。书写 PHP 代码时需要遵循一些基本的编程原则，这些原则称为编程规范。下面介绍常用的编程规范，这些规范对于任何一个追求高质量代码的人来说都是必需的。

书写规范

2.6.1 书写规范

1．缩进

每个缩进的单位约定是一个 Tab（制表符）或 4 个空格。语句块中的第一条语句需要缩进，同一个语句块中的所有 PHP 语句垂直居左对齐。

2．大括号{ }

语句块中的左大括号与关键字（如 if、else、for、while、switch 等）同行，同一个语句块中的右大括号与关键字垂直居左对齐。图 2-40 所示的示例程序符合上述两个书写规范。

3．运算符

运算符与两边参与运算的值保留一个空格，字符串连接运算符号两边可以不加空格。图 2-41 所示的示例程序符合运算符的书写规范。

```
<?php
if ($condition){
    switch ($var){
        case 1:
            echo 'var is 1';
            break;
        case 2:
            echo 'var is 2';
            break;
        default:
            echo 'var is neither 1 or 2';
            break;
    }
} else {
    switch ($str){
        case 'abc':
            $result = 'abc';
            break;
        default:
            $result = 'unknown';
        break;
    }
}
?>
```

图 2-40　符合缩进和大括号的书写规范

```
<?php
$b = 2;
$c = 3;
$a = $b + $c;
?>
```

图 2-41　符合运算符的书写规范

2.6.2　命名规范

命名规范

使用良好的命名也是重要的编程习惯，描述性强的名称让代码更加容易阅读、理解和维护。命名遵循的基本原则是：以标准计算机英文为蓝本，杜绝一切拼音或拼音英文混杂的命名方式，建议使用语义化的方式命名。

1．类

类名每一个单词首字母大写，如类名 KungPaoChickenRecipe。

2．常量

常量名所有字母大写，单词之间用下划线分隔，如常量名 PI（数学中的π）。图 2-42 所示的示例程序符合常量的命名规范。

```
<?php
define("PI", 3.1415); //定义常量时需使用define()函数
?>
```

图 2-42　符合常量的命名规范

3．变量名

参见标识符的命名规则。

4．数组名

数组是一个可以存储多个元素的容器，因此在为数组命名时，可以选择使用单词的复数形式，如$words、$numbers、$colors、$students、$interests 等。

5．函数名

参见标识符的命名规则。另外，函数通常都是执行一系列动作，因此函数名通常包含动词，例如，getName、setName 分别表示获取 name 值和设置 name 值。图 2-43 所示的示例程序符合函数名的命名规范。

```
function getName(){
    return $this->name;
}
```

图 2-43　符合函数名的命名规范

6．与数据库相关的命名

数据库、数据库表、表字段以及各种约束名参见标识符的命名规则。

7．类文件

PHP 类文件名通常以.class.php 为后缀，文件名和类名相同，如 Student.class.php。

上机实践　PHP 基础知识

（1）在 D:/wamp/www/目录下创建“2”目录，本章涉及的所有 PHP 程序都存放到该目录。

（2）将本章所有 PHP 程序部署到 Apache 服务器，并运行这些 PHP 程序。

习题

（1）如何进行 PHP 注释和 HTML 注释？

（2）PHP 的数据类型有哪些？每种数据类型适用于哪种应用场合？

（3）赋值语句的执行流程是什么。

（4）unset 函数的功能是什么。

（5）传递引用（&）赋值和传值赋值的区别是什么。

（6）自定义常量的特点是什么。

（7）echo 语句和 print 语句有何区别和联系？print_r 和 var_dump 函数都能实现什么功能？

（8）你所熟知的编程规范有哪些？

（9）PHP 的垃圾回收机制是怎样运行的？

（10）如何使用下面的 Test 类，Test 类提供的 get_test()函数实现什么功能？

```
<?php
class Test{
    function get_test($num){
        $num=md5(md5($num));
        return $num;
    }
}
?>
```

第3章 PHP 表达式

本章讲解表达式和语句的区别和联系、变量和常量状态信息的函数，围绕表达式详细讲解表达式中常用的运算符，最后总结数据类型转换的规则。通过本章的学习，读者可以使用运算符对数据执行各种运算。

3.1 表达式和语句

表达式和语句

PHP 是一种面向表达式的编程语言（expression-oriented language），几乎 PHP 中的一切都是表达式（expression）。表达式是 PHP 程序最为重要的组成部分，表达式是将相同数据类型或不同数据类型的数据（如变量、常量、函数等）用运算符号按一定的规则连接起来的有意义的式子。

表达式通常由操作数和运算符构成，例如，“3 + 4”是一个表达式，该表达式中“+”是一个运算符，“3”和“4”是操作数。

如果表达式后跟一个分号“;”，则变为语句（statement）。例如，“变量名 = 变量值”是一个赋值表达式，“变量名 = 变量值;”是一条赋值语句。

表达式和语句的区别是，表达式通常有返回值，语句通常没有返回值。表达式可以用作函数的参数，语句不可以用作函数的参数。

例如，“3 + 4”是一个表达式，该表达式的返回值是整数 7，可以用作函数的参数；“3 + 4;”是一条语句，该语句没有返回值，不能用作函数的参数。“$age = 18”是一个赋值表达式，该表达式的返回值是“=”右边的变量值（此处是整数 18），可以用作函数的参数；“$age = 18;”是一条赋值语句，该赋值语句没有返回值，不能用作函数的参数。

另外，在 PHP 中，函数是一个具有返回值的表达式。

3.2 变量和常量状态信息的函数

PHP 程序使用变量和常量存储数据。在使用变量和常量前，Web 开发人员需要了解它们的状态信息。

3.2.1 检查常量或变量是否定义

使用 defined 函数可以检查常量是否定义，使用 isset 函数可以检查变量是否定义。

检查常量或变量是否定义

1．defined 函数

语法格式：defined(string name) : bool

函数功能：检查名称是 name 的常量是否定义。name 参数必须是符合标识符命名规则的字符串。

函数的返回值：布尔值。名称是 name 的常量如果已经定义，则函数返回 true，否则返回 false。

例如，PHP 程序 defined.php 的代码及部分执行结果如图 3-1 所示。

```
<?php
   echo "<br/>"; var_dump(defined("USERNAME"));
   define("USERNAME","root");
   echo "<br/>"; var_dump(defined("USERNAME"));
   echo "<br/>"; var_dump(get_defined_constants());
?>
```

```
localhost/3/defined.php

bool(false)
bool(true)
array(865) { ["E_ERROR"]=> int(1)
["E_RECOVERABLE_ERROR"]=> int(4096)
["E_WARNING"]=> int(2) ["E_PARSE"]=> int(4)
["E_NOTICE"]=> int(8) ["E_STRICT"]=> int(2048)
["E_DEPRECATED"]=> int(8192)
["E_CORE_ERROR"]=> int(16)
["E_CORE_WARNING"]=> int(32)
```

图 3-1　PHP 程序 defined.php 的代码及部分执行结果

说明：get_defined_constants 函数以数组的形式返回所有常量名及对应的值。

2．isset 函数

语法格式：isset(mixed $value1, mixed $value2 ...) : bool

函数功能：检查一个或多个变量是否定义（且不是 null）。函数的参数是变量名（带$符号）。

函数的返回值：布尔值。如果变量已经定义，且不是 null，则函数返回 true，否则返回 false。

例如，PHP 程序 isset.php 的代码及执行结果如图 3-2 所示。

```
<?php
   $age = null;
   echo "<br/>"; var_dump(isset($age));
   echo "<br/>"; var_dump(isset($abcd));
   $name = "";//空字符串
   echo "<br/>"; var_dump(isset($name));
   unset($name);
   echo "<br/>"; var_dump(isset($name));
   $name = "张三";
   echo "<br/>"; var_dump(get_defined_vars());
?>
```

```
localhost/3/isset.php

bool(false)
bool(false)
bool(true)
bool(false)
array(6) { ["_GET"]=> array(0) { } ["_POST"]=> array(0) {
} ["_COOKIE"]=> array(1) { ["username-localhost-
8888"]=> string(161)
""2|1:0|10:1639619348|23:username-localhost-
8888|44:ZWRlMDNhNGRkOWQ1NDk5ZmEzMjdmOTMy
} ["_FILES"]=> array(0) { } ["age"]=> NULL ["name"]=>
string(6) "张三" }
```

图 3-2　PHP 程序 isset.php 的代码及执行结果

说明 1：如果提供了多个参数，则仅当所有参数都定义，且不是 null 时，isset 函数才返回 true。

说明 2：get_defined_vars 函数以数组的形式返回所有变量名及变量值（包括局部变量名和全局变量名）。

3.2.2　检查变量值是否为“空”的函数

检查变量值是否为“空”的函数

PHP 提供了检查变量是否为“空”的两个函数：is_null 函数和 empty 函数。

1．is_null 函数

语法格式：is_null(mixed $value): bool

函数功能：检查变量$value 的值是否是 null，如果是 null，则返回 true；否则返回 false。

例如，PHP 程序 is_null.php 的代码及执行结果如图 3-3 所示。

说明 1：is_null 函数用于判断变量值是否为 null 时，可以看作 isset 函数的反函数。

说明 2：“变量的值是 null”与“变量未定义”是两个不同的概念。例如，当变量未定义或者变量经 unset 函数处理后，is_null 函数的返回值是 true，并抛出 Warning: Undefined variable 警告信息；当变量的值是 null 时，is_null 函数的返回值是 true，不会抛出 Warning: Undefined variable 警告信息。

说明 3：在调用函数时，函数名不区分大小写，例如，程序 isset 函数也可以写成 ISSET。

```
<?php
  echo "<br/>"; var_dump(is_null($abcd));
  $b = null;
  echo "<br/>"; var_dump(is_null($b));
?>
```

```
localhost/3/is_null.php

Warning: Undefined variable $abcd in
D:\wamp\www\3\is_null.php on line 2
bool(true)
bool(true)
```

图 3-3　PHP 程序 is_null.php 的代码及执行结果

2. empty 函数

语法格式：empty(mixed $var): bool

函数功能：检查变量$var 的值是否为“空”。

函数的返回值：布尔值。如果变量$var 的值为空，则返回 true，否则返回 false。

例如，PHP 程序 empty.php 的代码及执行结果如图 3-4 所示。

```
<?php
  class Student{
  }
  echo "<br/>"; var_dump(empty(0));
  echo "<br/>"; var_dump(empty(0.0));
  echo "<br/>"; var_dump(empty("0"));
  echo "<br/>"; var_dump(empty(""));
  echo "<br/>"; var_dump(empty(null));
  echo "<br/>"; var_dump(empty(false));
  echo "<br/>"; var_dump(empty(array()));
  echo "<br/>"; var_dump(empty($abcd));
  echo "<br/>"; var_dump(empty(new Student()));
  echo "<br/>"; var_dump(empty(" "));
?>
```

```
localhost/3/empty.php

bool(true)
bool(true)
bool(true)
bool(true)
bool(true)
bool(true)
bool(true)
bool(true)
bool(false)
bool(false)
```

图 3-4　PHP 程序 empty.php 的代码及执行结果

说明 1：整数 0、浮点数 0.0、字符串零"0"、空字符串""、null、false、空数组 array()、变量未定义，或者变量经 unset 函数处理后，都被视为“空”。

说明 2：空字符串""为 empty，空格字符串" "不是 empty。

说明 3：变量未定义时，empty 函数的返回值是 true，不会抛出 Warning: Undefined variable 警告信息。

3.2.3　查看变量或常量的数据类型

查看变量或常量的数据类型

使用 gettype 函数可以查看变量或常量的数据类型。

语法格式：gettype(mixed value) : string

函数功能：gettype 函数用于获取数据 value 的数据类型。数据 value 可以是变量（带$符号），也可以是常量（不带$符号）。

函数的返回值：字符串。例如，"boolean"、"integer"、"double"、"string"、"array"、"object"、"resource"、"resource (closed)"、"NULL"、"unknown type"。

说明：由于历史原因，使用 gettype 函数获取浮点数的数据类型时，返回字符串"double"。

例如，PHP 程序 datatype.php 的代码及执行结果如图 3-5 所示。

```
<?php
    define("USERNAME","root");
    $score = 67.0;
    $age = 20;
    $words = array(2,4,6,8,10);
    echo "<br/>"; echo gettype(USERNAME);
    echo "<br/>"; echo gettype($score);
    echo "<br/>"; echo gettype($age);
    echo "<br/>"; echo gettype($words);
    echo "<br/>"; var_dump(USERNAME, $score, $age, $words);
?>
```

```
← → C ⌂ ⓘ localhost/3/datatype.php

string
double
integer
array
string(4) "root" float(67) int(20) array(5) { [0]=> int(2)
[1]=> int(4) [2]=> int(6) [3]=> int(8) [4]=> int(10) }
```

图 3-5　PHP 程序 datatype.php 的代码及执行结果

3.2.4　数据类型检查函数

数据类型检查函数

使用 is_*函数可以检查变量或常量是否属于某种数据类型，如表 3-1 所示，这些函数的共同特征是：需要向这些函数传递一个变量名（带$符号）或常量名（裸字符串）作为参数，如果检查符合要求，则函数返回 true，否则返回 false。

表 3-1　数据类型检查函数

函数名	功能	语法格式
is_null	检测变量或常量是否是 null	is_bool(mixed var) : bool
is_bool	检测变量或常量是否是布尔型	is_bool(mixed var) : bool
is_string	检测变量或常量是否是字符串	is_string(mixed var) : bool
is_int	检测变量或常量是否是整数	is_int(mixed var) : boo1
is_float	检测变量或常量是否是浮点数	is_float(mixed var) : bool
is_numeric	检测变量或常量是否为数字或数字字符串	is_numeric(mixed var) : bool
is_array	检测变量是否是数组	is_array(mixed var) : bool
is_object	检测变量是否是一个对象	is_object(mixed var) : bool

3.3 运算符

表达式通常由操作数和运算符构成。按照功能可将运算符分为算术运算符、递增/递减运算符、赋值运算符、比较运算符、逻辑运算符、错误抑制运算符、字符串连接运算符、条件运算符、执行运算符和类型运算符。不同运算符所需的操作数的数量也不相同，根据运算符操作数数量的不同，可将运算符分为一元运算符、二元运算符和三元运算符。

3.3.1　算术运算符

算术运算符

PHP 算术运算符可以对数值进行算术运算，PHP 中的算术运算符如表 3-2 所示。

表 3-2　算术运算符

运算符名称	用法	结果	备注
取反	-$a	$a 的负值	
加法	$a+$b	$a 和$b 的和	
减法	$a-$b	$a 和$b 的差	
乘法	$a*$b	$a 和$b 的积	
除法	$a/$b	$a 除以$b 的商	返回一个浮点数，除非两个操作数是整数且可整除，此时返回一个整数
取余	$a%$b	$a 除以$b 的余数	将$a 和$b 转换为整数再取余，并且取余的结果与$a 的符号相同
幂运算	$a**$b	$a 与$b 的幂运算	

例如，PHP 程序 calculator.php 的代码及执行结果如图 3-6 所示。

```
<?php
  echo "<br/>"; var_dump(10 / 3);
  echo "<br/>"; var_dump(10 ** 3);
  echo "<br/>"; var_dump(10 % 3);
  echo "<br/>"; var_dump(10 % -3);
  echo "<br/>"; var_dump(-10 % 3);
  echo "<br/>"; var_dump(-10 % -3);
?>
```

```
← → C ⌂  ⓘ localhost/3/calculator.php

float(3.3333333333333335)
int(1000)
int(1)
int(1)
int(-1)
int(-1)
```

图 3-6　PHP 程序 calculator.php 的代码及执行结果

递增/递减运算符

3.3.2　递增/递减运算符

PHP 中的递增/递减运算符如表 3-3 所示。

表 3-3　递增/递减运算符

运算符名称	用法	运行过程
前加	++$a	$a 的值加 1，然后返回$a
后加	$a++	返回$a，然后将$a 的值加 1
前减	− −$a	$a 的值减 1，然后返回$a
后减	$a− −	返回$a，然后将$a 的值减 1

例如，PHP 程序 increase.php 的代码及执行结果如图 3-7 所示。

```
<?php
  $num1 = 2;
  $num2 = ++$num1;
  $num3 = 2;
  $num4 = $num3++;
  echo "<br/>";echo '$num1 = ',$num1;
  echo "<br/>";echo '$num2 = ',$num2;
  echo "<br/>";echo '$num3 = ',$num3;
  echo "<br/>";echo '$num4 = ',$num4;
?>
```

```
← → C ⌂  ⓘ localhost/3/increase.php

$num1 = 3
$num2 = 3
$num3 = 3
$num4 = 2
```

图 3-7　PHP 程序 increase.php 的代码及执行结果

3.3.3　赋值运算符

赋值运算符

赋值运算符“=”是将“=”右边的值赋给左边的变量名，赋值运算符产生的表达式为赋值表达式，该表达式的值为“=”右边的值。例如，PHP 程序 assign.php 的代码及执行结果如图 3-8 所示。

```
<?php
  echo "<br/>"; var_dump($a = ($b = 4) + 5);
  echo "<br/>"; echo $a;
  echo "<br/>"; echo $b;
?>
```

```
← → C ⌂  ⓘ localhost/3/assign.php

int(9)
9
4
```

图 3-8　PHP 程序 assign.php 的代码及执行结果

PHP 还提供了适合于二元算术运算符和字符串连接运算符的“组合赋值运算符”，如表 3-4 所示。

表 3-4　组合赋值运算符

PHP 组合运算符	等价格式
$x += $y	$x = $x + $y
$x -= $y	$x = $x - $y
$x *= $y	$x= $x * $y
$x /= $y	$x = $x / $y
$x %=$y	$x = $x % $y
$x . = $y	$x = $x . $y

例如，PHP 程序 combination.php 的代码及执行结果如图 3-9 所示。

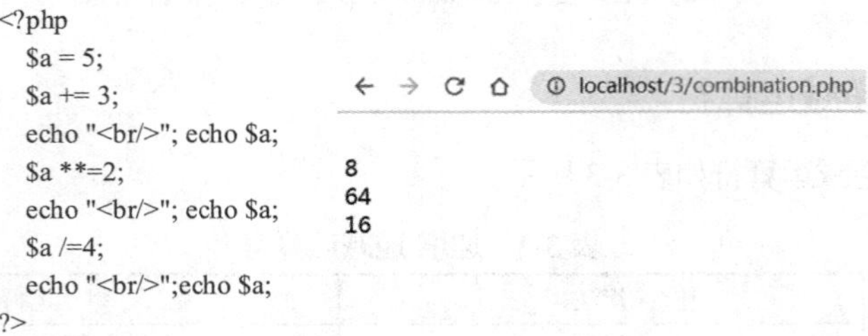

```
<?php
  $a = 5;
  $a += 3;
  echo "<br/>"; echo $a;
  $a **=2;
  echo "<br/>"; echo $a;
  $a /=4;
  echo "<br/>";echo $a;
?>
```


图 3-9　PHP 程序 combination.php 的代码及执行结果

▶注意：组合赋值运算符之间不能有空格，否则程序将抛出 Parse error: syntax error, unexpected token "="异常。

3.3.4　比较运算符

比较运算符

比较运算符用于比较两个值，比较的结果是一个布尔值，要么是 true，要么是 false。PHP 中的比较运算符如表 3-5 所示。

表 3-5　比较运算符

运算符名称	用法	比较结果
等于	$a = = $b	如果$a 与$b 的值相等，则结果为 true；否则为 false
全等	$a = = = $b	如果$a 与$b 的值相等，且数据类型相同，则结果为 true；否则为 false
不等	$a != $b	如果$a 与$b 的值不相等，则结果为 true；否则为 false
	$a <> $b	
非全等	$a != = $b	如果$a 与$b 的值不相等，或者数据类型不同，则结果为 true；否则为 false
小于	$a < $b	如果$a 的值小于$b 的值，则结果为 true；否则为 false
大于	$a > $b	如果$a 的值大于$b 的值，则结果为 true；否则为 false
小于等于	$a <= $b	如果$a 的值小于等于$b 的值，则结果为 true；否则为 false
大于等于	$a >= $b	如果$a 的值大于等于$b 的值，则结果为 true；否则为 false

例如，PHP 程序 compare.php 的代码及执行结果如图 3-10 所示。

比较运算时，比较运算符会将类型不同的两个操作数自动类型转换为相同类型的数据再进行比较，类型转换的规则是：string→float→int→bool（false < true），注意事项如下。

（1）比较运算时，如果两个操作数都是数字字符串，则以数字方式进行比较（该规则也适用于 switch 语句）。例如，5 和"5.0"比较时，以数字方式比较它们的大小。

（2）从 PHP8.0 开始，如果有一个操作数是不以数字开头的字符串，则两个操作数自动转换为字符串再进行比较。例如，0 和"a"比较时，以字符串方式进行比较。

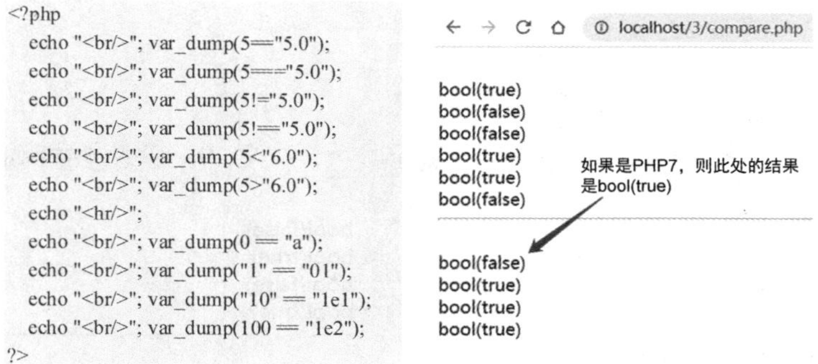

<?php
echo "<br/>"; var_dump(5=="5.0");
echo "<br/>"; var_dump(5==="5.0");
echo "<br/>"; var_dump(5!="5.0");
echo "<br/>"; var_dump(5!=="5.0");
echo "<br/>"; var_dump(5<"6.0");
echo "<br/>"; var_dump(5>"6.0");
echo "<hr/>";
echo "<br/>"; var_dump(0 == "a");
echo "<br/>"; var_dump("1" == "01");
echo "<br/>"; var_dump("10" == "1e1");
echo "<br/>"; var_dump(100 == "1e2");
?>
localhost/3/compare.php
bool(true)
bool(false)
bool(false)
bool(true)
bool(true)
bool(false)
如果是PHP7，则此处的结果是bool(true)
bool(false)
bool(true)
bool(true)
bool(true)

图 3-10　PHP 程序 compare.php 的代码及执行结果

（3）字符串本质是字节数组，两个字符串进行比较运算时，以字节为单位进行比较。

（4）当比较运算符是= = =或!= =时，不会发生类型转换，因为这两个比较运算符先比较类型，再比较值。

（5）在计算机世界中，浮点数的精度是有限的，不要直接比较两个浮点数是否相等。比较两个浮点数是否相等的正确做法是定义一个误差上限。

例如，PHP 程序 compare_float.php 的代码及执行结果如图 3-11 所示，注意 0.1+0.7 的结果是 0.79999999999999991118……，而不是 0.8。

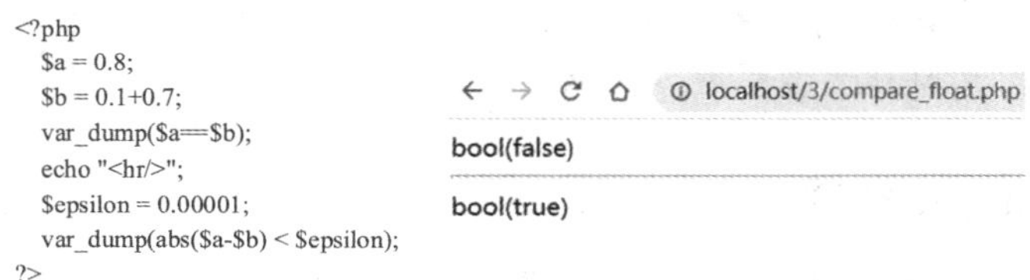

<?php
$a = 0.8;
$b = 0.1+0.7;
var_dump($a==$b);
echo "<hr/>";
$epsilon = 0.00001;
var_dump(abs($a-$b) < $epsilon);
?>
localhost/3/compare_float.php
bool(false)
bool(true)

图 3-11　PHP 程序 compare_float.php 的代码及执行结果

逻辑运算符

3.3.5　逻辑运算符

逻辑运算符将操作数类型转换为布尔值后再进行运算，并返回布尔值，PHP 中的逻辑运算符如表 3-6 所示。

表 3-6　逻辑运算符

运算符名称	用法	结果	短路现象描述
逻辑与	$a && $b	如果(bool)$a 是 true，则表达式的结果是(bool) $b；如果(bool)$a 是 false，则表达式的结果是 false	如果(bool)$a 是 true，则$b 表达式被执行；如果(bool) $a 是 false，则$b 表达式不被执行
	$a and $b		
逻辑或	$a || $b	如果(bool)$a 是 true，则表达式的结果是 true；如果(bool)$a 是 false，则表达式的结果是(bool) $b	如果(bool)$a 是 false，则$b 表达式被执行；如果(bool)$a 是 true，则$b 表达式不被执行
	$a or $b		
逻辑非	!$a	如果(bool)$a 的值为 true，则结果为 false；否则为 true	
逻辑异或	$a xor $b	如果(bool)$a 与(bool)$b 中只有一个是 true，则结果为 true；否则为 false	

例如，PHP 程序 logic.php 的代码及执行结果如图 3-12 所示。

```php
<?php
    echo "<br/>"; var_dump(true && false);
    echo "<br/>"; var_dump(true || false);
    echo "<br/>"; var_dump(!true);
    echo "<br/>"; var_dump(true xor false);
    echo "<hr/>";
    $a = 2;
    $b = 2;
    false && $a++>0;
    true && $b++>0;
    echo "<br/>"; echo $a;
    echo "<br/>"; echo $b;
    echo "<hr/>";
    $c = 2;
    $d = 2;
    false || $c++>0;
    true || $d++>0;
    echo "<br/>"; echo $c;
    echo "<br/>"; echo $d;
?>
```

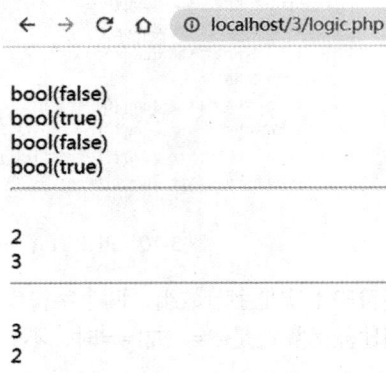

```
localhost/3/logic.php

bool(false)
bool(true)
bool(false)
bool(true)

2
3

3
2
```

图 3-12 PHP 程序 logic.php 的代码及执行结果

> ▶注意：由于逻辑与和逻辑或存在短路现象，所以“$a && $b”有时并不等效于“$b && $a”，“$a || $b”有时并不等效于“$b || $a”。

3.3.6 错误抑制运算符

错误抑制运算符

PHP 中的错误抑制运算符是“@”，将“@”放置在表达式之前，该表达式产生的错误信息将不会输出，这样做有以下两个好处。

（1）安全：避免错误信息外露，造成系统漏洞。

（2）美观：避免浏览器页面出现错误信息，影响页面美观。

例如，PHP 程序 error_control.php 的代码及执行结果如图 3-13 所示。

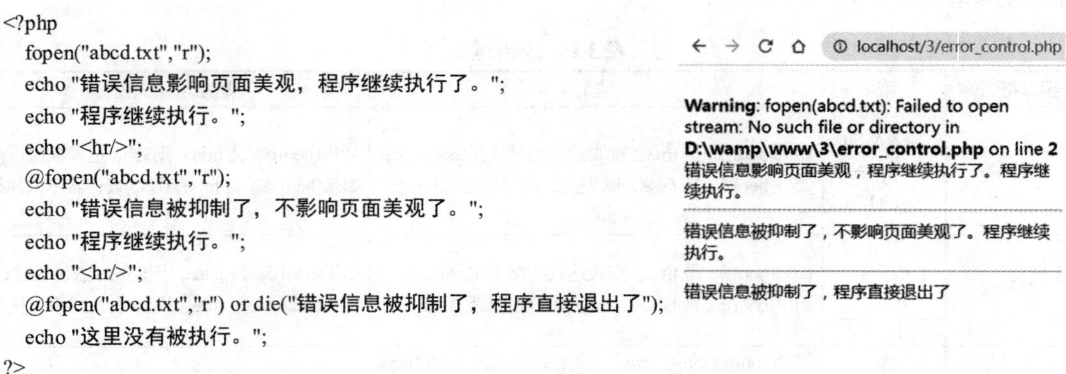

```php
<?php
    fopen("abcd.txt","r");
    echo "错误信息影响页面美观，程序继续执行了。";
    echo "程序继续执行。";
    echo "<hr/>";
    @fopen("abcd.txt","r");
    echo "错误信息被抑制了，不影响页面美观了。";
    echo "程序继续执行。";
    echo "<hr/>";
    @fopen("abcd.txt","r") or die("错误信息被抑制了，程序直接退出了");
    echo "这里没有被执行。";
?>
```

localhost/3/error_control.php
Warning: fopen(abcd.txt): Failed to open stream: No such file or directory in D:\wamp\www\3\error_control.php on line 2
错误信息影响页面美观，程序继续执行了。程序继续执行。
错误信息被抑制了，不影响页面美观了。程序继续执行。
错误信息被抑制了，程序直接退出了

图 3-13 PHP 程序 error_control.php 的代码及执行结果

说明 1：“@”通常和逻辑运算符“or”以及 die 语句搭配使用，语法格式是“@exp or die()”。如果表达式 exp 出现错误，那么 exp 表达式的结果是 false，最终触发 die 语句执行；如果表达式 exp

没有出现错误，那么 exp 表达式的结果是 true，不再触发 die 语句执行。

说明 2：die 语句负责强行终止程序的执行（die 的别名是 exit），die(string $message)的功能是输出消息$message，并强行终止程序的执行。

> ▶注意 1：“@”必须放在表达式之前，不能放在语句之前。例如，echo 是语句，print 是函数，因此“@”不能放在 echo 之前，但可以放在 print 之前。
>
> ▶注意 2：“@”通常用于抑制警告信息。包含一个不存在的文件、数据库连接失败、打开一个不存在的文件、访问一个未定义的变量名、使用数组中一个不存在的键等，PHP 都会抛出警告信息。
>
> ▶注意 3：“@”无法抑制 Fatal error 致命错误。访问一个不存在的常量、调用一个不存在的函数、被零除等，PHP 都会抛出 Fatal error 致命错误。

3.3.7 字符串连接运算符

字符串连接运算符

字符串连接运算符只有一个点运算符“.”，使用“.”运算符可以将两个字符串连接成一个字符串。例如，PHP 程序 string.php 的代码及执行结果如图 3-14 所示。

```
<?php
  echo "你好PHP" . "<br/>" . date("Y年m月d日h时i分s秒");
  echo "<hr/>";
  echo "你好PHP" , "<br/>" , date("Y年m月d日h时i分s秒");
?>
```

图 3-14 PHP 程序 string.php 的代码及执行结果

3.3.8 条件运算符

条件运算符

条件运算符的语法格式是“exp1 ? exp2 : exp3”。由条件运算符组成的表达式称为条件表达式，条件表达式的执行过程为：如果表达式 exp1 的值为 true，则整个条件表达式的值为表达式 exp2 的值；如果表达式 exp1 的值为 false，则整个条件表达式的值为表达式 exp3 的值。条件运算符有 3 个操作数，因此条件运算符为三元运算符。

例如，PHP 程序 condition.php 的代码及执行结果如图 3-15 所示。

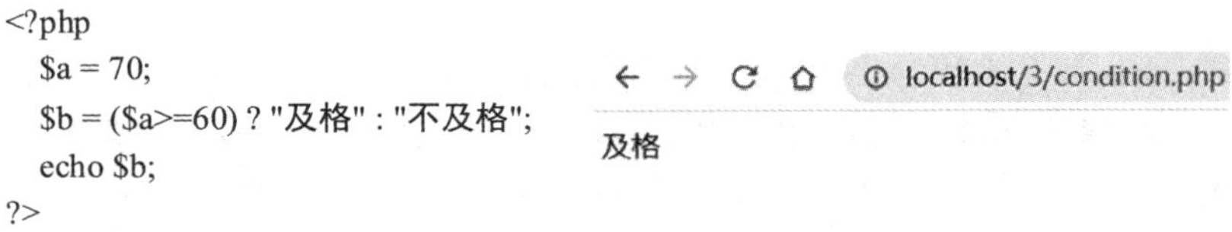

```
<?php
  $a = 70;
  $b = ($a>=60) ? "及格" : "不及格";
  echo $b;
?>
```


图 3-15 PHP 程序 condition.php 的代码及执行结果

> ▶注意：条件运算符的 3 个操作数必须是表达式，不能是语句。

3.3.9 null 合并运算符

null 合并运算符的语法格式是“(exp1) ?? (exp2)”。由 null 合并运算符组成的表达式称为 null 合并表达式，null 合并表达式的执行过程为：如果表达式 exp1 的值为 null 或者未定义，则整个 null 合并表达式的值为表达式 exp2 的值；否则为表达式 exp1 的值。null 合并运算符与下面的代码等效。

null 合并运算符

isset(exp1) ? exp1 : exp2

例如，PHP 程序 null_coalescing.php 的代码及执行结果如图 3-16 所示。

```
<?php
  $action1 = $_POST['action1'] ?? 'default1';
  echo $action1;
  echo "<hr/>";
  $action2 = isset($_POST['action2']) ? $_POST['action2'] : 'default2';
  echo $action2;
  echo "<hr/>";
  if (isset($_POST['action3'])) {
    $action3 = $_POST['action3'];
  } else {
    $action3 = 'default3';
  }
  echo $action3;
?>
```

localhost/3/null_coalescing.php

default1

default2

default3

图 3-16　PHP 程序 null_coalescing.php 的代码及执行结果

▶注意：null 合并运算符的操作数必须是表达式，不能是语句。

3.3.10　执行运算符

执行运算符

执行运算符是成对的反引号“`”，注意这不是单引号，一般是键盘上位于 Esc 下面的按键。执行运算符尝试将反引号中的“字符串”作为 shell 命令执行（如 Linux 的 shell 命令或 Windows 的 DOS 命令），并返回 shell 命令的执行结果。

例如，PHP 程序 exec.php 的代码及部分执行结果如图 3-17 所示。

```
<?php
  header("Content-Type:text/html,charset=GBK");
  $cmd = `netstat -aon`;
  echo $cmd;
?>
```

localhost/3/exec.php

活动连接 协议 本地地址 外部地址 状态 PID TCP 0.0.0.0:80 0.0.0.0:0 LISTENING 4780 TCP 0.0.0.0:135 0.0.0.0:0 LISTENING 832 TCP 0.0.0.0:445 0.0.0.0:0 LISTENING 4 TCP 0.0.0.0:3389 0.0.0.0:0 LISTENING 348 TCP

图 3-17　PHP 程序 exec.php 的代码及部分执行结果

▶注意：Windows 操作系统 DOS 命令的结果是 ANSI 编码，由于简体中文版 Windows 操作系统的 ANSI 编码本质是 GBK 编码，所以为了避免中文乱码问题，需要：①将示例程序的编码设置为 ANSI；②添加代码“header("Content-Type:text/html,charset=GBK")”，告知浏览器 HTTP 响应数据是 GBK 编码。

说明：执行运算符等效于 shell_exec 函数，例如，代码 shell_exec("netstat -aon") 将字符串“netstat -aon”作为 shell 命令执行。

3.3.11　类型运算符

类型运算符

instanceof 是 PHP 的类型运算符，用于判断一个对象是否是某个类的对象。例如，PHP 程序 instanceof.php 的代码及执行结果如图 3-18 所示。

```
<?php
  class A{
  }
  class B{
  }
  $a = new A();
  var_dump($a instanceof A);
  echo "<br/>";
  var_dump($a instanceof B);
?>
```

localhost/3/instanceof.php

bool(true)
bool(false)

图 3-18　PHP 程序 instanceof.php 的代码及执行结果

说明：类型运算符 instanceof 等效于 is_a 函数，例如，代码 is_a($a,"A")判断$a 是否是类 A 的对象。

3.3.12　运算符优先级

运算符优先级

一个复杂的表达式往往包含多种运算符。计算表达式的值时，优先级高的运算符先执行，优先级低的运算符后执行。PHP 中运算符的优先级由高到低的顺序如表 3-7 所示。

表 3-7　PHP 中运算符的优先级

由高优先级到低优先级
()
!、++、--
*、/、%
+、-、.
<、<=、>、>=
==、!=、===、!==
&&、||
?:
=、+=、-=、*=、/=、%=、.=
and、xor、or

说明：在实际编程过程中，使用括号"()"是避免优先级混乱的最有效方法。

3.4　数据类型转换

PHP 虽然是"弱类型的编程语言"，但是当两个数据进行比较运算、算术运算等运算时，两个数据的数据类型必须相同，否则将上演鸡同鸭讲的闹剧。也就是说，PHP 存在数据类型的概念，并使用数据类型约束数据之间的运算。

如果同一表达式中包含不同数据类型的操作数，则这些操作数必须转换为同一种数据类型的数据，才能进行计算。PHP 类型转换分为强制类型转换和自动类型转换。

3.4.1　强制类型转换

强制类型转换

强制类型转换允许 Web 开发人员手动将变量转换成为指定的数据类型。PHP 提供了以下 3 种强制类型转换方法，其中方法 1 和方法 2 不会修改原数据的数据类型和值，方法 3 会修改原数据的数据类型。

方法 1：使用括号将目标数据类型括起来。

方法 2：使用类型转换函数 intval()、floatval()、strval()。

方法 3：使用通用类型转换函数 settype()。

1．方法 1 和方法 2

（1）“(int)data”和“intval(data)”都可以将数据 data 强制转换为整数，两者功能等效。

例如，PHP 程序 convert2int.php 的代码及执行结果如图 3-19 所示（右边的代码与左边的代码等效）。

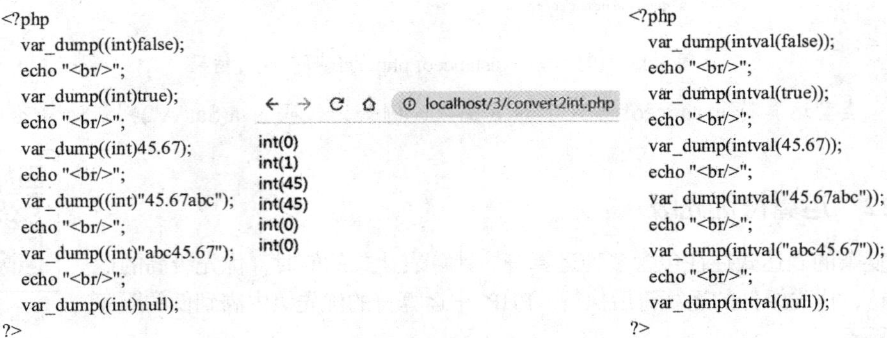

<?php
var_dump((int)false);
echo "<br/>";
var_dump((int)true);
echo "<br/>";
var_dump((int)45.67);
echo "<br/>";
var_dump((int)"45.67abc");
echo "<br/>";
var_dump((int)"abc45.67");
echo "<br/>";
var_dump((int)null);
?>
localhost/3/convert2int.php
int(0)
int(1)
int(45)
int(45)
int(0)
int(0)
<?php
var_dump(intval(false));
echo "<br/>";
var_dump(intval(true));
echo "<br/>";
var_dump(intval(45.67));
echo "<br/>";
var_dump(intval("45.67abc"));
echo "<br/>";
var_dump(intval("abc45.67"));
echo "<br/>";
var_dump(intval(null));
?>

图 3-19　PHP 程序 convert2int.php 的代码及执行结果

将其他类型数据强制转换为整数的规则说明如下。

false 转换为整数 0，true 转换为整数 1；null 转换为整数 0；浮点数舍弃小数部分，只保留整数部分；字符串如果以数字开头，则转换为对应的整数，否则转换为整数 0。

> ▶注意：切勿将未知浮点数转换为整数，否则会导致意外结果。例如，下面的 PHP 代码输出 7，这是因为计算结果是 7.9999999999999991118……，将其转换成整数后，结果是整数 7。

```
echo (int) ( (0.1+0.7) * 10 ); //输出 7
```

（2）“(float)data”和“floatval(data)”都可以将数据 data 强制转换为浮点数，两者功能等效。

例如，PHP 程序 convert2float.php 的代码及执行结果如图 3-20 所示（右边的代码与左边的代码等效）。

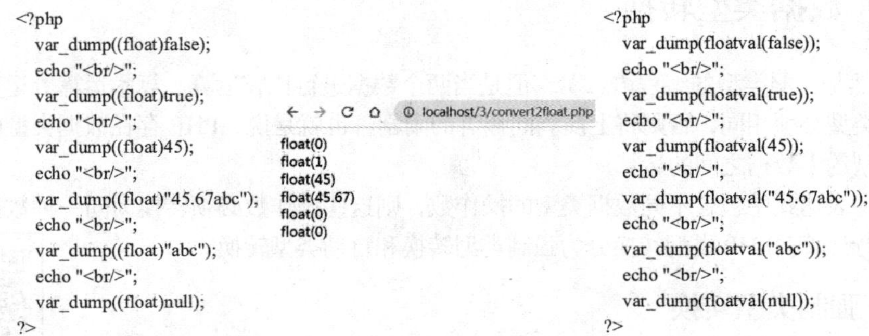

<?php
var_dump((float)false);
echo "<br/>";
var_dump((float)true);
echo "<br/>";
var_dump((float)45);
echo "<br/>";
var_dump((float)"45.67abc");
echo "<br/>";
var_dump((float)"abc");
echo "<br/>";
var_dump((float)null);
?>
localhost/3/convert2float.php
float(0)
float(1)
float(45)
float(45.67)
float(0)
float(0)
<?php
var_dump(floatval(false));
echo "<br/>";
var_dump(floatval(true));
echo "<br/>";
var_dump(floatval(45));
echo "<br/>";
var_dump(floatval("45.67abc"));
echo "<br/>";
var_dump(floatval("abc"));
echo "<br/>";
var_dump(floatval(null));
?>

图 3-20　PHP 程序 convert2float.php 的代码及执行结果

将其他类型数据强制转换为浮点数的规则说明如下。

字符串如果以数字开头，则转换为对应的浮点数，否则转换为浮点数 0。对于其他数据类型，步骤是先转换为整数，再转换为浮点数。

（3）“(string)data”和“strval(data)”都可以将数据 data 强制转换为字符串，两者功能等效。

例如，PHP 程序 convert2string.php 的代码及执行结果如图 3-21 所示（右边的代码与左边的代码等效）。

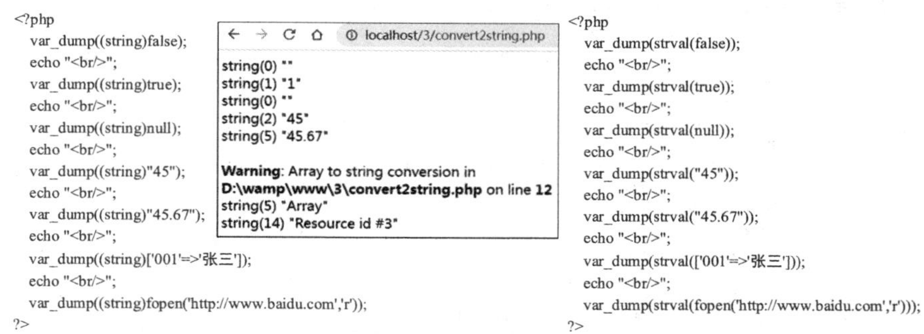

<?php
var_dump((string)false);
echo "<br/>";
var_dump((string)true);
echo "<br/>";
var_dump((string)null);
echo "<br/>";
var_dump((string)"45");
echo "<br/>";
var_dump((string)"45.67");
echo "<br/>";
var_dump((string)['001'=>'张三']);
echo "<br/>";
var_dump((string)fopen('http://www.baidu.com','r'));
?>
localhost/3/convert2string.php
string(0) ""
string(1) "1"
string(0) ""
string(2) "45"
string(5) "45.67"
Warning: Array to string conversion in D:\wamp\www\3\convert2string.php on line 12
string(5) "Array"
string(14) "Resource id #3"
<?php
var_dump(strval(false));
echo "<br/>";
var_dump(strval(true));
echo "<br/>";
var_dump(strval(null));
echo "<br/>";
var_dump(strval("45"));
echo "<br/>";
var_dump(strval("45.67"));
echo "<br/>";
var_dump(strval(['001'=>'张三']));
echo "<br/>";
var_dump(strval(fopen('http://www.baidu.com','r')));
?>

图 3-21　PHP 程序 convert2string.php 的代码及执行结果

将其他类型数据强制转换为字符串的规则说明如下。

整数或浮点数转换为文本形式的数字；true 转换为字符串"1"；false 和 null 转换为空字符串""；数组转换为字符串“Array”；资源转换为格式为“Resource id #1”的字符串（其中 1 是程序运行时分配给资源的资源编号）。该规则解释了“echo true;”显示为 1，“echo false;”显示为空字符串。

> ▶注意：将数组转换为字符串时，PHP 将抛出 Array to string conversion 警告信息。

（4）“(bool)data”将数据 data 强制转换为布尔值。

例如，PHP 程序 convert2bool.php 的代码及执行结果如图 3-22 所示。

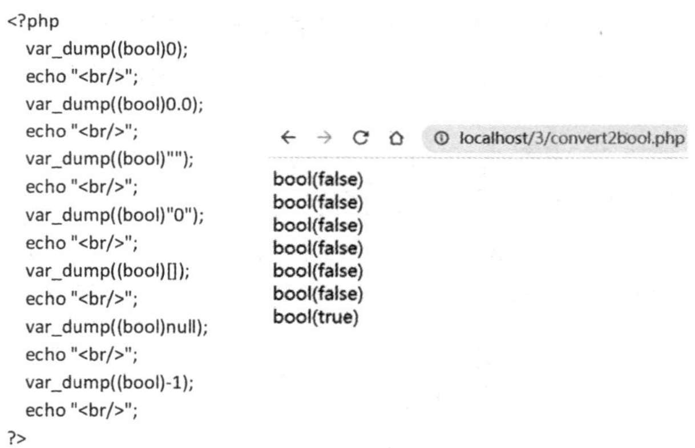

<?php
var_dump((bool)0);
echo "<br/>";
var_dump((bool)0.0);
echo "<br/>";
var_dump((bool)"");
echo "<br/>";
var_dump((bool)"0");
echo "<br/>";
var_dump((bool)[]);
echo "<br/>";
var_dump((bool)null);
echo "<br/>";
var_dump((bool)-1);
echo "<br/>";
?>
localhost/3/convert2bool.php
bool(false)
bool(false)
bool(false)
bool(false)
bool(false)
bool(false)
bool(true)

图 3-22　PHP 程序 convert2bool.php 的代码及执行结果

将其他类型数据强制转换为布尔值的规则说明如下。

整数 0、浮点数 0.0、字符串零"0"、空字符串""、null、false、空数组 array()被转换为 false。总之，“空”值（empty）转换为 false，其他数据转换为 true，例如，整数-1 转换为 true，字符串"0.0"转换为 true。

2．方法 3

settype 函数用于设置变量 var 的数据类型，其语法格式如下。

```
settype(mixed &$var, string $type) : bool
```

从语法格式可以看到，settype 函数的第 1 个形参是实参的引用，因此 settype 函数和前两种方法存在明显不同，settype 函数修改了$var 自身的数据类型。

说明：参数 type 是字符串，取值包括"bool"或"boolean"、"int"或"integer"、"float"或"double"、"string"、"array"、"object"、"null"等字符串。函数如果执行成功则返回 true，否则返回 false。

例如，PHP 程序 settype.php 的代码及执行结果如图 3-23 所示。

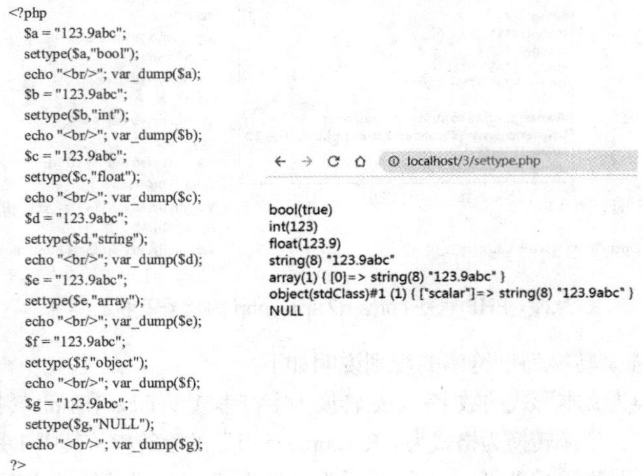

```
<?php
	$a = "123.9abc";
	settype($a,"bool");
	echo "<br/>"; var_dump($a);
	$b = "123.9abc";
	settype($b,"int");
	echo "<br/>"; var_dump($b);
	$c = "123.9abc";
	settype($c,"float");
	echo "<br/>"; var_dump($c);
	$d = "123.9abc";
	settype($d,"string");
	echo "<br/>"; var_dump($d);
	$e = "123.9abc";
	settype($e,"array");
	echo "<br/>"; var_dump($e);
	$f = "123.9abc";
	settype($f,"object");
	echo "<br/>"; var_dump($f);
	$g = "123.9abc";
	settype($g,"NULL");
	echo "<br/>"; var_dump($g);
?>
```

localhost/3/settype.php
bool(true)
int(123)
float(123.9)
string(8) "123.9abc"
array(1) { [0]=> string(8) "123.9abc" }
object(stdClass)#1 (1) { ["scalar"]=> string(8) "123.9abc" }
NULL

图 3-23　PHP 程序 settype.php 的代码及执行结果

3.4.2　自动类型转换

自动类型转换

自动类型转换由 PHP 预处理器根据使用的操作符，将操作数自动转换为相同的数据类型，转换过程无须人为干预。自动类型转换的基本规则如下。

（1）使用 echo 或者 print 打印数据时，数据自动转换为字符串。

（2）浮点数与整数进行算术运算时，为了确保精度不减，将整数转换为浮点数后，再进行算术运算。

（3）参与算术运算的两个操作数自动转换为浮点数或整数。

（4）参与逻辑运算的两个操作数自动转换为布尔值。

（5）参与字符串连接运算的两个操作数自动转换为字符串。

（6）参与比较运算的两个操作数，其类型转换规则和注意事项可参见 3.3.4 小节的内容。

上机实践　PHP 表达式

（1）在 D:/wamp/www/目录下创建“3”目录，本章涉及的所有 PHP 程序都存放到该目录中。

（2）将本章的所有 PHP 程序都部署到 Apache 服务器，并运行这些 PHP 程序。

习题

一、选择题

（1）在 PHP5 中，mysql_connect()与@mysql_connect()的区别是（　　）。

A. @mysql_connect()不会忽略错误，将错误显示到客户端

B. 没有区别

C. mysql_connect()不会忽略错误，将错误显示到客户端

D. 是功能不同的两个函数

（2）执行以下 PHP 语句后，$y 的值为（　　）。

```
<?php
$x=1;
++$x;
$y = $x++;
echo $y;
?>
```

A. 1　　B. 2　　C. 3　　D. 0

（3）以下代码的执行结果为（　　）。

```
<?php
$num="24linux"+6;
echo $num;
?>
```

A. 30　　B. 24linux6　　C. 6　　D. 30linux

（4）以下代码哪个不符合 PHP 语法？（　　）

A. $_10　　B. ${"MyVar"}　　C. & $something

D. $10_somethings　　E. $aVaR

（5）以下 PHP 代码的执行结果是（　　）。

```
<?php
ob_start();
for ($i = 0; $i < 10; $i++) {
      echo $i;
}
$output = ob_get_contents();
ob_end_clean();
echo $ouput;
?>
```

A. 12345678910　　B. 1234567890　　C. 0123456789　　D. Notice 提示信息

（6）以下 PHP 代码的执行结果是（　　）。

```
<?php
$a = 10;
$b = 20;
$c = 4;
$d = 8;
$e = 1.0;
$f = $c + $d * 2;
$g = $f % 20;
$h = $b - $a + $c + 2;
$i = $h << $c;
$j = $i * $e;
print $j;
?>
```

A. 128　　B. 42　　C. 242.0

D. 256　　E. 342

（7）全等运算符“===”如何比较两个值？（　　）

A. 把它们转换成相同的数据类型再比较转换后的值

B. 只有在两者的数据类型和值都相同时才返回 True

C. 如果两个值是字符串，则进行词汇比较

D. 基于 strcmp 函数进行比较

E. 把两个值都转换成字符串再比较

（8）以下哪个选项是把整型变量$a 的值乘以 4？（多选）（　　）

A. $a *= pow (2, 2);　　B. $a >>= 2;　　C. $a <<= 2;

D. $a += $a + $a;　　E. 一个都不对

（9）下面的代码执行结果是什么？（　　）

```
<?php
echo 'Testing ' . 1 + 2 . '45';
?>
```

A. Testing 1245　　B. Testing 345　　C. Testing 1+245

D. 245　　E. 什么都没有

（10）如果用“+”操作符把一个字符串和一个整数相加，结果将怎样？（　　）

A. 输出一个类型错误

B. 字符串先转换成数字，再与整数相加

C. 字符串将被丢弃，只保留整数

D. 字符串和整数将连接成一个新字符串

E. 整数将被丢弃，而保留字符串

（11）下列关于 exit 与 die 语句结构的说法，正确的是（　　）。

A. exit 语句结构执行会停止执行下面的脚本，而 die 无法做到

B. die 语句结构执行会停止执行下面的脚本，而 exit 无法做到

C. die 语句结构等效于 exit 语句结构

D. die 语句结构与 exit 语句结构没有直接关系

二、填空题

（1）______操作符在两个操作数中有一个（不是全部）为 true 时返回 true。

（2）执行程序段<?php echo 8%(-2) ?>将输出______。

（3）执行程序段<?php echo 8%(-3) ?> 将输出______。

三、程序阅读题

（1）写出下面程序的输出结果。

```
<?php
$str1 = null;
$str2 = false;
echo $str1==$str2 ? '相等' : '不相等';
$str3 = '';
$str4 = 0;
echo $str3==$str4 ? '相等' : '不相等';
$str5 = 0;
$str6 = '0';
echo $str5===$str6 ? '相等' : '不相等';
?>
```

（2）写出下面程序的输出结果。

```
<?php
$a1 = null;
$a2 = false;
$a3 = 0;
$a4 = '';
$a5 = '0';
$a6 = 'null';
$a7 = array();
$a8 = array(array());
echo empty($a1) ? 'true' : 'false';
echo empty($a2) ? 'true' : 'false';
echo empty($a3) ? 'true' : 'false';
echo empty($a4) ? 'true' : 'false';
echo empty($a5) ? 'true' : 'false';
echo empty($a6) ? 'true' : 'false';
echo empty($a7) ? 'true' : 'false';
echo empty($a8) ? 'true' : 'false';
?>
```

（3）写出下面程序的输出结果。

```
<?php
$test = 'aaaaaa';
$abc = & $test;
unset($test);
echo $abc;
?>
```

（4）写出下面程序的输出结果。

```
<?php
$a=0;
$b=0;
if(($a=3)>0||($b=3)>0){
    $a++;
    $b++;
    echo $a;
    echo $b;
}
?>
```

（5）写出下面程序的输出结果。

```
<?php
$str="cd";
$$str="hotdog";
$$str.="ok";
echo $cd;
?>
```

（6）写出下面程序的输出结果。

```
<?php
$s = 'abc';
if ($s==0)
echo 'is zero<br/>';
else
echo 'is not zero<br/>';
?>
```

（7）写出下面程序的输出结果。

```
<?php
$b=201;
$c=40;
$a=$b>$c?4:5;
echo $a;
?>
```

四、问答题

（1）检测一个变量是否定义且不是 null，需要使用哪个函数？检测一个变量是否为“空”需要使用哪两个函数？这两个函数之间有何区别？

（2）“===”是什么运算符？请举一个例子，说明在什么情况下使用“==”会得到 true，而使用“===”却是 false。

（3）给你如下 3 个数，编写程序求出这 3 个数的最大值。

```
$var1=1;
$var2=7;
$var3=8;
```

第4章 PHP 控制语句

程序并不总是顺序执行的，控制语句可以改变程序的执行顺序。本章首先讲解 GET 请求和预定义变量$_GET，通过百度的流量统计解释控制语句的必要性；接着讲解条件控制语句、循环控制语句、continue 语句、break 语句；最后讲解错误和异常。通过本章的学习，读者将具备运用控制语句解决生活中复杂问题的能力。

4.1 GET 请求和预定义变量$_GET

当我们在浏览器地址栏中输入 URL 网址打开 Web 服务器的某个网页时，本质是我们借助浏览器向 Web 服务器发送 GET 请求。GET 译作“获取、获得”，浏览器向 Web 服务器发送 GET 请求的主要目的是从 Web 服务器获取网页数据。浏览器向 Web 服务器发送 GET 请求的方法主要有 3 种。

① 当我们打开浏览器，在浏览器地址栏中输入 URL 网址并按 Enter 键后，浏览器向 Web 服务器发送的是 GET 请求。

② 当我们点击网页的超链接时，浏览器向 Web 服务器发送的是 GET 请求。

③ 当我们点击 FORM 表单的提交按钮时，也可以向 Web 服务器发送 GET 请求（FORM 表单的 method 属性值是 GET 时）。

认识 GET 请求

4.1.1 认识 GET 请求

在浏览器地址栏中输入 URL 网址并按 Enter 键，浏览器向目的资源文件发送 GET 请求。例如，在浏览器地址栏中输入 URL 网址 http://www.baidu.com/index.php，表示浏览器向百度服务器发送 GET 请求，百度服务器将 PHP 程序 index.php 的运行结果返回给浏览器，这样我们就看到了百度首页。

点击超链接也可以让浏览器向目的资源文件发送 GET 请求。例如，在 hao123 页面点击图 4-1 所示的图片超链接或文本超链接，可以打开百度首页。事实上，通过超链接打开百度首页，本质是超链接帮助我们以“免输入 URL 网址”的方式打开百度首页。

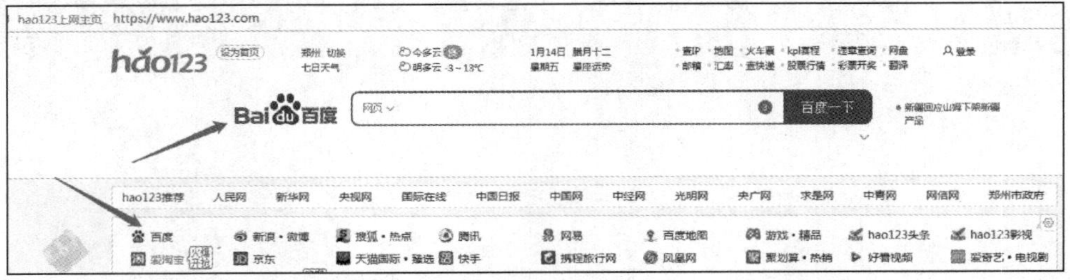

图 4-1 hao123 页面

将鼠标指针悬停在 hao123 的超链接上，细心的读者可以看到浏览器状态栏显示该超链接对应的 URL 网址是 http://www.baidu.com/?tn=sitehao123_15。“?tn=sitehao123_15”的功能是向百度服务器的 PHP 程序 index.php 传递参数名为 tn，参数值为 sitehao123_15 的信息。这样百度服务器就可以知道：此次 GET 请求是通过 sitehao123_15（即 hao123 页面）发出的，百度就可以通过这种方式统计流量了。

URL 网址中的“?tn=sitehao123_15”叫作查询字符串（也叫作 URL 参数）。查询字符串以英文问号“?”开头，参数形如“参数名=参数值”，如果存在多个参数，则参数之间使用“&”分隔。查询字符串的语法格式是“?param1=value1¶m2=value2”，浏览器向目的资源文件发送 GET 请求时，浏览器可以通过查询字符串携带参数，并发送给目的资源文件。

▶注意：HTTP 是一种文本协议，查询字符串本质是字符串，即便参数值是数字，也是以字符串的方式发送给 Web 服务器的。

4.1.2　认识预定义变量$_GET

认识预定义变量 $_GET

浏览器向百度服务器 PHP 程序 index.php 发出 GET 请求后，PHP 程序 index.php 可以利用代码“$_GET['tn']”获取查询字符串中 tn 参数的参数值“sitehao123_15”，如图 4-2 所示。

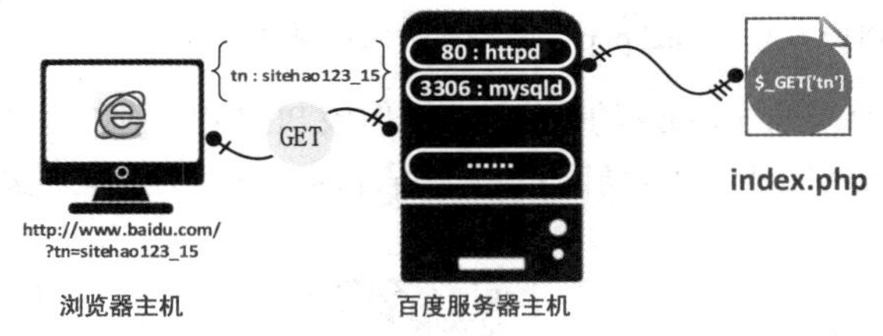

图 4-2　预定义变量$_GET 获取查询字符串中 tn 参数的参数值

具体地讲，当浏览器向 Web 服务器的目的资源发送 GET 请求后，Web 服务器将 GET 请求中查询字符串的参数信息封装到预定义变量$_GET 中。目的资源可以利用预定义变量$_GET 获取 GET 请求中查询字符串的参数信息。$_GET 是一个预定义变量，这意味着它在 PHP 程序的任何位置可用（包括在函数内或者方法内）；$_GET 是数组，这意味着它可以接收查询字符串中的多个参数信息。

例如，PHP 程序 baidu1.php 的代码、访问该程序的 URL 网址及执行结果如图 4-3 所示。

```
<?php
  echo $_GET["tn"];
?>
```

http://localhost/4/baidu1.php?tn=sitehao123_15 → sitehao123_15

图 4-3　PHP 程序 baidu1.php 的代码、访问该程序的 URL 网址及执行结果

然而该 PHP 程序是不健壮的，不能直接使用代码“echo $_GET['tn']”打印查询字符串中 tn 参数的参数值。例如，在浏览器地址栏中直接输入 URL 网址 http://localhost/4/baidu1.php，baidu1.php 程序将抛出诸如“Warning: Undefined array key "tn"”的警告信息。使用条件控制语句结合 isset 函数可以解决该问题。

4.2　条件控制语句

生活中我们会面临无数选择题，学习哪种技术，选择哪个学校，选择哪个专业，是先就业还是

继续深造，条件控制语句可以帮助我们解决生活中的选择问题。条件控制语句包括 if 语句、if…else…语句、switch 语句和 match 表达式。

4.2.1 if 语句

最简单的条件控制语句是 if 语句，if 语句的语法格式和执行流程如图 4-4 所示。当条件表达式的值为 true 时，执行语句块；否则跳过语句块，执行 if 后面的语句。

if 语句

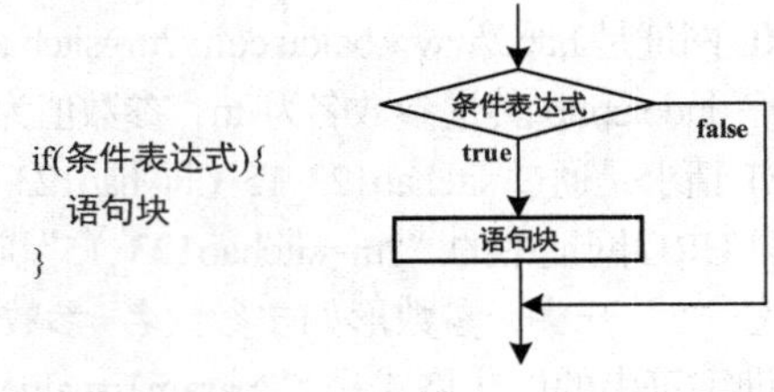

if(条件表达式){
语句块
}
条件表达式
true
false
语句块

图 4-4 if 语句的语法格式和执行流程

说明：当语句块为单条语句时，可省略“{}”。

> ▶注意：条件表达式两边的“()”不能省略，否则将出现语法错误。

例如，PHP 程序 baidu2.php 的代码、访问该程序的 URL 网址及执行结果如图 4-5 所示。

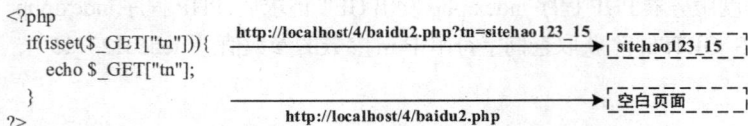

```
<?php
  if(isset($_GET["tn"])){
    echo $_GET["tn"];
  }
?>
```

http://localhost/4/baidu2.php?tn=sitehao123_15 → sitehao123_15

http://localhost/4/baidu2.php → 空白页面

图 4-5 PHP 程序 baidu2.php 的代码、访问该程序的 URL 网址及执行结果

PHP 程序 baidu2.php 比 baidu1.php 的健壮性强，但该 PHP 程序存在逻辑问题，直接在浏览器地址栏中输入 http://localhost/4/baidu2.php 访问该 PHP 程序时，看到的是空白页面，可以使用 if…else…语句解决该问题。

4.2.2 if…else 语句

if…else 语句的语法格式和执行流程如图 4-6 所示。当条件表达式的值为 true 时，执行语句块 1；否则执行语句块 2。

if…else 语句

```
if(条件表达式){
  语句块1
}else{
  语句块2
}
```

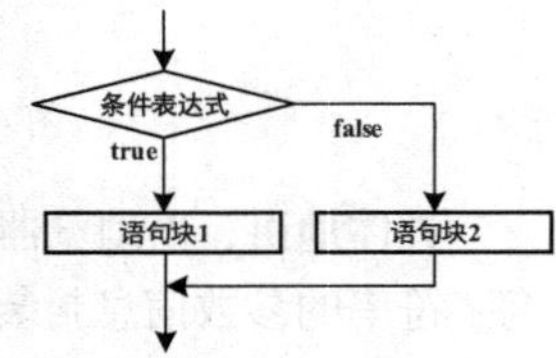

条件表达式
true
false
语句块1
语句块2

图 4-6 if…else 语句的语法格式和执行流程

例如，PHP 程序 baidu3.php 的代码、访问该程序的 URL 网址及执行结果如图 4-7 所示（右边的代码与左边的代码等效），该 PHP 程序解决了 baidu2.php 存在的逻辑问题。

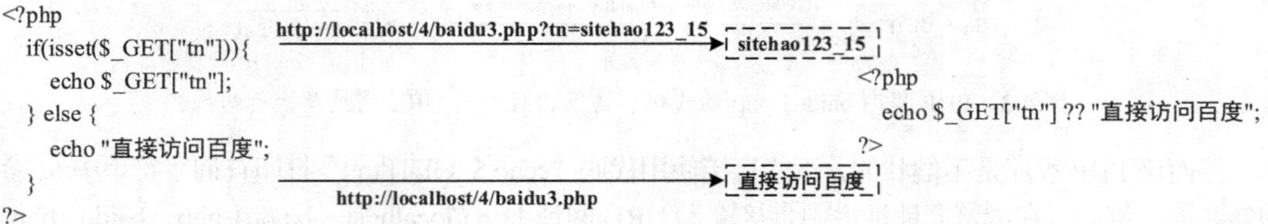

<?php
if(isset($_GET["tn"])){
echo $_GET["tn"];
} else {
echo "直接访问百度";
}
?>
http://localhost/4/baidu3.php?tn=sitehao123_15
sitehao123_15
<?php
echo $_GET["tn"] ?? "直接访问百度";
?>
直接访问百度
http://localhost/4/baidu3.php

图 4-7 PHP 程序 baidu3.php 的代码、访问该程序的 URL 网址及执行结果

4.2.3 else if 和 elseif 语句

else if 和 elseif 语句

if…else 语句支持嵌套使用。例如，PHP 程序 score.php 的代码、访问该程序的 URL 网址及执行结果如图 4-8 所示。该 PHP 程序根据查询字符串中的成绩参数 score，判断该成绩的等级是不及格、及格、良好还是优秀。

<?php
if(isset($_GET['score']) && is_numeric($_GET['score'])){
$score = $_GET['score'];
}else{
die("请输入成绩！必须是数字！");
}
if($score>=90 && $score<=100){
$grade = "优秀";
}else if($score>=80 && $score<90){
$grade = "良好";
}else if($score>=60 && $score<80){
$grade = "及格";
}else if($score>=0 && $score<60){
$grade = "不及格";
}else{
$grade = "请输入0到100的数字！";
}
echo $grade;
?>
http://localhost/4/score.php?score=1a
请输入成绩！必须是数字！
http://localhost/4/score.php?score=90
优秀
http://localhost/4/score.php?score=80
良好
http://localhost/4/score.php?score=70
及格
http://localhost/4/score.php?score=59
不及格
http://localhost/4/score.php?score=1000
请输入0到100的数字！
http://localhost/4/score.php?score=-1
请输入0到100的数字！

图 4-8 PHP 程序 score.php 的代码、访问该程序的 URL 网址及执行结果

说明 1：第 1 个 if 语句中的条件表达式利用了“&&”短路技巧，只有代码“isset($_GET['score'])”是 true 时，代码“is_numeric($_GET['score'])”才会执行。需要注意，两个代码不能交换位置，否则会抛出变量未定义异常。

说明 2：is_numeric 函数是数据类型检查函数，用于检查输入的数据是否符合数字格式。

说明 3：第 1 个 if 语句内定义的变量$score 属于全局命名空间，因此在程序的其他位置可以访问到该变量。在 PHP 中，控制语句中定义的对象具有向外穿透性。由于 C 语言、Java 语言使用堆栈管理变量的作用域，在 C 语言和 Java 语言中，控制语句中定义的对象不具有向外穿透性。

说明 4：查询字符串本质是字符串，即便参数值是数字，也是以字符串的方式发送给 Web 服务器的，因此第 1 个 if 语句内变量$score 的值是字符串。

说明 5：比较运算“$score>=90”中，90 是整数，$score 是字符串，PHP 会将$score 自动转换为整数再进行比较运算。

说明 6：PHP 提供了关键字 elseif，用于替换 PHP 程序中的 else if。读者可以将该程序中的 else if 替换成 elseif。

4.2.4 switch 语句

switch 语句

在有些情况下，需要将同一个变量（或表达式）与不同的值比较是否相等，并根据比较结果执行不同的代码，这就是 switch 语句的用途，switch 语句的语法格式和执行流程如图 4-9 所示。

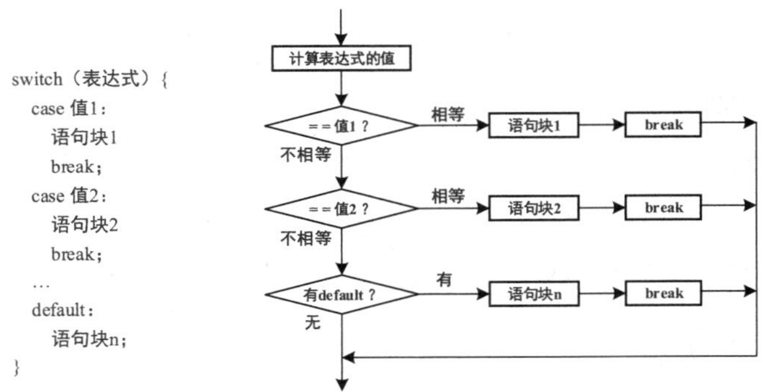

图 4-9 switch 语句的语法格式和执行流程

switch 语句首先计算表达式的值（表达式的值通常是标量数据类型的数据），然后与 switch 语句中 case 子句列出的值逐一进行“= =”比较（两个等号的比较），如果相等，则执行与 case 子句相连的语句块，直到遇到 break 语句时才跳离当前的 switch 语句；如果都不相等，则执行 default 子句（default 子句不是必需的）。

例如，PHP 程序 switch1.php 的代码、访问该程序的 URL 网址及执行结果如图 4-10 所示。该程序的功能是打印今天是星期几，程序中使用了 date("D")函数获取今天是星期几（笔者当前日期是星期二）。从执行结果可以看出，break 语句的作用是跳离当前的 switch 子句，防止进入下一个 case 子句或 default 子句。

```
<?php
  switch(date("D")){
    case "Mon":
      echo "今天星期一"; break;
    case "Tue":
      echo "今天星期二"; break;
    case "Wed":
      echo "今天星期三"; break;
    case "Thu":
      echo "今天星期四"; break;
    case "Fri":
      echo "今天星期五"; break;
    default:
      echo "今天放假"; break;
  }
?>
```

http://localhost/4/switch1.php → 今天星期二

图 4-10　PHP 程序 switch1.php 的代码、访问该程序的 URL 网址及执行结果

case 子句中省略 break 语句会导致功能混乱。例如，PHP 程序 switch2.php 的代码、访问该程序的 URL 网址及执行结果如图 4-11 所示。之所以产生这样的执行结果是因为笔者当前日期是星期二，date("D")函数的返回值是"Tue"，switch 语句从代码“echo "今天星期二";”处执行，直到遇到 break 语句才会跳出 switch 语句，由于没有 break 语句，所以 switch 执行了剩余的所有 case 子句和 default 子句。

```
<?php
  switch(date("D")){
    case "Mon":
      echo "今天星期一";
    case "Tue":
      echo "今天星期二";
    case "Wed":
      echo "今天星期三";
    case "Thu":
      echo "今天星期四";
    case "Fri":
      echo "今天星期五";
    default:
      echo "今天放假";
  }
?>
```

http://localhost/4/switch2.php → 今天星期二今天星期三今天星期四今天星期五今天放假

图 4-11　PHP 程序 switch2.php 的代码、访问该程序的 URL 网址及执行结果

4.2.5　match 表达式

match 表达式的功能与 switch 语句类似，match 表达式的语法格式如图 4-12 所示。

```
$return_value = match(表达式) {
    值1 => 返回值1,
    值2 => 返回值2,
    ...
    default => 返回值n
};
```

match 表达式

图 4-12　match 表达式的语法格式

▶注意 1：match 表达式必须以“;”结尾。
▶注意 2：match 表达式罗列的匹配条件必须详尽，如果表达式和所有值都没有匹配，则会引发 UnhandledMatchError。
▶注意 3：match 表达式与 switch 语句的不同之处在于：① match 表达式是表达式，switch 语句是语句；② match 表达式使用“===”匹配是否相等，而 switch 语句使用“==”匹配是否相等。
▶注意 4：match 表达式自 PHP8.0.0 起可用。
▶注意 5：match 表达式不需要 break 语句。

例如，PHP 程序 match.php 的代码、访问该程序的 URL 网址及执行结果如图 4-13 所示。

```
<?php
  $today = match(date("D")){
    "Mon" => "今天星期一",
    "Tue" => "今天星期二",
    "Wed" => "今天星期三",
    "Thu" => "今天星期四",
    "Fri" => "今天星期五",
    default => "今天放假",
  };
  echo $today;
?>
```

http://localhost/4/match.php → 今天星期二

图 4-13　PHP 程序 match.php 的代码、访问该程序的 URL 网址及执行结果

4.3 循环语句

重复做一件事情称为循环，例如，电梯多次往返于楼层之间、疫情期间每天要体温打卡都可以归结为循环。循环语句是指在给定条件成立的情况下，重复执行一个语句块，当给定的条件不成立时，退出循环语句。

4.3.1　while 循环语句

while 循环语句

while 循环语句是最简单的循环语句，它的语法格式与 if 语句相似，while 循环语句的语法格式和执行流程如图 4-14 所示。当条件表达式的值为 true 时，反复执行 while 中的语句块，直到表达式的结果为 false 时才跳出 while 循环。

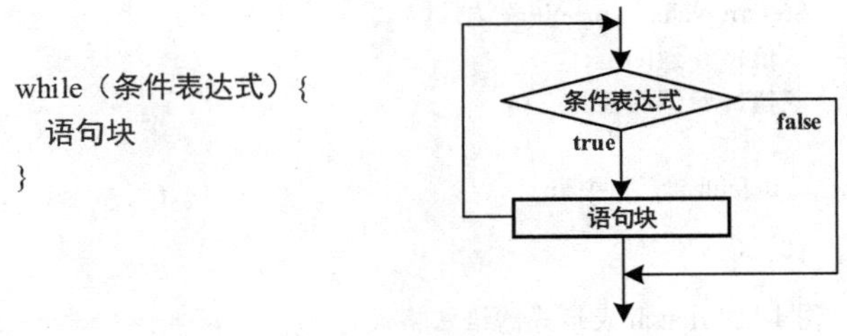

图 4-14　while 循环语句的语法格式和执行流程

例如，PHP 程序 while.php 的代码、访问该程序的 URL 网址及执行结果如图 4-15 所示，该程序的功能是计算 1+2+3+…+*n* 的和。

```
<?php
    $n = $_GET["n"] ?? 100;
    $i = 1;
    $sum = 0;
    while($i<=$n){
        $sum = $sum + $i;
        $i++;
    }
    echo $sum;
?>
```

http://localhost/4/while.php → 5050

http://localhost/4/while.php?n=10 → 55

图 4-15　PHP 程序 while.php 的代码、访问该程序的 URL 网址及执行结果

说明 1：如果条件表达式从一开始就是 false，则语句块甚至一次都不会执行（例如，在浏览器地址栏中输入 URL 网址 http://localhost/4/while.php?n=0 时）。

说明 2：进入 while 循环、执行 while 循环及跳出 while 循环的过程如图 4-16 所示，图中阴影部分的代码是 while 循环体的代码。

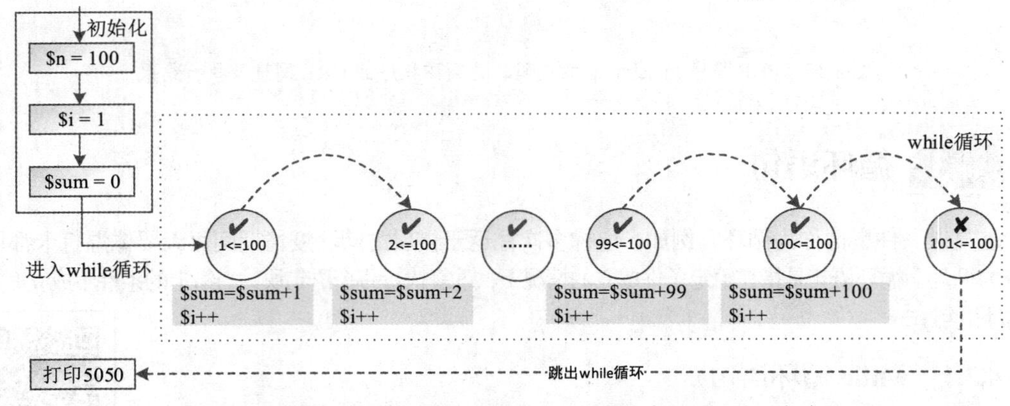

图 4-16　进入 while 循环、执行 while 循环及跳出 while 循环的过程

4.3.2　do…while 循环语句

do…while 循环语句的语法格式和执行流程如图 4-17 所示。先执行语句块，然后检测条件表达式

的值，如果为 true，则继续执行语句块，直到条件表达式的值为 false 才跳出 do…while 循环。与 while 循环语句的区别在于，do…while 循环语句中的语句块至少会执行一次。

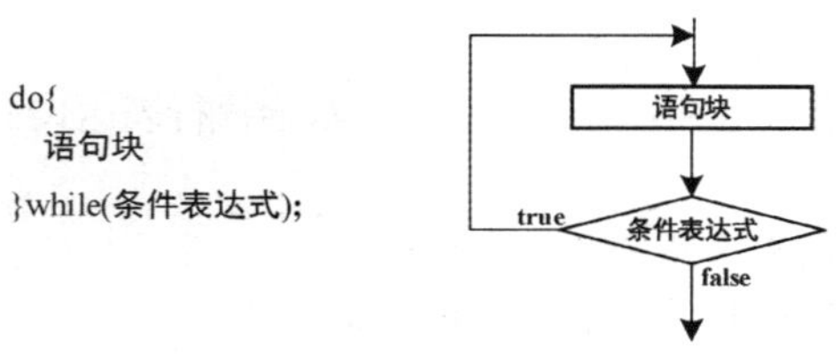

do…while 循环语句

图 4-17　do…while 循环语句的语法格式和执行流程

▶注意：do…while 循环语句后必须加上“;”作为该语句的结束。

例如，PHP 程序 do_while.php 的代码、访问该程序的 URL 网址及执行结果如图 4-18 所示，该程序的功能是计算 1+2+3+…+*n* 的和。

```
<?php
  $n = $_GET["n"] ?? 100;
  $i = 1;
  $sum = 0;
  do{
    $sum = $sum + $i;
    $i++;
  }while($i<=$n);
  echo $sum;
?>
```

http://localhost/4/do_while.php → 5050

http://localhost/4/do_while.php?n=0 → 1

图 4-18　PHP 程序 do_while.php 的代码、访问该程序的 URL 网址及执行结果

说明：即便条件表达式从一开始就是 false，语句块也至少执行一次。因此在浏览器地址栏中输入 URL 网址 http://localhost/4/while.php?n=0 时，执行结果是 1（该程序存在 bug）。

4.3.3　for 循环语句

for 循环语句

相较其他循环语句，for 循环语句最复杂，却比 while 循环语句和 do…while 循环语句紧凑。for 循环语句的语法格式和执行流程如图 4-19 所示。

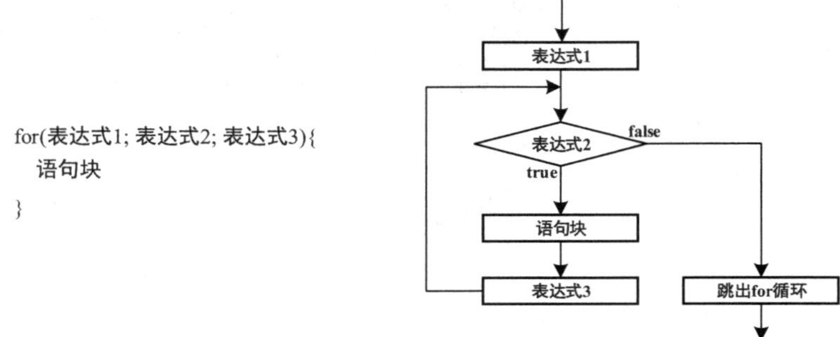

图 4-19　for 循环语句的语法格式和执行流程

for 循环语句中各表达式的功能如下。

表达式 1：初始化循环控制变量，表达式 1 无条件执行一次，且只执行一次。

表达式 2：是条件表达式。每次循环开始时，先计算表达式 2 的值，如果值为 true，则执行语句块；如果值为 false，则跳出 for 循环。

表达式 3：修改循环控制变量的值。在每次循环结束时，都会执行表达式 3。

> ▶注意 1：for 循环语句中的表达式都不是必需的，但两个“;”是必须的。
> ▶注意 2：每个表达式可以包含多个用“,”分隔的表达式。
> ▶注意 3：如果没有表达式 2，则意味着死循环，除非在语句块中使用 break 语句结束循环。

例如，PHP 程序 for.php 的代码如图 4-20 所示，该程序的功能是计算 1+2+3+…+*n* 的和（4 个代码等效）。

```
<?php
   $n = $_GET["n"] ?? 100;
   for($i=1,$sum = 0; $i<=$n; $i++){
      $sum = $sum + $i;
   }
   echo $sum;
?>
```

```
<?php
   $n = $_GET["n"] ?? 100;
   $sum = 0;
   for($i=1; $i<=$n; $i++){
      $sum = $sum + $i;
   }
   echo $sum;
?>
```

```
<?php
   $n = $_GET["n"] ?? 100;
   $sum = 0;
   $i=1;
   for(; $i<=$n; $i++){
      $sum = $sum + $i;
   }
   echo $sum;
?>
```

```
<?php
   $n = $_GET["n"] ?? 100;
   $i=1;
   $sum = 0;
   for(; $i<=$n;){
      $sum = $sum + $i;
      $i++;
   }
   echo $sum;
?>
```

图 4-20　PHP 程序 for.php 的代码

最后读者务必注意，无论是使用 while 循环、do…while 循环还是 for 循环，都必须有结束循环的条件，否则会陷入死循环。例如，下面的 for 循环语句都可能导致死循环。

```
for ($i=0; $i<=100; $i--)
for ( ; ; )
for ($i=0 ; $i<=100; $j++)
```

循环语句的应用

4.3.4　循环语句的应用

例如，PHP 程序 nine.php 的代码及执行结果如图 4-21 所示，该程序的功能是制作九九乘法表。

```
<strong>PHP九九乘法表</strong>
<br/>
<table border=1>
<?php
   for ($i=1; $i<=9; $i++){
      echo "<tr>";
      for ($j=$i; $j<=9; $j++){
         echo "<td align='center'>";
         echo $i . "×" . $j . "=" . $i*$j ;
         echo "</td>";
      }
      echo "</tr>";
   }
?>
</table>
```

← → C ⌂ ⓘ localhost/4/nine.php

PHP九九乘法表

1×1=1	1×2=2	1×3=3	1×4=4	1×5=5	1×6=6	1×7=7	1×8=8	1×9=9
2×2=4	2×3=6	2×4=8	2×5=10	2×6=12	2×7=14	2×8=16	2×9=18	
3×3=9	3×4=12	3×5=15	3×6=18	3×7=21	3×8=24	3×9=27		
4×4=16	4×5=20	4×6=24	4×7=28	4×8=32	4×9=36			
5×5=25	5×6=30	5×7=35	5×8=40	5×9=45				
6×6=36	6×7=42	6×8=48	6×9=54					
7×7=49	7×8=56	7×9=63						
8×8=64	8×9=72							
9×9=81								

图 4-21　PHP 程序 nine.php 的代码及执行结果

程序说明如下。

（1）<strong />标签是 HTML 中的常用标签，该标签以粗体显示文本。

（2）<table />标签是 HTML 中的常用标签，该标签用于制作一个表格，<table />标签的 border 属性用于定义表格边框的宽度。

（3）<tr />标签用于制作表格中的一行，<tr />标签需嵌入<table />标签中使用。

（4）<td />标签用于制作表格中的一个单元格，该标签的 align 属性定义了单元格中文本的对齐方式，<td />标签需嵌入<tr />标签中使用。

4.4 其他控制语句

其他控制语句包括 break、continue、die（die 的别名是 exit）以及 return，PHP 将它们称作语言结构而不是函数，这是因为这些控制语句可以没有参数（可以紧跟“;”形成 PHP 语句）。有关 return 语句的使用可参见第 7 章自定义函数的内容。

4.4.1 continue 语句

continue 语句

continue 语句在 while、do…while、for、foreach 等循环语句中使用。当循环语句执行到 continue 时，程序跳过本次循环的剩余代码，开始执行下一次循环，如图 4-22 所示。为了确保 continue 后的代码能够执行，通常将 continue 封装到 if 语句中。

例如，PHP 程序 continue.php 的代码如图 4-23 所示，该程序的功能是计算 1～n 的奇数和。

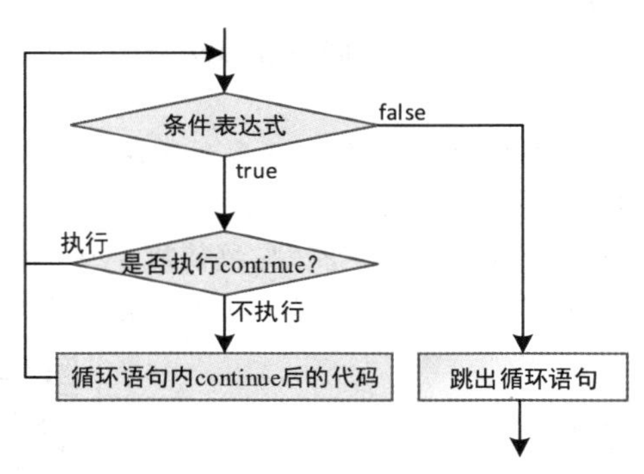

图 4-22 continue 语句

```
<?php
  $n = $_GET["n"] ?? 100;
  $sum = 0;
  for($i=1;$i<=$n;$i++){
    if($i%2==0){
      continue;
    }
    $sum = $sum + $i;
  }
  echo $sum;
?>
```

图 4-23 PHP 程序 continue.php 的代码

说明：continue 可以接受一个数字参数来决定跳过几重循环，一般在多重循环中使用。默认值是 1，表示跳过本次循环，开始执行下一次循环。

4.4.2 break 语句

break 语句

break 用于结束“当前”switch、while、do…while、for、foreach 语句的执行。例如，PHP 程序 break.php 的代码如图 4-24 所示，该程序的功能是计算 1+2+3+…+n 的和。

说明：break 可以接受一个数字参数来决定跳出几重循环，一般在多重循环中使用。默认值是 1，表示跳出当前循环。

```
<?php
  $n = $_GET["n"] ?? 100;
  $sum = 0;
  for($i=1;;$i++){
    $sum = $sum+$i;
    if($i==$n){
      break;
    }
  }
  echo $sum;
?>
```

图 4-24 PHP 程序 break.php 的代码

4.4.3 强行终止程序的执行

强行终止程序的执行

我们很难保证程序运行过程中不发生任何错误，当发生诸如被零除、打开一个不存在的文件或者数据库连接失败等错误后，应该强行终止程序的执行，PHP 提供的 die 语句可以实现该功能（die 的别名是 exit）。有关 die 语句的使用可参见 3.3.6 小节的内容。

4.5 错误和异常

事情的进展并不总是以我们的意志为转移的，程序的执行亦是如此。程序执行期间可能会发生意外，程序应该能够自行处理这些意外，以保持程序的健壮性。

4.5.1 警告、错误和异常概述

警告、错误和异常概述

PHP 程序执行时发生的意外可能是警告（Warning）、错误（Error）或者异常（Exception）。

警告：包含一个不存在的文件、数据库连接失败、打开一个不存在的文件、访问一个未定义的变量、使用数组中一个不存在的键等，PHP 都会输出警告信息。

错误：访问一个不存在的常量、调用一个不存在的函数、调用函数时参数个数不正确、调用函数时参数的数据类型不正确、被零除、match 表达式和所有值都不匹配，PHP 都会抛出错误。PHP5 使用错误报告机制处理错误。

异常：在 PHP7 之前，错误是不能通过 try…catch…finally 语句处理的。从 PHP7 开始，PHP 改进了错误处理方式，错误与异常都继承了 Throwable 接口，try…catch…finally 语句可以处理错误，也可以处理自定义异常。

说明 1：错误和异常的关系。错误属于异常，异常包括错误。错误通常由 PHP 内置，异常可以由 Web 开发人员自定义。本书附录罗列了 PHP 常用的内置错误类和异常类。

说明 2：对于警告，警告发生后，程序继续执行。对于错误或异常，需要使用 try…catch…finally 语句处理，否则程序会立即终止执行。警告可以使用“@”抑制，本节不讲解警告，只讲解如何使用 try…catch…finally 处理错误或异常。

4.5.2 try…catch…finally 的完整语法格式

try…catch…finally 的完整语法格式

程序抛出错误或异常后，如果不处理它们，则程序立即终止执行。为了保持程序的健壮性，Web 开发人员应该自行编写 try…catch…finally 手动处理异常，try…catch…finally 的完整语法格式如图 4-25 所示。

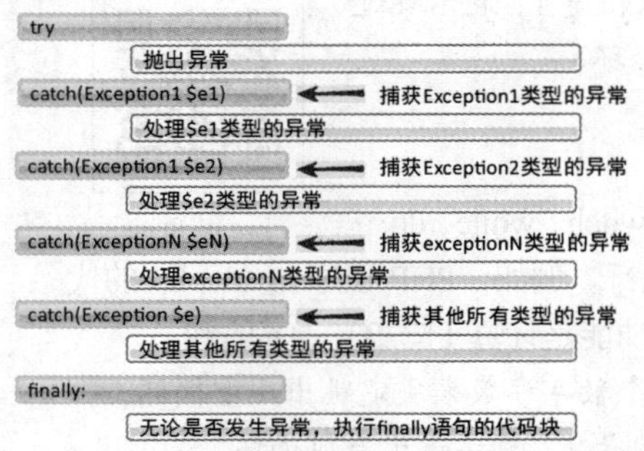

图 4-25 try…catch…finally 的完整语法格式

说明如下。

（1）try 语句：用于抛出异常。

（2）catch 语句：用于捕获异常。捕获的原则是：与 try 语句抛出的异常进行类型匹配，如果类型匹配成功，则捕获该异常。

（3）finally 语句（可选的）：无论是否发生异常，都会执行 finally 语句的代码块。

try…catch…finally 的执行流程如下。

（1）如果 try 语句没有抛出异常，则执行 finally 语句。

（2）如果 try 语句抛出异常，则具体流程如下。

① catch 语句与 try 语句抛出的异常进行类型匹配，如果类型匹配成功，则捕获该异常；再执行 finally 语句。

② 如果类型匹配不成功，则交由下一条 catch 语句进行类型匹配。

③ 如果类型匹配都不成功，则先执行 finally 语句，再由 PHP 按照处理异常的默认行为自行处理该异常。

例如，PHP 程序 error.php、exception.php 的代码以及它们的执行结果如图 4-26 所示。

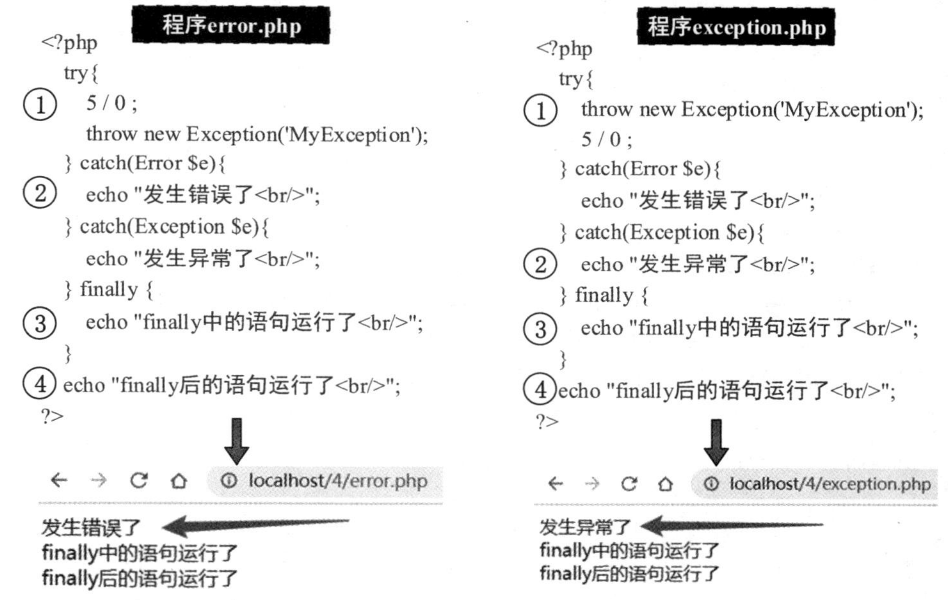

图 4-26 PHP 程序 error.php、exception.php 的代码及它们的执行结果

说明 1：代码“5 / 0”用于抛出 Fatal error 致命错误，需要注意 Fatal error 属于 Error 类型。

说明 2：代码“new Exception('MyException')”使用关键字 new 创建了 Exception 类型的对象。

说明 3：代码“throw new Exception('MyException')”先创建 Exception 类型的对象，然后手动抛出该异常，需要注意这里抛出的异常属于 Exception 类型。

说明 4：使用 catch 语句捕获错误或异常时，catch 语句严格区分 Error 和 Exception。

上机实践 PHP 控制语句

（1）在 D:/wamp/www/目录下创建“4”目录，本章涉及的所有 PHP 程序都存放到该目录。

（2）将本章的所有 PHP 程序部署到 Apache 服务器，并运行这些 PHP 程序。

习题

一、选择题

（1）如何给变量$a、$b 和$c 赋值才能使以下代码显示字符串“Hello, World!”？（　　）

```
<?php
$string = "Hello, World!";
$a = ?;
$b = ?;
$c = ?;
if($a) {
    if($b && !$c) {
        echo "Goodbye Cruel World!";
    } else if(!$b && !$c) {
        echo "Nothing here";
    }
} else {
    if(!$b) {
        if(! $a && (!$b && $c)) {
            echo "Hello, World!";
        } else {
            echo "Goodbye World!";
        }
        } else {
        echo "Not quite.";
    }
}
?>
```

A. False, True, False　　B. True, True, False

C. False, True, True　　D. False, False, True

E. True, True, True

（2）语句“for($k=0;$k=1;$k++);”和语句“for($k=0;$k= =1;$k++);”执行的次数分别是（　　）。

A. 无限和 0　　B. 0 和无限　　C. 都是无限　　D. 都是 0

（3）哪种控制语句结构用来表现以下代码片段的流程控制最合适？（　　）

```
<?php
if( $a == 'a') {
    somefunction();
} else if ($a == 'b') {
    anotherfunction();
} else if ($a == 'c') {
    dosomething();
} else {
    donothing();
}
?>
```

A. 没有 default 的 switch 语句　　B. 一个递归函数

C. while 语句　　D. 无法用别的形式表现该逻辑

E. 有 default 的 switch 语句

二、编程题

使用 switch 语句或 match 表达式实现选择题的第 3 题。

第 5 章 PHP 数组

本章首先介绍数组的必要性，然后讲解数组的特点、数组的分类以及创建数组的方法，二维数组、数组的解包等知识，详细讲解数组常用的处理函数以及遍历数组的方法。通过本章的学习，读者可以使用数组存储数据、管理数据。

5.1 数组的必要性

数组的必要性

图 5-1 所示的页面是一个采集浏览器用户信息的页面，该页面包含很多复选框。以兴趣爱好为例，浏览器用户勾选兴趣爱好并单击“提交”按钮，PHP 程序获取浏览器用户勾选的兴趣爱好后，不建议使用标量数据类型的变量存储这些兴趣爱好。这是因为标量数据类型定义的变量只能存储单个“数据”，浏览器用户可选的“兴趣爱好”太多且个数不确定，很难为每个“兴趣爱好”定义一个变量与之对应。必须引入一个能存储多个元素的可变长容器解决此类问题，这就是数组。

性格特点：	☐ 外向	☐ 内向	☐ 谨慎	☐ 胆大	☐ 浪漫	☐ 淳朴
	☑ 幽默风趣	☑ 乐天达观	☐ 刚毅坚强	☐ 憨厚大气	☐ 精明能干	☐ 富有正义
	☐ 热心助人	☐ 善解人意	☐ 成熟稳重	☐ 单纯可爱	☐ 精力充沛	☐ 其他
兴趣爱好：	☐ 时尚	☐ 旅游	☑ 电影	☑ 音乐	☐ 体育	☐ 宗教
	☐ 美食	☐ 交友	☐ 文学	☐ 艺术	☐ 游戏	☐ 政治
	☐ 购物	☐ 上网	☐ 健身	☐ 美容	☐ 宠物	☐ 读书杂志
	☐ 休闲娱乐	☑ 电脑	☑ 软件	☐ 数码产品	☐ 摄影	☐ 家电音响
	☐ 汽车	☐ 流行服饰	☐ 育儿	☐ 健康	☐ 教育培训	☐ 留学移民
	☐ 招聘	☐ 投资理财	☐ 房产装修	☐ 经商创业	☐ 其他	
喜欢的颜色：	☑ 红色	☐ 橙色	☐ 黄色	☑ 绿色	☐ 青色	☑ 蓝色
	☐ 紫色	☐ 黑色	☑ 白色	☐ 灰色	☐ 粉红色	☐ 咖啡色
	☐ 银色	☐ 金色	☐ 其他			

提交　重置

图 5-1　采集浏览器用户信息

5.2 PHP 数组的特点

PHP 数组的特点

从功能的角度来讲，数组是一个可以存储多个元素的可变长容器。从数据结构的角度来讲，数组是一个有序字典。从数据类型的角度来讲，数组是 PHP 最常用的复合数据类型。

PHP 数组与传统高级编程语言数组之间的相同之处在于：可以存储多个元素；元素是有序的；每个元素都是一个由“键”指向“值”的“键值对”（key=>value）；元素的键不能相等（==），如果相等，则后者将覆盖前者。

PHP 数组与传统高级编程语言数组之间的不同之处如下。

（1）在传统高级编程语言中，数组中元素的键必须是从零开始、依次递增的整数。在 PHP 中，数组中元素的键可以是整数（可以不连续）和字符串，甚至同一个数组中元素的键可以是整数和字符串并存。

（2）在传统高级编程语言中，同一个数组中元素的值必须是同类型数据。在 PHP 中，同一个数组中元素的值可以是异构类型数据。

（3）在传统高级编程语言中，数组是定长的，在创建数组前必须指定数组的长度。在 PHP 中，数组长度是可变的，创建数组时不必指定数组的长度。

数组的分类

5.3 数组的分类

在 PHP 中，数组是一个可以存储多个元素的可变长容器，每个元素是一个“键值对”（key=>value）。数组中元素的键（key）可以是整数或字符串，数组中元素的“值”可以是任意类型的数据（如整数、浮点数、字符串、对象或者另一个数组）。

如果数组中元素的值是另一个数组，那么这个数组是二维数组。根据数组中元素值的复杂程度，可将数组分为一维数组、二维数组甚至多维数组。

5.4 创建数组

$GLOBALS、$_SERVER、$_GET、$_POST、$_FILES、$_COOKIE、$_SESSION、$_REQUEST 和$_ENV 是预定义数组，无须定义即可直接使用。PHP 允许 Web 开发人员创建数组，并提供了 3 种创建数组的方法，分别是变量名后跟“[ ]”变为数组名、array 语句和“[ ]”语句。

变量名后跟“[ ]”变为数组名

5.4.1 变量名后跟“[ ]”变为数组名

变量名后的“[ ]”用于将变量声明为数组数据类型。例如，PHP 程序 array1.php 的代码及执行结果如图 5-2 所示。

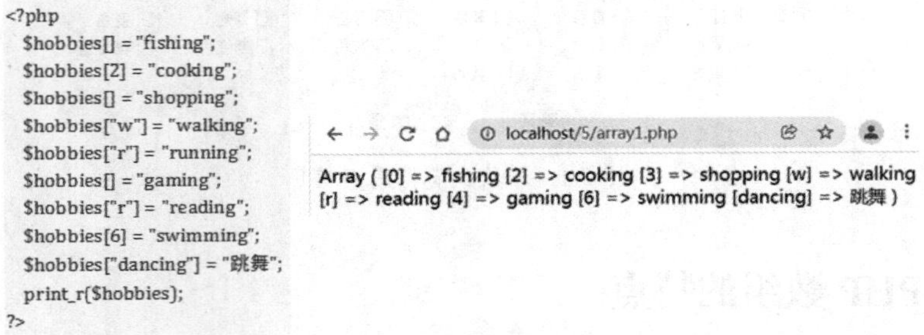

<?php
$hobbies[] = "fishing";
$hobbies[2] = "cooking";
$hobbies[] = "shopping";
$hobbies["w"] = "walking";
$hobbies["r"] = "running";
$hobbies[] = "gaming";
$hobbies["r"] = "reading";
$hobbies[6] = "swimming";
$hobbies["dancing"] = "跳舞";
print_r($hobbies);
?>
localhost/5/array1.php
Array ([0] => fishing [2] => cooking [3] => shopping [w] => walking [r] => reading [4] => gaming [6] => swimming [dancing] => 跳舞)

图 5-2 PHP 程序 array1.php 的代码及执行结果

以第 1 条 PHP 语句为例，其执行流程如下。

① 在堆内存开辟存储空间存储字符串"fishing"（引用计数初始化为 0）。

② 在当前命名空间（这里是全局命名空间）开辟存储空间存储变量名$hobbies（注意$hobbies 存储在全局命名空间）。

③ 变量名$hobbies 后的“[ ]”用于将变量$hobbies 变成数组数据类型，由于数组刚刚创建，第 1

条 PHP 语句用于向数组添加第一个元素，且未指定元素的键，因此第一个元素的键被设置为整数 0。

④ 将$hobbies[0]贴在字符串"fishing"上，字符串"fishing"的引用计数变为 1。第 1 条 PHP 语句和其他 PHP 语句的执行流程如图 5-3 所示。

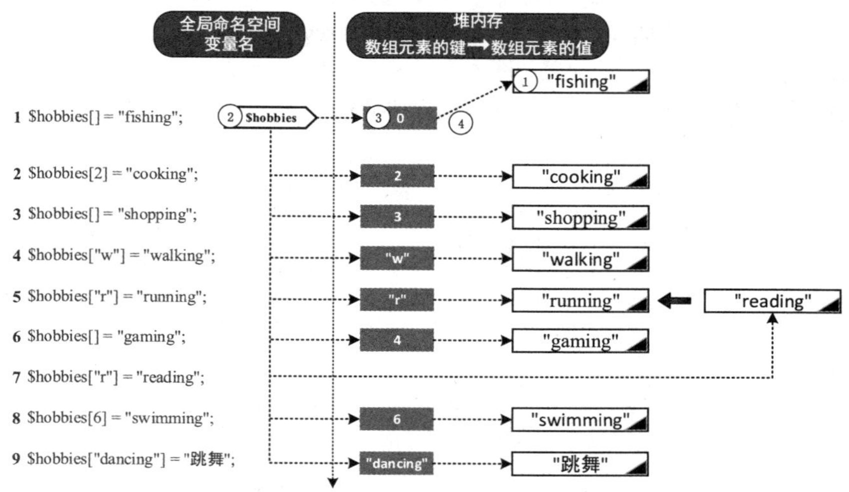

图 5-3　PHP 程序 array1.php 第 1 条 PHP 语句及其他 PHP 语句的执行流程

▶注意 1：第 1 条 PHP 语句负责创建数组，第 7 条 PHP 语句用于替换数组中的元素，其他 PHP 语句负责向数组添加元素。

▶注意 2：$hobbies 是数组，$hobbies[0]是字符串。

变量名后的“[ ]”用于将变量变成数组数据类型，说明如下。

（1）该方法每次只能向数组添加一个数组元素。

（2）没有指定新元素的键时，新元素的键在已有元素最大整数键的基础上递增 1（数组没有整数键时，从 0 开始递增）。

（3）数组是有序的，新添加的数组元素位于所有数组元素的末尾。

（4）数组中的每个元素是一个“键值对”（key=>value），同一数组中元素的键可以是整数和字符串并存。整数键可以不连续。

（5）同一数组中元素的键不能相等（= =），若相等，则后者将覆盖前者（参见第 7 条 PHP 语句）。

（6）PHP 官方文档并不推荐使用该方法创建数组，读者可以从图 5-4 所示的代码及执行结果中寻找原因。第 1 条 PHP 语句用于创建一个数组$hobbies，第 2 条 PHP 语句访问数组$hobbies 的第一个元素，第 3 条 PHP 语句将变量$hobbies 修改为字符串“running”，第 4 条 PHP 语句访问字符串“running”的第一个字符“r”。

```
<?php
  $hobbies[] = "walking";
  echo $hobbies[0], "<br/>";
  $hobbies = "running";
  echo $hobbies[0], "<br/>";
?>
```

```
localhost/5/test.php

walking
r
```

图 5-4　PHP 官方文档不推荐使用第 1 种方法创建数组

5.4.2 使用 array 语句或“[ ]”语句创建数组

使用 array 语句或“[ ]”语句创建数组

可以使用 array 语句或者“[ ]”语句创建数组，两者的功能和语法格式非常相似。以使用 array 语句创建数组为例，array 语句接受一定数量用逗号分隔的“key=>value”键值对，可以一次性向数组添加多个元素（若 key 省略，则 key 值为整数）。

例如，PHP 程序 array2.php 的代码如图 5-5 所示（右边的代码与左边的代码等效），其执行结果和 PHP 程序 array1.php 的执行结果相同。

```
<?php
  $hobbies = array(
    "fishing",
    2=>"cooking",
    "shopping",
    "w"=>"walking",
    "r"=>"running",
    "gaming",
    "r"=>"reading",
    "swimming",
    "dancing"=>"跳舞",
  );
  print_r($hobbies);
?>
```

```
<?php
  $hobbies = [
    "fishing",
    2=>"cooking",
    "shopping",
    "w"=>"walking",
    "r"=>"running",
    "gaming",
    "r"=>"reading",
    "swimming",
    "dancing"=>"跳舞",
  ];
  print_r($hobbies);
?>
```

图 5-5 PHP 程序 array2.php 的代码

说明：使用 array 语句或者使用“[ ]”语句创建数组时，最后一个元素可以尾随一个逗号，也可以省略逗号。本书建议尾随一个逗号，其优点在于可以方便地在数组末尾添加新元素。

5.4.3 关于数组中元素的键的说明

关于数组中元素的键的说明

（1）创建数组时，数组中元素的键必须是整数或者字符串。

① 如果元素的键是 true 或 false，则 true 或 false 将被强制转换为整数 1 或 0。

② 从 PHP8.1 开始，如果数组中元素的键是浮点数，则在浮点数自动转换为整数（例如，将浮点数 2.6 强制转换为整数 2）前，PHP 将发出弃用通知“Deprecated: Implicit conversion”。

说明：PHP 正在逐步改进其“动态数据类型的编程语言”的规则，使其更具可预测性。从 PHP8.1 开始，当浮点数被自动转换为整数并在此过程中丢失精度时，会发出弃用通知；当浮点数强制类型转换为整数时，不会发出弃用通知。

（2）创建数组时，如果数组中元素的键是一个字符串，且完全符合整数格式，则数组中元素的键将被自动转换为整数（例如，"99"将被自动转换为整数 99）。PHP 之所以这样处理是因为整数的运算效率高于字符串的运算效率。

5.5 访问、修改和删除数组元素

访问、修改和删除数组元素

数组名后跟“[ ]”用于访问、修改或删除数组元素。例如，PHP 程序 array3.php 的代码及执行结果如图 5-6 所示。

前面曾提到：PHP 提供了传值赋值和传引用（&）赋值两种赋值方法，这两种赋值方法对于数组同样适用。

例如，PHP 程序 by_value.php 使用传值赋值，该程序的代码、执行流程及执行结果如图 5-7 所示。

```php
<?php
  $hobbies = ["w"=>"walking","r"=>"reading"];
  print_r($hobbies);
  echo "<hr/>";
  $hobbies["f"] = "fishing";
  $hobbies["r"] = "running";
  print_r($hobbies);
  echo "<hr/>";
  if(isset($hobbies["w"])){
    echo "我喜欢散步", "<br/>";
  }
  unset($hobbies["w"]);
  if(!isset($hobbies["w"])){
    echo "我不喜欢散步了", "<br/>";
  }
  echo gettype($hobbies["r"]), "<br/>";
  print_r($hobbies);
?>
```

localhost/5/array3.php

Array ([w] => walking [r] => reading)

Array ([w] => walking [r] => running [f] => fishing)

我喜欢散步
我不喜欢散步了
string
Array ([r] => running [f] => fishing)

图 5-6　PHP 程序 array3.php 的代码及执行结果

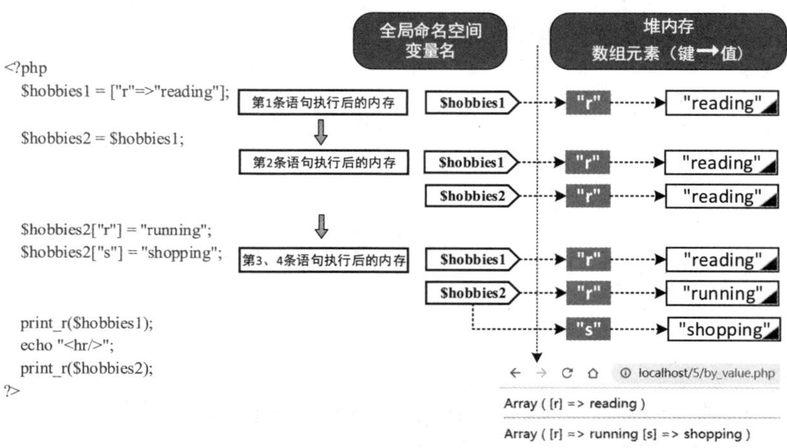

图 5-7　PHP 程序 by_value.php 的代码、执行流程及执行结果

例如，PHP 程序 by_reference.php 使用传引用赋值，该 PHP 程序的代码、执行流程及执行结果如图 5-8 所示。

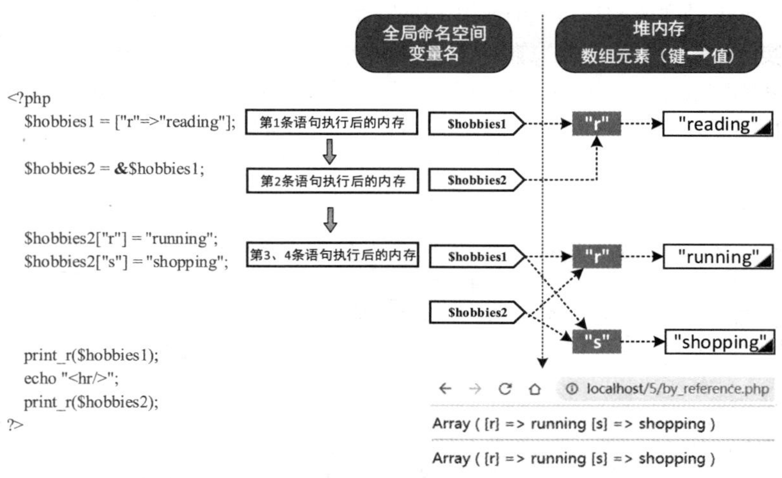

图 5-8　PHP 程序 by_reference.php 的代码、执行流程及执行结果

前面曾提到：使用双引号定义字符串时，字符串中如果出现变量名（以$开头），那么变量名将被解析为对应的变量值，PHP 贪婪地将尽可能长的标记作为变量名，将变量名放在“{ }”中可以明确变量名的开始和结尾。这对于数组同样适用。读者可以分析图 5-9 所示的 4 个 PHP 程序以及每个 PHP 程序的执行结果。

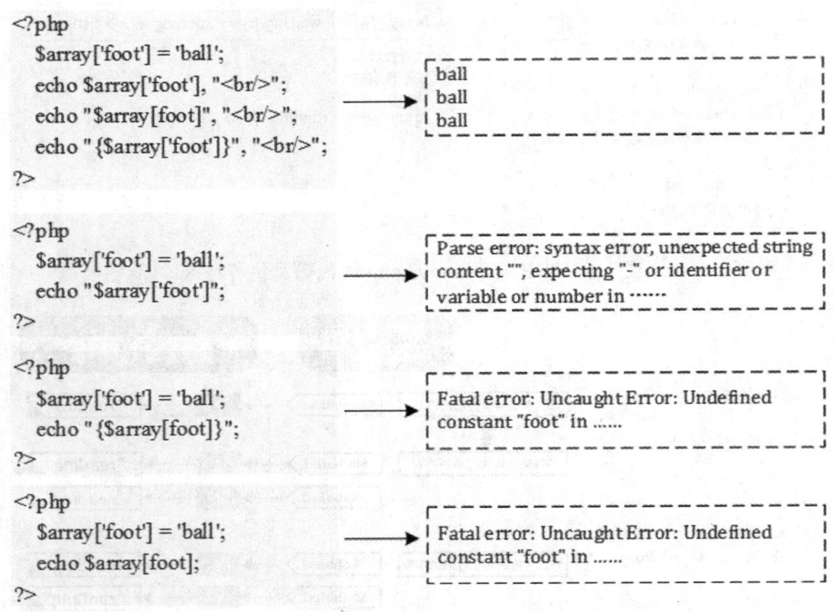

图 5-9　PHP 贪婪地将尽可能长的标记作为变量名

> ▶注意：在双引号字符串中，诸如"$foot[ball]"和"{$foot['ball']}"的代码是有效代码，诸如"$foot['ball']"和"{$foot[ball]}"的代码是无效代码。

5.6 二维数组

二维数组

如果数组中元素的“值”是另一个数组，则此时数组是一个二维数组，甚至是多维数组。在实际编程中经常使用二维数组，本节主要介绍二维数组的使用。

例如，PHP 程序 two_dimension.php 使用“[ ]”创建了一个二维数组$students，该 PHP 程序的代码及执行结果如图 5-10 所示。

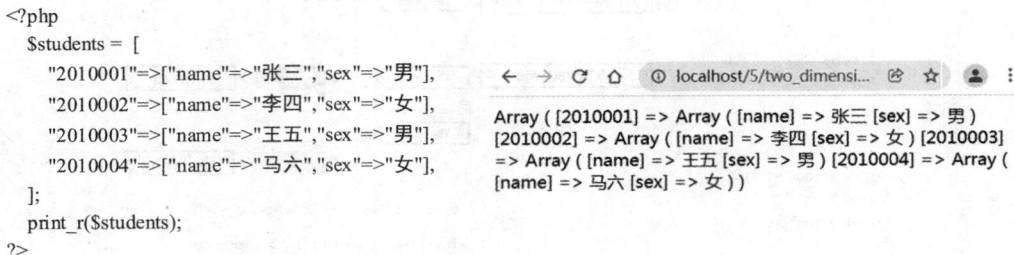

```
<?php
  $students = [
    "2010001"=>["name"=>"张三","sex"=>"男"],
    "2010002"=>["name"=>"李四","sex"=>"女"],
    "2010003"=>["name"=>"王五","sex"=>"男"],
    "2010004"=>["name"=>"马六","sex"=>"女"],
  ];
  print_r($students);
?>
```

localhost/5/two_dimensi...

Array ([2010001] => Array ([name] => 张三 [sex] => 男) [2010002] => Array ([name] => 李四 [sex] => 女) [2010003] => Array ([name] => 王五 [sex] => 男) [2010004] => Array ([name] => 马六 [sex] => 女))

图 5-10　PHP 程序 two_dimension.php 的代码及执行结果

二维数组很像二维表，数组中的第 1 个键用于确定二维表中的某一行，数组中的第 2 个键用于确定二维表中某一行的某一列，如表 5-1 所示。

表 5-1　二维数组与二维表结构相似

第 2 个键 / 第 1 个键	name	sex
2010001	张三	男
2010002	李四	女
2010003	王五	男
2010004	马六	女

二维数组存在 2 个键，访问二维数组中元素的“值”时，需要注意以下几点。

① 如果只指定第 1 个键，则表示访问二维数组某一行的数据，此时返回值是一维数组。

② 如果先指定第 1 个键，再指定第 2 个键，则表示访问二维数组中某一列的数据，此时返回值是标量数据类型数据。

③ 不能只指定第 2 个键。

例如，$students["2010001"]获取的是二维数组$students 中的第 1 行，该值是一维数组；$students["2010001"]["name"]获取的是二维数组$students 中第 1 行的 name 列，该值是字符串“张三”；$students["name"]将抛出“Warning: Undefined array key "name"”警告信息。

二维数组的典型应用场景有两个，分别是存储复选框中的数据以及存储数据库表中的数据。例如，PHP 程序 get_hobbies.php 的代码、访问该程序的 URL 网址及执行结果如图 5-11 所示。$_GET 是一个二维数组，浏览器用户勾选的兴趣爱好被存储到$_GET["h"]一维数组中。

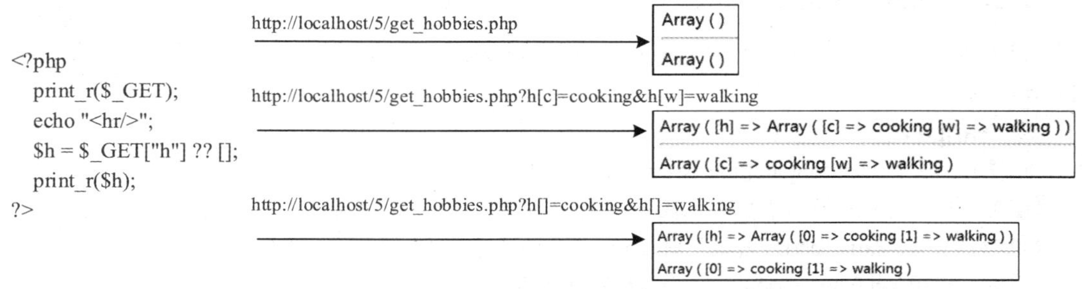

图 5-11　PHP 程序 get_hobbies.php 的代码、访问该程序的 URL 网址及执行结果

说明 1：代码“$h = $_GET["h"] ?? [];”利用了 null 合并运算符。

说明 2：PHP 可以理解请求参数中的数组。例如，当浏览器向 Web 服务器发送的 GET 请求数据中包含诸如“?param[c]=cooking¶m[w]=walking&...”的查询字符串，或者包含诸如“param[]=value1¶m[]=value2&...”的查询字符串时，PHP 理解请求参数中的数组，自动将它们封装到$_GET['param']一维数组中。

5.7 数组的解包

数组的解包

从 PHP7.4 开始，数组支持解包操作，解包（unpacking）是指将数组展开，在数组前添加“...”前缀可以解包数组。例如，PHP 程序 unpacking.php 的代码及执行结果如图 5-12 所示。

```
<?php
    $arr1 = [1, 2, 3];
    $arr2 = [...$arr1];
    $arr3 = [0, ...$arr1];
    $arr4 = [...$arr1, ...$arr2, 111];
    $arr5 = [...$arr1, ...$arr1];
    echo "<hr/>"; print_r($arr1);
    echo "<hr/>"; print_r($arr2);
    echo "<hr/>"; print_r($arr3);
    echo "<hr/>"; print_r($arr4);
    echo "<hr/>"; print_r($arr5);
?>
```

```
localhost/5/unpacking.php
Array ( [0] => 1 [1] => 2 [2] => 3 )
Array ( [0] => 1 [1] => 2 [2] => 3 )
Array ( [0] => 0 [1] => 1 [2] => 2 [3] => 3 )
Array ( [0] => 1 [1] => 2 [2] => 3 [3] => 1 [4] => 2 [5] => 3 [6] => 111 )
Array ( [0] => 1 [1] => 2 [2] => 3 [3] => 1 [4] => 2 [5] => 3 )
```

图 5-12　PHP 程序 unpacking.php 的代码及执行结果

5.8 数组处理函数

数组处理函数

PHP 提供了近百个功能强大的数组处理函数，为了便于读者学习这些函数，本书按照功能将 PHP 数组处理函数分为快速创建数组函数、数组统计函数、数组指针函数、list 语句、foreach 语句、数组检索函数、数组排序函数等。

> ▶注意：若是传值赋值，则 PHP 数组处理函数通常不会改变数组的内部结构，例如，foreach 语句、数组统计函数等都不会影响数组的内部结构。若是传引用赋值，则 PHP 数组处理函数通常会改变数组的内部结构，例如，数组指针函数会导致数组的当前指针发生变化（current 函数和 key 函数除外），排序函数会导致数组元素的位置发生变化。

5.8.1　快速创建数组函数

快速创建数组函数

PHP 提供的快速创建数组函数包括：range、explode、array_combine、array_fill 和 array_pad。

1．range 函数

语法格式：range(string|int|float $start, string|int|float $end, int|float $step = 1) : array

函数功能：返回一个从$start 开始到$end 结束的数字数组或字符数组，默认步长$step 是 1。

说明：如果$start>$end，则数组将从$start 开始降序到$end 结束。

例如，PHP 程序 range.php 的代码及执行结果如图 5-13 所示。

```
<?php
    $numbers = range(1,5);
    echo "<br/>"; print_r($numbers);
    $numbers = range(1,5,2);
    echo "<br/>"; print_r($numbers);
    $letters1 = range('a','d');
    echo "<br/>"; print_r($letters1);
    $letters2 = range('d','a');
    echo "<br/>"; print_r($letters2);
?>
```

```
localhost/5/range.php
Array ( [0] => 1 [1] => 2 [2] => 3 [3] => 4 [4] => 5 )
Array ( [0] => 1 [1] => 3 [2] => 5 )
Array ( [0] => a [1] => b [2] => c [3] => d )
Array ( [0] => d [1] => c [2] => b [3] => a )
```

图 5-13　PHP 程序 range.php 的代码及执行结果

2．explode 函数

语法格式：explode(string $separator, string $string) : array

函数功能：使用字符串分隔符$separator 分隔字符串$string，返回分隔后的子字符串数组。

例如，PHP 程序 explode.php 的代码及执行结果如图 5-14 所示。

```
<?php
  $ip = "192.168.1.2";
  $exploded = explode(".",$ip);
  print_r($exploded);
?>
```

```
← → C ⌂ ⓘ localhost/5/explode.php
Array ( [0] => 192 [1] => 168 [2] => 1 [3] => 2 )
```

图 5-14　PHP 程序 explode.php 的代码及执行结果

说明：implode 函数是 explode 函数的反函数，用于将数组的元素拼接成一个字符串。例如，PHP 程序 implode.php 的代码及执行结果如图 5-15 所示。

```
<?php
  $ip = "192.168.1.2";
  $exploded = explode(".",$ip);
  $new_ip = implode(";",$exploded);
  var_dump($new_ip);
?>
```

```
← → C ⌂ ⓘ localhost/5/implode.php
string(11) "192;168;1;2"
```

图 5-15　PHP 程序 implode.php 的代码及执行结果

3．array_combine 函数

语法格式：array_combine(array $keys, array $values) : array

函数功能：创建一个新数组，使用数组$keys 作为新数组的键，数组$values 作为新数组的值。

说明：如果数组$keys 和数组$values 的个数不同，则返回 false。

例如，PHP 程序 array_combine.php 的代码及执行结果如图 5-16 所示。

```
<?php
  $colors = array('orange', 'red', 'yellow');
  $fruits = array('orange', 'apple', 'banana');
  $temp = array_combine($colors, $fruits);
  print_r($temp);
?>
```

```
← → C ⌂ ⓘ localhost/5/array_combine.php
Array ( [orange] => orange [red] => apple [yellow] => banana )
```

图 5-16　PHP 程序 array_combine.php 的代码及执行结果

4．array_fill 函数

语法格式：array_fill(int $start_index, int $count, mixed $value) : array

函数功能：使用$value 填充一个数组，数组元素的键从$start_index 开始递增，共添加$count 个数组元素。

说明：从 PHP8.0 开始，如果$count 小于零，则抛出 Fatal error 致命错误。

例如，PHP 程序 array_fill.php 的代码及执行结果如图 5-17 所示。

```
<?php
  $bananas = array_fill(5,3,'banana');
  print_r($bananas);
?>
```

```
← → C ⌂ ⓘ localhost/5/array_fill.php
Array ( [5] => banana [6] => banana [7] => banana )
```

图 5-17　PHP 程序 array_fill.php 的代码及执行结果

5．array_pad 函数

语法格式：array_pad(array $array, int $length, mixed $value) : array

函数功能：使用$value 将数组$array 填补到$length 指定的长度（返回新数组，原数组不变）。

说明：如果$length 为正，则$value 被填补到右侧；否则填补到左侧。如果$length 的绝对值≤arr 数组$array 的长度，则不填补。一次最多可以填补 1 048 576 个元素。

例如，PHP 程序 array_pad.php 的代码及执行结果如图 5-18 所示。

```
<?php
  $info = array('coffee', 'brown', 'caffeine');
  $tea1 = array_pad($info, 5, 'tea');
  $tea2 = array_pad($info, -7, 'tea');
  $tea3 = array_pad($info, 2, 'tea');
  echo "<br/>"; print_r($tea1);
  echo "<br/>"; print_r($tea2);
  echo "<br/>"; print_r($tea3);
?>
```

```
localhost/5/array_pad.php

Array ( [0] => coffee [1] => brown [2] => caffeine [3] => tea [4] => tea )
Array ( [0] => tea [1] => tea [2] => tea [3] => tea [4] => coffee [5] => brown [6] => caffeine )
Array ( [0] => coffee [1] => brown [2] => caffeine )
```

图 5-18　PHP 程序 array_pad.php 的代码及执行结果

5.8.2　数组统计函数

数组统计函数

数组统计函数是指统计数组各元素的值，并对这些值进行简单分析。

1．count 函数

语法格式：count(array $value, int $mode = COUNT_NORMAL) : int

函数功能：统计数组$value 中元素的个数。

说明：$mode 的默认值为 0。如果数组$value 是多维数组，则将$mode 参数的值设为常量 COUNT_RECURSIVE（或整数 1），可递归计算多维数组$value 中所有元素的个数。函数 count 的别名函数是 sizeof。

例如，PHP 程序 count.php 的代码及执行结果如图 5-19 所示。

```
<?php
  $hobbies = [
    'sports' => ['running', 'walking', 'swimming'],
    'life' => ['cooking', 'reading'],
  ];
  var_dump(count($hobbies, COUNT_RECURSIVE));
  echo "<br/>";
  var_dump(count($hobbies));
?>
```

```
localhost/5/count.php

int(7)
int(2)
```

图 5-19　PHP 程序 count.php 的代码及执行结果

2．max 函数

语法格式：max(mixed $value) : mixed

函数功能：返回数组$value 中的最大值。

说明：如果不同类型的多个值评估为相等（例如，整数 0 和字符串'abc'），则函数返回第 1 个值。

3．min 函数

语法格式：min(mixed $value) : mixed

函数功能：返回数组$value 中的最小值。

说明：如果不同类型的多个值评估为相等（例如，整数 0 和字符串'abc'），则函数返回第 1 个值。

例如，PHP 程序 max_min.php 的代码及执行结果如图 5-20 所示。

```
<?php
  $scores = array(70,80,90,60);
  $grades = array('A','B','C','D');
  var_dump(max($scores));
  echo "<br/>";
  var_dump(max($grades));
  echo "<br/>";
  var_dump(min($scores));
  echo "<br/>";
  var_dump(min($grades));
?>
```

```
← → C ⌂ ① localhost/5/max_min.php
int(90)
string(1) "D"
int(60)
string(1) "A"
```

图 5-20 PHP 程序 max_min.php 的代码及执行结果

4．array_sum 函数

语法格式：array_sum(array $array) : int|float

函数功能：计算数组$array 中所有元素值的和，返回整数或浮点数。

说明：数组$array 中的非数值会被自动转换为整数或浮点数，再参与求和运算。

5．array_product 函数

语法格式：array_product(array $array) : int|float

函数功能：统计并计算数组$array 中所有元素值的乘积，该函数返回整数或浮点数。

说明：数组$array 中的非数值会被自动转换为整数或浮点数，再参与求乘积运算。

例如，PHP 程序 sum_product.php 的代码及执行结果如图 5-21 所示。

```
<?php
  $scores = array(70,80,90,60);
  var_dump(array_sum($scores));
  echo "<br/>";
  var_dump(array_product($scores));
?>
```

```
← → C ⌂ ① localhost/5/sum_product.php
int(300)
int(30240000)
```

图 5-21 PHP 程序 sum_product.php 的代码及执行结果

6．array_count_values 函数

语法格式：array_count_values(array $array) : array

函数功能：统计数组$array 中每个元素值出现的次数。

例如，PHP 程序 array_count_values.php 的代码及执行结果如图 5-22 所示。

```
<?php
  $colors = ["green","yellow","white","red","white","yellow"];
  print_r(array_count_values($colors));
?>
```

```
← → C ⌂ ① localhost/5/array_count_values.php
Array ( [green] => 1 [yellow] => 2 [white] => 2 [red] => 1 )
```

图 5-22 PHP 程序 array_count_values.php 的代码及执行结果

5.8.3 数组指针函数

数组指针函数

每个数组都存在一个内部指针系统，如图 5-23 所示。

① 每个数组有且只有一个当前指针（current）指向数组的当前元素，默认情况下，当前指针指向数组的第 1 个元素。

② 每个元素存在一个向后指针（next）指向下一个元素。需要注意的是，最后一个元素的向后

指针是空指针，空指针用“^”表示。

③ 每个元素存在一个向前指针（previous）指向上一个元素，需要注意的是，第一个元素的向前指针是空指针，空指针用“^”表示。可以看出 PHP 数组的有序性是通过内部指针系统实现的。

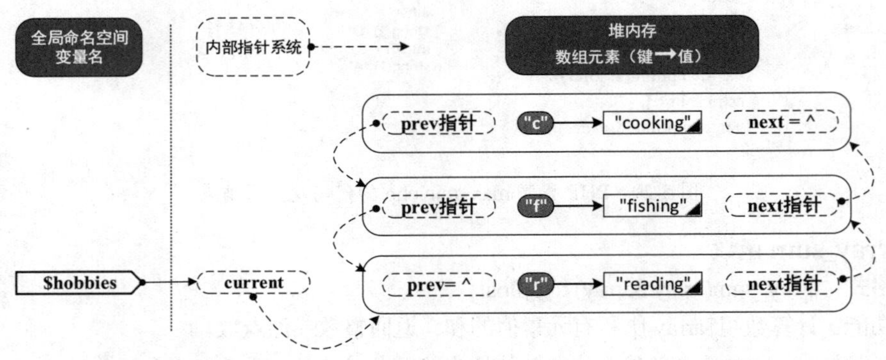

图 5-23　数组的内部指针系统

1．key 函数

语法格式：key(array $array) : int|string|null

函数功能：返回数组$array 当前指针所指元素的键。

说明：该函数并不移动当前指针，不会修改原数组$array 的内部结构。

2．current 函数

语法格式：current(array $array) : mixed

函数功能：返回数组$array 当前指针所指元素的值。

说明：该函数并不移动当前指针，不会修改原数组$array 的内部结构。current 函数的别名函数是 pos。

3．next 函数

语法格式：next(array &$array) : mixed

函数功能：向后移动数组$array 的当前指针，然后返回当前指针所指元素的值。

函数说明 1：如果当前指针指向数组的最后一个元素，则无法向后移动当前指针，函数的返回值是 false。

函数说明 2：该函数移动了数组的当前指针，修改了数组的内部结构。

4．end 函数

语法格式：end(array &$array) : mixed

函数功能：将数组$array 的当前指针向后移动到数组的最后一个元素，然后返回当前指针所指元素的值。

函数说明：该函数移动了数组的当前指针，修改了数组的内部结构。

5．prev 函数

语法格式：prev(array &$array) : mixed

函数功能：向前移动数组$array 的当前指针，然后返回当前指针所指元素的值。

函数说明 1：如果当前指针指向数组的第一个元素，则无法向前移动当前指针，函数的返回值是 false。

函数说明 2：该函数移动了数组的当前指针，修改了数组的内部结构。

函数说明 3：prev 函数和 next 函数互为反函数。

6．reset 函数

语法格式：reset(array &$array) : mixed

函数功能：重置数组$array 的当前指针，使当前指针指向第一个元素，然后返回当前指针所指元素的值。

函数说明：该函数移动了数组的当前指针，修改了数组的内部结构。

说明：reset 函数和 end 函数互为反函数。

7．each 函数

从 PHP8.0.0 开始，该函数被移除，不再赘述。

例如，PHP 程序 pointer.php 的代码及执行结果如图 5-24 所示，该 PHP 程序是数组指针函数的综合应用。

```
<?php
  $hobbies = ["r"=>"running", "f"=>"fishing", "c"=>"cooking"];
  echo "<br/>"; var_dump(next($hobbies));
  echo "<br/>"; var_dump(key($hobbies));
  echo "<br/>"; var_dump(current($hobbies));
  echo "<br/>"; var_dump(reset($hobbies));
  echo "<br/>"; var_dump(end($hobbies));
  echo "<br/>"; var_dump(prev($hobbies));
?>
```

```
localhost/5/pointer.php

string(7) "fishing"
string(1) "f"
string(7) "fishing"
string(7) "running"
string(7) "cooking"
string(7) "fishing"
```

图 5-24　PHP 程序 pointer.php 的代码及执行结果

5.8.4　list 语句

list 语句

语法格式：list($key1=>$value1, $key2=>$value2, ...) : array

语句功能：给数组解包。

例如，PHP 程序 list1.php 的代码及执行结果如图 5-25 所示（从 PHP7.1 开始，右边的代码与左边的代码等效）。

```
<?php
  list($no, $name, $city) = ['010', '北京', '100000'];
  echo "$no $name $city";
?>
```

```
localhost/5/list1.php

001 张三 北京
```

```
<?php
  [$no, $name, $city] = ['001', '张三', '北京'];
  echo "$no $name $city";
?>
```

图 5-25　PHP 程序 list1.php 的代码及执行结果

例如，PHP 程序 list2.php 的代码及执行结果如图 5-26 所示，该 PHP 程序将数组$data 解包。

```
<?php
  $data=[
    0=> 160,
    1 => 120,
    2 => 2,
    3 => 'width=160 height=120',
    'mime' => 'image/jpeg',
  ];
  list(0=>$width,1=>$height,2=>$type,3=>$dimensions,'mime'=>$mime) = $data;
  echo "<br/>"; echo $width;
  echo "<br/>"; echo $height;
  echo "<br/>"; echo $type;
  echo "<br/>"; echo $dimensions;
  echo "<br/>"; echo $mime;
?>
```

```
localhost/5/list2.php

160
120
2
width=160 height=120
image/jpeg
```

图 5-26　PHP 程序 list2.php 的代码及执行结果

5.8.5 使用循环语句遍历数组

使用循环语句遍历数组

访问数组中所有元素的过程称为遍历数组，可以使用循环语句遍历数组。

例如，PHP 程序 iterate1.php 的代码及执行结果如图 5-27 所示，该 PHP 程序使用 count 函数和 for 循环语句遍历连续整数键的数组。

```
<?php
    $ip = "192.168.1.2";
    $num_str = explode(".", $ip);
    $count = count($num_str);
    for($i=0; $i<$count; $i++){
        echo $num_str[$i] . "<br/>";
    }
?>
```

```
localhost/5/iterate1.php

192
168
1
2
```

图 5-27　PHP 程序 iterate1.php 的代码及执行结果

例如，PHP 程序 iterate2.php 的代码及执行结果如图 5-28 所示，该 PHP 程序通过移动数组的当前指针和 do…while 循环语句遍历数组。

```
<?php
  $hobbies = ["r"=>"running", "f"=>"fishing", "c"=>"cooking"];
  do{
    $key = key($hobbies);
    $value = current($hobbies);
    echo $key . "==>" . $value . "<br/>";
  }while(next($hobbies));
?>
```

```
localhost/5/iterate2.php

r==>running
f==>fishing
c==>cooking
```

图 5-28　PHP 程序 iterate2.php 的代码及执行结果

需要注意的是，由于使用 next 函数返回数组下一个元素的值，所以如果该值为“空”（empty），则遍历将以失败告终。例如，PHP 程序 iterate3.php 的代码及执行结果如图 5-29 所示。因此如果数组中某个元素的值为“空”（empty），则不能使用 next 函数遍历数组。

```
<?php
    $hobbies = ["r"=>"running", "f"=>"", "c"=>"cooking"];
    do{
        $key = key($hobbies);
        $value = current($hobbies);
        echo $key . "==>" . $value . "<br/>";
    }while(next($hobbies));
?>
```

```
localhost/5/iterate3.php

r==>running
```

图 5-29　PHP 程序 iterate3.php 的代码及执行结果

5.8.6 foreach 语句

foreach 语句

使用循环语句可以实现遍历数组，但并不是遍历数组的最好选择，因为 PHP 引入了遍历数组更为简单、快捷的方法：foreach 语句。

foreach 语句有以下两种用法。

1．foreach($array as $value)

使用该方法遍历给定的数组$array，每次遍历时，当前指针所指元素的值赋给变量$value，然后向后移动当前指针，周而复始，直至数组$array 中的最后一个元素。

2．foreach($array as $key=>$value)

使用该方法遍历给定的数组$array，每次遍历时，当前指针所指元素的键赋给变量$key，元素的值赋给变量$value，然后向后移动当前指针，周而复始，直至数组$array 中的最后一个元素。

例如，PHP 程序 foreach1.php 的代码及执行结果如图 5-30 所示。

```
<?php
  $hobbies = ["r"=>"running", "f"=>"fishing", "c"=>"cooking"];
  foreach($hobbies as $value){
    echo $value . "<br/>";
  }
  foreach($hobbies as $key=>$value){
    echo $key . "=>" . $value . "<br/>";
  }
?>
```

```
← → C ⌂ ⓘ localhost/5/foreach1.php
running
fishing
cooking
r=>running
f=>fishing
c=>cooking
```

图 5-30　PHP 程序 foreach1.php 的代码及执行结果

借助 foreach 语句+传引用赋值、foreach 语句+数组名后跟“[ ]”可以修改数组元素的值。

例如，PHP 程序 foreach2.php 的代码及执行结果如图 5-31 所示。

```
<?php
  $hobbies = ["r"=>"running", "f"=>"fishing", "c"=>"cooking"];
  foreach($hobbies as $key=>&$value){
    $value = "I like ".$value;
  }
  print_r($hobbies);
?>
```

```
← → C ⌂ ⓘ localhost/5/foreach2.php
Array ( [r] => I like running [f] => I like fishing [c] => I like cooking )
```

图 5-31　PHP 程序 foreach2.php 的代码及执行结果

例如，PHP 程序 foreach3.php 的代码及执行结果如图 5-32 所示。

```
<?php
  $hobbies = ["r"=>"running", "f"=>"fishing", "c"=>"cooking"];
  foreach($hobbies as $key=>$value){
    $hobbies[$key] = "I like " . $value;
  }
  print_r($hobbies);
?>
```

```
← → C ⌂ ⓘ localhost/5/foreach3.php
Array ( [r] => I like running [f] => I like fishing [c] => I like cooking )
```

图 5-32　PHP 程序 foreach3.php 的代码及执行结果

例如，PHP 程序 foreach4.php 的代码及执行结果如图 5-33 所示。需要注意的是，该 PHP 程序并没有修改数组中元素的值，这是因为 foreach 语句操作的是数组的拷贝，而不是数组本身。

```
<?php
  $hobbies = ["r"=>"running", "f"=>"fishing", "c"=>"cooking"];
  foreach($hobbies as $key=>$value){
    $value = "I like ". $value;
  }
  print_r($hobbies);
?>
```

```
← → C ⌂ ⓘ localhost/5/foreach4.php
Array ( [r] => running [f] => fishing [c] => cooking )
```

图 5-33　PHP 程序 foreach4.php 的代码及执行结果

另外，借助 foreach 语句+list 语句可以遍历二维数组。例如，PHP 程序 foreach5.php 的代码及执行结果如图 5-34 所示。需要注意的是，echo 语句中的变量名$odd 和$even 必须放在“{}”中明确变量名的开始和结尾，否则“$odd 是奇数”和“$even 是偶数”将被作为变量名。

```
<?php
  $array = [[1, 2], [3, 4], [5, 6]];
  foreach($array as list($odd, $even)){
    echo "{$odd}是奇数，{$even}是偶数", "<br/>";
  }
?>
```

```
← → C ⌂ ⓘ localhost/5/foreach5.php
1是奇数，2是偶数
3是奇数，4是偶数
5是奇数，6是偶数
```

图 5-34　PHP 程序 foreach5.php 的代码及执行结果

5.8.7　数组检索函数

数组检索函数包括 array_keys、array_values、array_key_exists、in_array、array_search、array_unique 函数。

1．array_keys 函数

语法格式：array_keys(array $array[, mixed $search_value]) : array

函数功能：返回$array 数组中所有元素的键，返回值是数组。

说明：如果指定了参数$search_value，则只返回元素值是$searchValue 的键。

2．array_values 函数

语法格式：array_values(array $array) : array

函数功能：返回$array 数组中所有元素的值（过滤掉重复值），返回值是数组。

例如，PHP 程序 keys_values.php 的代码及执行结果如图 5-35 所示。

```
<?php
  $hobbies = ["r"=>"running", "f"=>"fishing", "c"=>"cooking", "fishing"];
  print_r(array_keys($hobbies));
  echo "<br/>";
  print_r(array_keys($hobbies, "fishing"));
  echo "<br/>";
  print_r(array_values($hobbies));
?>
```

```
← → C ⌂ ⓘ localhost/5/keys_values.php
Array ( [0] => r [1] => f [2] => c [3] => 0 )
Array ( [0] => f [1] => 0 )
Array ( [0] => running [1] => fishing [2] => cooking [3] => fishing )
```

图 5-35　PHP 程序 keys_values.php 的代码及执行结果

3．array_key_exists 函数

语法格式：array_key_exists(string|int $key, array $array) : bool

函数功能：在数组$array 中搜索给定的键$key，如果找到则返回 true，否则返回 false。

4．in_array 函数

语法格式：in_array(mixed $needle, array $haystack) : bool

函数功能：在数组$haystack 中搜索给定的值$needle，如果找到则返回 true，否则返回 false。

例如，PHP 程序 key_value_exists.php 的代码及执行结果如图 5-36 所示。

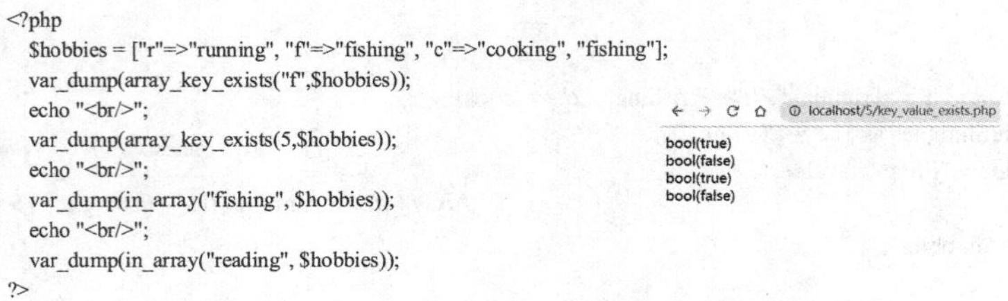

```
<?php
  $hobbies = ["r"=>"running", "f"=>"fishing", "c"=>"cooking", "fishing"];
  var_dump(array_key_exists("f",$hobbies));
  echo "<br/>";
  var_dump(array_key_exists(5,$hobbies));
  echo "<br/>";
  var_dump(in_array("fishing", $hobbies));
  echo "<br/>";
  var_dump(in_array("reading", $hobbies));
?>
```


图 5-36　PHP 程序 key_value_exists.php 的代码及执行结果

5．array_search 函数

语法格式：array_search(mixed $needle, array $haystack) : int|string|false

函数功能：在数组$haystack 中搜索给定的值$needle，如果找到则返回第 1 个对应的键，否则返回 false。

例如，PHP 程序 array_search.php 的代码及执行结果如图 5-37 所示。

```
<?php
  $hobbies = ["r"=>"running", "f"=>"fishing", "c"=>"cooking", "fishing"];
  var_dump(array_search("fishing",$hobbies));
  echo "<br/>";
  var_dump(array_search("reading", $hobbies));
?>
```

```
← → C ⌂ ⓘ localhost/5/array_search.php
string(1) "f"
bool(false)
```

图 5-37 PHP 程序 array_search.php 的代码及执行结果

6．array_unique 函数

语法格式：array_unique(array $array): array

函数功能：接收一个数组$array，返回没有重复值的新数组。

例如，PHP 程序 array_unique.php 的代码及执行结果如图 5-38 所示。

```
<?php
  $hobbies = ["r"=>"running", "f"=>"fishing", "c"=>"cooking", "fishing"];
  print_r(array_unique($hobbies));
?>
```

```
← → C ⌂ ⓘ localhost/5/array_unique.php
Array ( [r] => running [f] => fishing [c] => cooking )
```

图 5-38 PHP 程序 array_unique.php 的代码及执行结果

5.8.8 数组排序函数

PHP 提供了多个数组排序函数，如 sort、rsort、asort、arsort、natsort、natcasesort、natsort、ksort、krsort 和 shuffle 等函数，这些排序函数会导致数组元素的位置发生变化。

1．sort 函数和 rsort 函数

语法格式：sort(array &$array) : bool

函数功能：按元素值升序对数组$array 进行排序（丢弃原有的键），函数的返回值是 true。

说明：rsort 函数与 sort 函数语法格式相同，不同的是 rsort 函数按元素值的降序对数组$array 进行排序。

2．asort 函数和 arsort 函数

语法格式：asort(array &$array) : bool

函数功能：按元素值升序对数组$array 进行排序（保留原有的“键值对”对应关系不变），函数的返回值是 true。

说明：arsort 函数与 arsort 函数语法格式相同，不同的是 arsort 函数按元素值降序对数组$array 进行排序。

例如，PHP 程序 sort.php 的代码及执行结果如图 5-39 所示。

3．natsort 函数和 natcasesort 函数

语法格式：natsort(array &$array) : bool

函数功能：用自然排序算法按元素值升序对数组$array 进行排序（保留原有的“键值对”对应关系不变），函数的返回值是 true。

说明：natcasesort 函数与 natsort 函数语法格式相同，不同的是 natcasesort 函数忽略字母大小写。

```php
<?php
  $a = $b = $c = $d = ["img12.gif","img10.gif","img2.gif","img1.gif"];
  sort($a); print_r($a);
  echo "<hr/>";
  rsort($b); print_r($b);
  echo "<hr/>";
  asort($c); print_r($c);
  echo "<hr/>";
  arsort($d); print_r($d);
?>
```

```
localhost/5/sort.php.php
Array ( [0] => img1.gif [1] => img10.gif [2] => img12.gif [3] => img2.gif )
Array ( [0] => img2.gif [1] => img12.gif [2] => img10.gif [3] => img1.gif )
Array ( [3] => img1.gif [1] => img10.gif [0] => img12.gif [2] => img2.gif )
Array ( [2] => img2.gif [0] => img12.gif [1] => img10.gif [3] => img1.gif )
```

图 5-39　PHP 程序 sort.php 的代码及执行结果

例如，PHP 程序 natsort.php 的代码及执行结果如图 5-40 所示。

```php
<?php
  $a = $b = ["Img12.gif","img10.gif","img2.gif","Img1.gif"];
  natsort($a); print_r($a);
  echo "<hr/>";
  natcasesort($b); print_r($b);
?>
```

```
localhost/5/natsort.php
Array ( [3] => Img1.gif [0] => Img12.gif [2] => img2.gif [1] => img10.gif )
Array ( [3] => Img1.gif [2] => img2.gif [1] => img10.gif [0] => Img12.gif )
```

图 5-40　PHP 程序 natsort.php 的代码及执行结果

4．ksort 函数和 krsort 函数

语法格式：ksort(array &$array) : bool

函数功能：按元素键升序对数组$array 进行排序（保留原有的“键值对”对应关系不变），函数的返回值是 true。

说明：krsort 函数与 ksort 函数语法格式相同，不同的是 krsort 函数按元素键降序对数组$array 进行排序。

例如，PHP 程序 ksort.php 的代码及执行结果如图 5-41 所示。

```php
<?php
  $a = $b = ["r"=>"running", "f"=>"fishing", "c"=>"cooking"];
  ksort($a); print_r($a);
  echo "<hr/>";
  krsort($b); print_r($b);
?>
```

```
localhost/5/ksort.php
Array ( [c] => cooking [f] => fishing [r] => running )
Array ( [r] => running [f] => fishing [c] => cooking )
```

图 5-41　PHP 程序 ksort.php 的代码及执行结果

5．shuffle 函数

语法格式：shuffle(array &$array) : bool

函数功能：将数组$array 乱序排序（丢弃原有的键），如果成功，则函数返回 true，否则返回 false。

例如，PHP 程序 shuffle.php 的代码及执行结果如图 5-42 所示。刷新页面后，每次产生的结果可能不同。

```php
<?php
  $range = range(1,100);
  shuffle($range);
  echo "幸运观众是：", $range[0];
?>
```

```
localhost/5/shuffle.php
幸运观众是：73
```

图 5-42　PHP 程序 shuffle.php 的代码及执行结果

排序函数记忆技巧如下。

（1）排序函数中的“a”是单词“association”的首字母，表示排序过程中保持“键值对”对应关系不变。

（2）排序函数中的“k”是单词“key”的首字母，表示排序过程中按照键排序。

（3）排序函数中的“r”是单词“reverse”的首字母，表示降序排序。

（4）排序函数中的“nat”是单词“natural”的首字母，表示使用自然排序算法排序。

上机实践 PHP 数组

（1）在 D:/wamp/www/目录下创建“5”目录，本章涉及的所有 PHP 程序存放到该目录。

（2）将本章所有的 PHP 程序都部署到 Apache 服务器，并运行这些 PHP 程序。

习题

一、选择题

（1）以下关于 key 和 current 函数的叙述，请找出两个正确的答案。（　　）

A. key 函数用来读取当前指针所指向元素的键值

B. key 函数用来取得当前指针所指向元素的值

C. current 函数用来读取当前指针所指向元素的键值

D. current 函数用来取得当前指针所指向元素的值

（2）下面的 PHP 代码输出什么？（　　）

```
<?php
$s = '12345';
$s[$s[1]] = '2';
echo $s;
?>
```

A. 12345　　B. 12245　　C. 22345

D. 11345　　E. array

（3）下列说法正确的是（　　）。

A. 数组的键必须为数字，且从 0 开始　　B. 数组的键可以是字符串

C. 数组中元素的类型必须一致　　D. 数组的键必须是连续的

（4）以下 PHP 代码的执行结果是什么？（　　）

```
<?php
define(myvalue, "10");
$myarray[10] = "Dog";
$myarray[] = "Human";
$myarray['myvalue'] = "Cat";
$myarray["Dog"] = "Cat";
print "The value is: ";
print $myarray[myvalue];
?>
```

A. The Value is: Dog　　B. The Value is: Cat

C. The Value is: Human　　D. The Value is: 10

E. Dog

（5）要修改数组$myarray 中每个元素的值，如何遍历$myarray 数组最合适？（　　）

```
$myarray = array ("My String","Another String","Hi, Mom!");
```

A. 用 for 循环　　B. 用 foreach 语句　　C. 用 while 循环　　D. 用 do…while 循环

（6）考虑下面的代码片段。

```
<?php
define("STOP_AT", 1024);
$result = array();
/* 在此处填入代码 */
{
   $result[] = $idx;
}
print_r($result);
?>
```

标记处填入什么代码才能产生如下数组输出？（　　）

Array([0]=>1 [1]=>2 [2]=>4 [3]=>8 [4]=>16 [5]=>32 [6]=>64 [7]=>128 [8]=>256 [9]=>512)

A. foreach($result as $key => $val)

B. while($idx *= 2)

C. for($idx = 1;$idx < STOP_AT; $idx *= 2)

D. for($idx *= 2; STOP_AT >= $idx;$idx = 0)

E. while($idx < STOP_AT) do $idx *= 2

（7）考虑如下数组$multi_array，怎样才能从数组$multi_array 中找出值 cat？（　　）

```
$multi_array = array("red", "green", 42 => "blue",
"yellow" => array("apple",9 => "pear","banana",
"orange" => array("dog","cat","iguana")));
```

A. $multi_array['yellow']['apple'][0]　　B. $multi_array['blue'][0]['orange'][1]

C. $multi_array[3][3][2]　　D. $multi_array['yellow']['orange']['cat']

E. $multi_array['yellow']['orange'][1]

（8）执行下面的 PHP 程序后，数组$array 的内容是什么？（　　）

```
<?php
$array = array ('1', '1');
foreach ($array as $k =>  $v) {
        $v = 2;
}
?>
```

A. array ('2', '2')　　B. array ('1', '1')

C. array (2, 2)　　D. array (Null, Null)

E. array (1, 1)

（9）对数组进行升序排列并保留索引关系，应该用哪个函数？（　　）

A. ksort()　　B. asort()　　C. krsort()

D. sort()　　E. usort()

（10）以下 PHP 程序将按什么顺序输出数组$array 内的元素？（　　）

```
<?php
$array = array ('a1', 'a3', 'a5', 'a10', 'a20');
natsort ($array);
var_dump ($array);
?>
```

A. a1, a3, a5, a10, a20　　B. a1, a20, a3, a5, a10

C. a10, a1, a20, a3, a5　　D. a1, a10, a5, a20, a3

E. a1, a10, a20, a3, a5

（11）哪个函数能把下面的数组内容倒序排列（即排列为 array('d', 'c', 'b', 'a')）？（多选）（　　）

```
$array = array ('a', 'b', 'c', 'd');
```

A. array_flip()　　B. array_reverse()　　C. sort()　　D. rsort()

（12）以下 PHP 程序的执行结果是什么？（　　）

```
<?php
$array = array ('3' => 'a', 1.1 => 'b', 'c', 'd');
echo $array[1];
?>
```

A. 1　　B. b　　C. c

D. 一个警告　　E. a

（13）以下哪种方法用来计算数组所有元素的总和最简便？（　　）

A. 用 for 循环遍历数组　　B. 用 foreach 循环遍历数组

C. 用 array_intersect 函数　　D. 用 array_sum 函数

E. 用 array_count_values 函数

（14）下面 PHP 程序的执行结果是什么？（　　）

```
<?php
$array = array (0.1 => 'a', 0.2 => 'b');
echo count ($array);
?>
```

A. 1　　B. 2　　C. 0

D. 什么都没有　　E. 0.3

（15）下面 PHP 程序的执行结果是什么？（　　）

```
<?php
$array = array (true => 'a', 1 => 'b');
print_r($array);
?>
```

A. Array ([1] => b)　　B. Array ([true] => a　[1] => b)

C. Array (0 => a　[1] => b)　　D. 什么都没有

E. 输出 NULL

（16）下面 PHP 程序的执行结果是什么？（　　）

```
<?php
$array = array (1, 2, 3, 5, 8, 13, 21, 34, 55);
$sum = 0;
for ( $i = 0; $i < 5; $i++) {
$sum += $array[$array[$i]];
}
echo  $sum;
?>
```

A. 78　　B. 19　　C. NULL

D. 5　　E. 0

二、问答题

（1）函数 sort、asort 和 ksort 的区别是什么？

（2）将数组$arr = array('james', 'tom', 'symfony')中元素的值用“,”号分隔并合并成字符串输出。

三、编程题

（1）根据本章所学知识，编写程序实现下述功能。

给定一个字符串（如 210.184.168.111），判断该字符串是否是合法的 IP 地址。

（2）根据本章所学知识，编写程序实现下述功能。

有一个一维数组，里面存储整型数据，编写程序，将一维数组按从小到大的顺序排列。

（3）根据本章所学知识，编写程序实现下述功能。

将字符串"open_door"转换成"OpenDoor"，"make_by_id"转换成"MakeById"。

第6章 PHP处理FORM表单

本章首先通过模拟邮寄包裹的全部流程，讲解GET请求、FORM表单和POST请求在Web开发中的作用，以及FORM表单的表单控件、文件上传功能的实现和URL路径。通过本章的学习，读者可以实现带有文件上传功能的Web应用程序。

6.1 认识GET请求、FORM表单和POST请求

认识GET请求、FORM表单和POST请求

前面曾经提到：当我们在浏览器地址栏中输入URL网址打开Web服务器的某个网页时，本质是我们借助浏览器向Web服务器发送GET请求。GET译作“获取、获得”，浏览器向Web服务器发送GET请求的主要目的是从Web服务器获取网页数据，浏览器向Web服务器发送GET请求的方法主要有3种。本质上，这些方法都是通过在浏览器地址栏中输入URL网址的方式向Web服务器发送GET请求的。当URL网址中包含查询字符串时，可以通过GET请求向Web服务器发送参数信息。如果目的资源是PHP程序，则PHP程序可以通过预定义变量$_GET获取GET请求中的参数信息。

有时我们需要向Web服务器提交数据，此时需要借助FORM表单向Web服务器发送POST请求。POST译作“邮寄、投递”，FORM表单就像是一份快递单。想象一下我们邮寄包裹的场景：我们从快递员处申领一份快递单，填写收件人和发件人后，就可以将包裹“投递”给快递公司的快递员了。同样的道理，我们运行Web服务器的某个FORM表单程序，从Web服务器申领一张FORM表单，填写FORM表单，点击提交按钮后，在FORM表单中填写的数据就被“投递”给Web服务器的PHP程序了。

总之，浏览器向Web服务器发送POST请求的主要目的是将在FORM表单中填写的数据提交给Web服务器的PHP程序，PHP程序可以通过预定义变量$_POST获取POST请求中的参数信息。

上机实践 认识GET请求、FORM表单和POST请求

知识提示：本次上机实践的目的是开发FORM表单页面程序（get.html程序）和FORM表单处理程序（post.php程序），通过模拟邮寄包裹的全部流程认识GET请求、FORM表单和POST请求在Web开发中的作用，如图6-1所示。

（1）在D:/wamp/www/目录下创建“6”目录，本章涉及的所有PHP程序都存放到该目录。

（2）创建PHP程序post.php，该程序的代码、访问该程序的URL网址及其执行结果如图6-2所示。

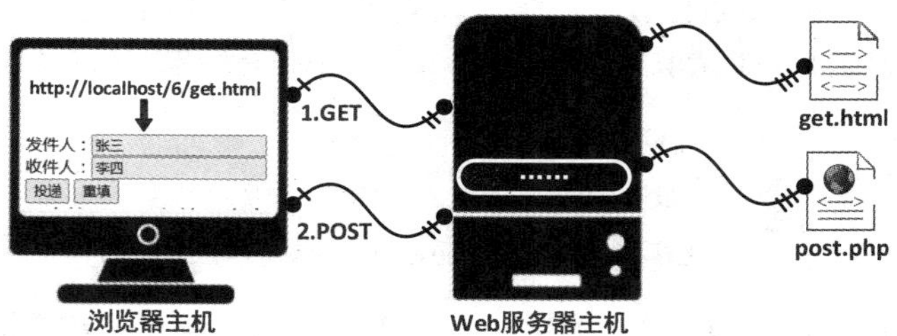

图 6-1 认识 GET 请求、FORM 表单和 POST 请求

```
<?php
  if(empty($_POST)){
    exit("先领取快递单！");
  }
  $from = $_POST["from"] ?? "unknown";
  $to = $_POST["to"] ?? "unknown";
  echo "请确认：发件人是{$from}，收件人是{$to}。";
  echo "该包裹3天可达。";
?>
```

http://localhost/6/post.php → 先领取快递单！

图 6-2 PHP 程序 post.php 的代码、访问该程序的 URL 网址及其执行结果

说明 1：快递公司存在一套标准流程处理快递单上的数据，本步骤给快递公司开发了这套标准流程，该标准流程对应于 PHP 程序 post.php。

说明 2：不能直接运行这套标准流程，否则将提示“先领取快递单！”，应该先从快递公司的快递员处领快递单，并在快递单上填写发件人和收件人，单击“投递”按钮后，才能触发这套标准流程运行。也就是说，如果直接运行 PHP 程序 post.php，则意味着浏览器向该 PHP 程序发送了 GET 请求，此时预定义变量$_POST 是空数组，提示浏览器用户“先领取快递单！”。

说明 3：通过快递单触发该标准流程运行后，预定义变量$_POST 不再是空数组，首先通过预定义变量$_POST 获取快递单上填写的发件人和收件人，然后向浏览器用户提示确认信息。

（3）创建 HTML 程序 get.html，该程序的代码、访问该程序的 URL 网址及其执行结果如图 6-3 所示。

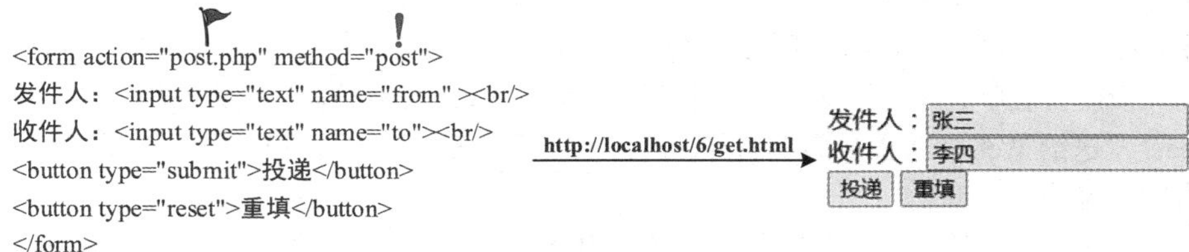

```
<form action="post.php" method="post">
发件人：<input type="text" name="from" ><br/>
收件人：<input type="text" name="to"><br/>
<button type="submit">投递</button>
<button type="reset">重填</button>
</form>
```


图 6-3 HTML 程序 get.html 的代码、访问该程序的 URL 网址及其执行结果

说明 1：本步骤模拟了“从快递公司的快递员处申领一张快递单”，我们从 Web 服务器处申领一张 FORM 表单，FORM 表单对应于 Web 服务器的 FORM 表单程序，这里通过浏览器向 Web 服务器发送 GET 请求触发 FORM 表单程序运行，“申领”FORM 表单。

说明 2：“红旗”处的代码设置了 FORM 表单中填写的数据提交给哪个 PHP 程序处理，这里提交给 post.php 程序处理，“感叹号”处的代码设置了表单的提交方式是 POST，表示 FORM 表单中的数据通过 POST 提交方式（即“投递的方式”）提交给 post.php 程序处理。

说明 3：GET 提交方式对应于 GET 请求，产生的是 GET 请求数据；POST 提交方式对应于 POST 请求，产生的是 POST 请求数据。

（4）在 FORM 表单中输入发件人姓名“张三”和收件人姓名“李四”，点击“投递”按钮，FORM 表单向 post.php 程序发送 POST 请求。PHP 程序 post.php 的执行结果如图 6-4 所示。

localhost/6/post.php

请确认：发件人是张三，收件人是李四。该包裹3天可达。

图 6-4　PHP 程序 post.php 的执行结果

总结：浏览器用户先通过 GET 请求触发 get.html 程序运行，get.html 程序提供了一张 FORM 表单（该 FORM 表单定义了数据的提交方式是 POST 方式，还定义了数据提交给 post.php 程序处理）；浏览器用户在 FORM 表单上填写数据，点击“投递”按钮，触发 post.php 程序运行；post.php 程序使用 echo 语句向浏览器用户提示确认信息。

6.2 FORM 表单

FORM 表单类似于快递单，主要用于采集浏览器用户的数据，Web 开发人员应该能够熟练设计 FORM 表单。FORM 表单由表单标签、表单控件和表单按钮 3 个部分组成，通常情况下，表单控件和表单按钮必须放在表单标签中才有意义。

说明：HTML 标签名和属性名大小写不敏感。

6.2.1　表单标签

表单标签

从外观上，表单标签类似于表格的虚框，虽无法显示，但它是表单控件和表单按钮的容器，定义了表单的边界。从功能上，表单标签设置了表单数据的提交方式、表单数据的处理程序。表单标签像编剧，虽然默默存在，但能决定剧情。表单标签的语法格式如下。

```
<form action="处理程序" method="post" name="" enctype="">
这里是表单控件的代码和表单按钮的代码。
</form>
```

重要属性如下。

action：设置在 FORM 表单中填写的数据发送给哪个程序处理。若不设置，或者设置为空字符串（即 action=""），则表示表单数据提交给自己处理。

method：设置表单数据的提交方式，建议设置为 POST，若不设置，则为 GET（默认值）。

name：发送给 Web 服务器的表单名称，通常不需要设置。只有同一个页面存在多个表单时，该属性才有用，且值不能重复。

enctype：设置发送给 Web 服务器的信息的 MIME 类型（也叫内容格式），仅当数据的提交方式被设置为 POST 时才有效，默认值为 application/x-www-form-urlencoded。如果 FORM 表单中存在文件上传框，则 enctype 必须设置为 multipart/form-data，method 必须设置为 POST。

6.2.2　表单控件

表单控件

从外观上，表单控件在浏览器中可见。从功能上，它允许浏览器用户填写数据或者选择数据。表单控件像演员，总是能够在浏览器用户面前华丽现身。

表单控件包括单行文本框、单选框、多行文本框和下拉选择框等。

1．单行文本框

单行文本框是最常用的表单控件。

示例代码	用户名：<input type="text" name="name" size="20" maxlength="15" value="victor" id='ID 值'>
显示效果	用 户 名：victor

重要属性如下。

type="text"：设置 input 标签的输入类型为单行文本框。input 标签如果没有设置 type 属性，那么 type 的默认值是"text"。也就是说，省略 input 标签的 type 属性时，该表单控件就是单行文本框。

name 属性：设置表单控件的名称，几乎每个表单控件都需要设置 name 属性，PHP 程序通过 name 属性值区分各个表单控件。

value 属性：设置提交表单时发送给 Web 服务器的值。name 属性和 value 属性通常搭配使用，以"键值对"方式提交数据。

id 属性：设置表单控件的唯一标识符，唯一标记 HTML 页面上的元素。在同一个 HTML 页面中，必须确保 id 值唯一，不能重复。

size 属性：设置单行文本框的宽度。

maxlength 属性：设置最多输入的字符数。

2．密码框

密码框用于保护浏览器用户输入的数据。

示例代码	密码：<input type="password" name="password" value="1234">
显示效果	密 码：●●●●

重要属性如下。

type="password"：设置 input 标签的输入类型为密码框。

3．复选框

复选框像多选题一样，为浏览器用户提供若干选项。

示例代码 1	<label> <input type="checkbox" value="value" checked> 我同意<a href="">协议和条款</a> </label>
示例代码 2	<input type="checkbox" value="value" id="terms" checked> <label for="terms">我同意<a href="">协议和条款</a></label>
显示效果	☑ 我同意协议和条款

重要属性如下。

type="checkbox"：设置 input 标签的输入类型为复选框。

checked 属性：表示该复选框默认被选中，该属性无须设置值。checked 单词来源于 checkbox 中的 check。

说明：label 标签不会呈现任何效果。示例代码 1 将复选框封装在 lable 标签中，以增加单击区域，单击"我同意协议和条款"也能触发单击复选框。示例代码 2 将 label 标签的 for 属性和复选框的 id 属性设置为相同的值也能实现相同的功能。

4．单选框

单选框像单选题一样，为浏览器用户提供单个选项。

示例代码	<input name="sex" type="radio" value="男" checked >男生 <input name="sex" type="radio" value="女" >女生
显示效果	◉男生 ○女生

重要属性如下。

type="radio"：设置 input 标签的输入类型为单选框。

name：设置表单控件的名称。要想保持单选框之间相互排斥，必须确保单选框的 name 属性值相同。

checked：表示该单选框默认被选中，该属性无须设置值。

5．多行文本框

多行文本框是能够编辑多行内容的文本框。

示例代码	<textarea name="remark" cols="30" rows="4" minlength="8" maxlength="100">示例代码</textarea>
显示效果	示例代码

重要属性如下。

cols：设置多行文本框的宽度（单位是像素）。

rows：设置多行文本框的高度（单位是像素）。

<textarea>和</textarea>之间的内容：设置提交表单时发送给 Web 服务器的值。

6．下拉选择框

下拉选择框与单选框或复选框相似。

示例代码	<select name="address" multiple> <option value="beijing">北京市</option> <option value="shanghai" selected>上海市</option> <option value="guangzhou">广州市</option> <option value="shenzhen">深圳市</option> </select>
显示效果	上海市 北京市 上海市 广州市 深圳市

select 标签的重要属性如下。

name：下拉选择框的名称。

multiple 属性：表示允许选择多个选项（按住 Ctrl 键可以选中多个选项或者按住 Shift 键可以选中多个连续的选项），该属性无须设置值。如果没有设置，则表示只能选择一个选项。

option 子标签用于设置下拉选择框的某个选项，不能单独使用，需要嵌入 select 标签才能使用。option 子标签的重要属性如下。

value：设置提交表单时发送给 Web 服务器的值。若没有设置，则为<option>和</option>之间的内容。

selected：表示该选项默认被选中，该属性无须设置值。selected 单词来源于 select。

7．隐藏域

隐藏域是穿了隐身衣的单行文本框。从外观上，隐藏域在浏览器中不可见。

示例代码	<input type="hidden" name="userID" value="6">
显示效果	无显示效果

重要属性如下。

type="hidden"：设置 input 标签的输入类型为隐藏域。

8．文件上传框

文件上传框是能够浏览本地文件的单行文本框，分为单选文件上传框（像单选按钮）和多选文件上传框（像复选框）。

示例代码	<input type="file"　name="picture"　accept="image/png, image/jpeg"　multiple>
显示效果	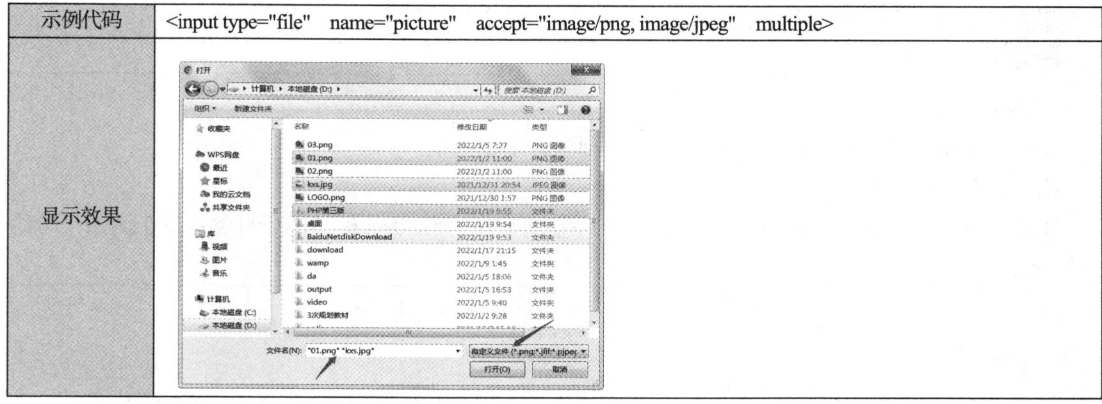

重要属性如下。

type="file"：设置 input 标签的输入类型为文件上传框。

multiple 属性：表示允许选中多个文件（按住 Ctrl 键可以选中多个文件或者按住 Shift 键可以选中多个连续的文件），该属性无须设置值。如果没有设置，则表示只能选中一个文件。

accept 属性：accept 属性值是一个字符串，限制了文件上传框应该接受的文件类型。如果可以接受多种文件类型，则使用英文逗号分隔即可。

> ▶注意 1：accept 属性是通过浏览器限制文件类型的。
> ▶注意 2：form 标签的 enctype 属性必须设置为 multipart/form-data，method 属性必须设置为 POST，才能上传文件。

6.2.3　表单控件的其他常用属性

表单控件的其他常用属性

（1）required 属性：告诉浏览器该表单控件必须填写，如果留空，则提交表单时将阻止提交，并显示警告信息，该属性无须设置值。

（2）placeholder 属性：当表单控件留空时，设置需要显示的提示信息。

（3）disabled 属性：禁用该表单控件，该属性无须设置值。

6.2.4　其他表单控件

其他表单控件

1．邮箱输入框

邮箱输入框是一种只能输入有效电子邮件地址的单行文本框。在移动设备上将显示电子邮件键盘。

示例代码	电子邮箱：<input type="email" name="email" required>
显示效果 1 （如果留空，则提交表单时将阻止提交，并显示警告信息）	电子邮箱： 请填写此字段。
显示效果 2 （如果格式无效，则提交表单时将阻止提交，并显示警告信息）	电子邮箱：fallsoft 请在电子邮件地址中包括“@”。“fallsoft”中缺少“@”。

重要属性如下。

type="email"：设置 input 标签的输入类型为邮箱输入框。

2．数字输入框

数字输入框是一种只能输入数字的单行文本框。在移动设备上将显示数字键盘。

示例代码	手机号：<input type="number" name="telephone" placeholder="11111">
显示效果	手机号：11111

重要属性如下。

type="number"：设置 input 标签的输入类型为数字输入框。

3．表单控件分组

fieldset 标签用于给表单控件分组。legend 标签通常作为 fieldset 标签的子标签，用于为每个分组设置标题（caption）。

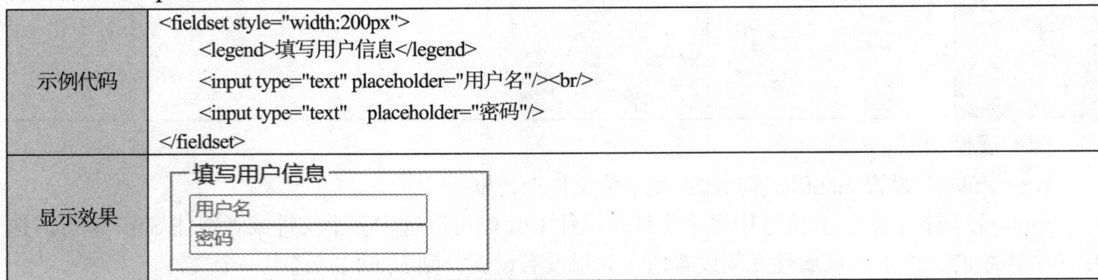

示例代码	<fieldset style="width:200px"> <legend>填写用户信息</legend> <input type="text" placeholder="用户名"/> <input type="text" placeholder="密码"/> </fieldset>
显示效果	填写用户信息 用户名 密码

说明：示例代码中的“style="width:200px"”是 CSS 样式，表示设置 fieldset 标签的宽度为 200 像素。

6.2.5 表单按钮

从外观上，表单按钮在浏览器上可见。表单按钮像导演，能够决定电影是否开拍。常用的表单按钮有提交按钮 submit 和重置按钮 reset。

表单按钮

1．提交按钮

单击提交按钮后，浏览器将表单中填写的数据提交给表单 action 属性指定的处理程序。下面两种示例代码都可以创建提交按钮。

示例代码 1	<input type="submit" value="普通提交按钮" name="submit"/>
示例代码 2	<button type="submit" name="submit">普通提交按钮</button>
显示效果	普通提交按钮

重要属性如下。

type="submit"：设置 input 标签的输入类型为提交按钮。

value：定义提交按钮上显示的文字，以及提交表单时发送给 Web 服务器的值。name 属性和 value 属性通常搭配使用，以“键值对”方式提交数据。

2．重置按钮

重置按钮并不是将表单控件输入的信息清空，而是将表单控件恢复到初始值状态（或者默认状态），初始值由表单控件的 value 值决定（类似于恢复到出厂设置）。下面两种示例代码都可以创建重置按钮。

示例代码 1	<input type="reset" value="重新填写" name="reset"/>
示例代码 2	<button type="reset" name="rest">重新填写</button>
显示效果	重新填写

重要属性如下。

type="reset"：定义重置按钮。

value：定义重置按钮上显示的文字，以及提交表单时发送给 Web 服务器的值。name 属性和 value 属性通常搭配使用，以“键值对”方式提交数据。

6.2.6 补充知识

补充知识

1．GET 提交方式和 POST 提交方式的特点

浏览器向 Web 服务器提交数据时，既可以选择 GET 提交方式，又可以选择 POST 提交方式，Web 开发人员可以根据它们的特点选择其中一种提交方式。

（1）POST 提交方式比 GET 提交方式安全。这是因为以 GET 提交方式提交的数据将出现在 URL 查询字符串中，并且这些带有查询字符串的 URL 可以被浏览器缓存到历史记录中。因此，诸如用户注册、用户登录等功能不建议使用 GET 提交方式。

（2）POST 提交方式可以提交更多的数据。从理论上讲，以 POST 提交方式提交的数据没有大小限制。由于以 GET 提交方式提交的数据出现在浏览器地址栏中，GET 提交方式提交的数据的长度受浏览器的限制（例如，IE 浏览器对浏览器地址栏中 URL 长度的限制是 2 083 字节）。例如，在新闻发布系统中提交篇幅较长的新闻信息时，不建议使用 GET 提交方式。

（3）GET 提交方式不能用于文件上传。POST 提交方式支持文件上传。

（4）以 GET 提交方式提交的数据需要通过预定义变量$_GET 获取，以 POST 提交方式提交的数据需要通过预定义变量$_POST 获取。

2．将表单控件定义为数组

有时某类表单控件（如兴趣爱好复选框）太多，以致无法给每个表单控件的 name 属性设置一个合理的名称，将表单控件定义为数组可以解决类似的问题，具体做法如下。

在表单控件的 name 属性值后加上“[ ]”从而将表单控件定义为数组。提交表单时，相同 name 属性的表单控件以数组方式向 Web 服务器提交数据。

以复选框为例，示例代码、显示效果以及 PHP 程序采集数据的方法如下。

示例代码	<input name="hobby[]" type="checkbox" value="fishing" checked>钓鱼 <input name="hobby[]" type="checkbox" value="cooking" checked/>烹饪 <input name="hobby[]" type="checkbox" value="gaming">游戏
显示效果	☑钓鱼 ☑烹饪 ☐游戏
采集数据的方法	PHP 程序使用$_POST['hobby']或$_GET['hobby']采集所有选中的选项

以文件上传框为例，示例代码、显示效果以及采集上传文件的方法如下。

示例代码	<form action="upload.php" method="post" enctype="multipart/form-data"> <input type="file" name="picture[]" multiple > <input type="submit"> </form>
显示效果	选择文件 3 个文件 提交
采集上传文件的方法	PHP 程序使用$_FILES["picture"]采集所有上传的文件。

3．表单控件用 name 属性标识

表单控件和表单按钮只有嵌套在 FORM 表单中才有意义，且每个表单控件都要用 name 属性标识。

上机实践 1 FORM 表单的综合应用

（1）创建 HTML 程序 form.html，该程序的代码、访问该程序的 URL 网址及其执行结果如图 6-5 所示。

说明 1：“红旗”处的代码设置了在表单中填写的数据提交给哪个程序处理，这里提交给 form.php 程序处理。

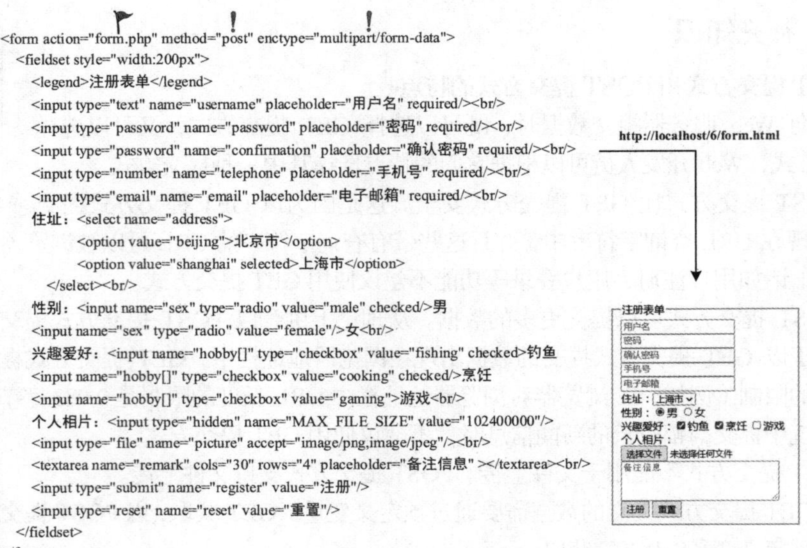

```
<form action="form.php" method="post" enctype="multipart/form-data">
  <fieldset style="width:200px">
    <legend>注册表单</legend>
    <input type="text" name="username" placeholder="用户名" required/><br/>
    <input type="password" name="password" placeholder="密码" required/><br/>
    <input type="password" name="confirmation" placeholder="确认密码" required/><br/>
    <input type="number" name="telephone" placeholder="手机号" required/><br/>
    <input type="email" name="email" placeholder="电子邮箱" required/><br/>
    住址：<select name="address">
          <option value="beijing">北京市</option>
          <option value="shanghai" selected>上海市</option>
      </select><br/>
    性别：<input name="sex" type="radio" value="male" checked/>男
    <input name="sex" type="radio" value="female"/>女<br/>
    兴趣爱好：<input name="hobby[]" type="checkbox" value="fishing" checked>钓鱼
    <input name="hobby[]" type="checkbox" value="cooking" checked/>烹饪
    <input name="hobby[]" type="checkbox" value="gaming">游戏<br/>
    个人相片：<input type="hidden" name="MAX_FILE_SIZE" value="102400000"/>
    <input type="file" name="picture" accept="image/png,image/jpeg"/><br/>
    <textarea name="remark" cols="30" rows="4" placeholder="备注信息" ></textarea><br/>
    <input type="submit" name="register" value="注册"/>
    <input type="reset" name="reset" value="重置"/>
  </fieldset>
</form>
```


图 6-5　HTML 程序 form.html 的代码、访问该程序的 URL 网址及其执行结果

说明 2：由于 FORM 表单存在文件上传框，form 标签的 method 属性必须设置为 post，enctype 属性必须设置为 multipart/form-data，参见“感叹号”处的代码。

说明 3：3 个“兴趣爱好”复选框名称都是“hobby[]”，它们被定义为一个数组。

说明 4：注册按钮的 name 属性值是 register。

说明 5：当表单中有多个文件上传框时，可以使用隐藏域 MAX_FILE_SIZE 限制每个文件上传框上传文件的大小（单位是字节）。

> ▶注意：需将隐藏域 MAX_FILE_SIZE 放置在文件上传框之前，否则无法利用浏览器限制上传文件的大小。

（2）创建 PHP 程序 form.php，该程序的代码、访问该程序的 URL 网址及其执行结果如图 6-6 所示。

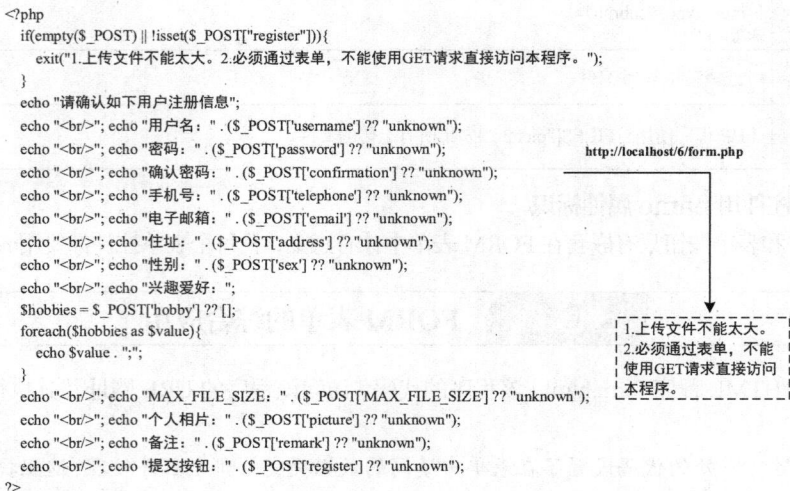

```
<?php
  if(empty($_POST) || !isset($_POST["register"])){
    exit("1.上传文件不能太大。2.必须通过表单，不能使用GET请求直接访问本程序。");
  }
  echo "请确认如下用户注册信息";
  echo "<br/>"; echo "用户名：" . ($_POST['username'] ?? "unknown");
  echo "<br/>"; echo "密码：" . ($_POST['password'] ?? "unknown");
  echo "<br/>"; echo "确认密码：" . ($_POST['confirmation'] ?? "unknown");
  echo "<br/>"; echo "手机号：" . ($_POST['telephone'] ?? "unknown");
  echo "<br/>"; echo "电子邮箱：" . ($_POST['email'] ?? "unknown");
  echo "<br/>"; echo "住址：" . ($_POST['address'] ?? "unknown");
  echo "<br/>"; echo "性别：" . ($_POST['sex'] ?? "unknown");
  echo "<br/>"; echo "兴趣爱好：";
  $hobbies = $_POST['hobby'] ?? [];
  foreach($hobbies as $value){
    echo $value . ";";
  }
  echo "<br/>"; echo "MAX_FILE_SIZE：" . ($_POST['MAX_FILE_SIZE'] ?? "unknown");
  echo "<br/>"; echo "个人相片：" . ($_POST['picture'] ?? "unknown");
  echo "<br/>"; echo "备注：" . ($_POST['remark'] ?? "unknown");
  echo "<br/>"; echo "提交按钮：" . ($_POST['register'] ?? "unknown");
?>
```

http://localhost/6/form.php

1.上传文件不能太大。
2.必须通过表单，不能使用GET请求直接访问本程序。

图 6-6　PHP 程序 form.php 的代码、访问该程序的 URL 网址及其执行结果

说明：上传文件太大或者直接通过浏览器访问该程序，都会导致预定义变量$_POST 是空数组。第 1 条 if 语句防止浏览器用户提交太大的文件，并防止浏览器用户直接访问该程序。

（3）在用户注册表单中输入用户信息，选择一张图片，单击"注册"按钮，用户注册表单向 form.php 程序发送 POST 请求。PHP 程序 form.php 的执行结果如图 6-7 所示。

请确认如下用户注册信息
用户名：1
密码：2
确认密码：3
手机号：13523249114
电子邮箱：fallsoft@163.com
住址：shanghai
性别：male
兴趣爱好：fishing;cooking;
MAX_FILE_SIZE：102400000
个人相片：unknown
备注：666666
提交按钮：注册

图 6-7　PHP 程序 form.php 的执行结果

说明 1："兴趣爱好" 3 个复选框被定义为一个数组，因此$_POST['hobby']的数据类型是数组，该 PHP 程序使用 foreach 语句遍历该数组。

说明 2：form 标签的 method 属性设置为 post，enctype 属性设置为 multipart/form-data，使用$_POST['picture']将采集不到文件上传框的任何信息，需要借助预定义变量$_FILES 获取文件上传框的数据。

总结：浏览器用户先通过 GET 请求触发 form.html 程序运行，form.html 程序提供了一张用户注册表单（该表单定义了数据的提交方式是 POST 方式，enctype 是 multipart/form-data，还定义了数据提交给 form.php 程序处理）；浏览器用户在用户注册表单上填写数据，单击"注册"按钮，触发 form.php 程序运行；form.php 程序使用 echo 语句向浏览器用户提示确认信息。

上机实践 2　认识输出缓存

知识提示 1：output bufferring 表示输出缓存。php.ini 中 output_buffering 参数的默认值是 4096，表示 PHP 默认开启了输出缓存，并且输出缓存的大小是 4KB。使用 echo、print、print_r、var_dump 向浏览器输出数据时，这些数据并没有直接返回给浏览器，而是先暂存到 Web 服务器的输出缓存中，只有输出缓存满或者 PHP 程序执行结束时，输出缓存中的数据才被一次性刷新到浏览器。总之，默认情况下，浏览器显示的是输出缓存中的数据。

知识提示 2：Web 开发人员可以通过 PHP 提供的 ob_*函数手动控制输出缓存（ob 是 output bufferring 的缩写，表示输出缓存）。

场景 1　认识缓存级别

知识提示 1：ob_get_level 函数的功能是获取当前缓存的缓存级别。

知识提示 2：ob_start 函数的功能是在当前缓存级别的基础上开启一个缓存。

知识提示 3：ob_clean 函数的功能是清空当前缓存级别中的缓存数据。

知识提示 4：ob_end_clean 函数与 ob_clean 函数的功能相似，只不过 ob_clean 函数不会像 ob_end_clean 函数那样销毁输出缓存。

（1）创建 PHP 程序 ob_level.php，该程序的代码、echo 语句所在的输出缓存的级别以及执行结果如图 6-8 所示。

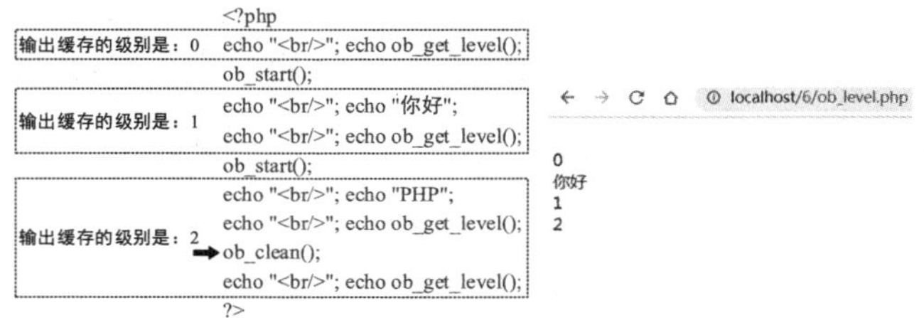

图 6-8　PHP 程序 ob_level.php 的代码、echo 语句所在的输出缓存的级别以及执行结果

说明：PHP 默认开启的输出缓存的级别是 0；每执行一次 ob_start 函数，缓存级别加 1；ob_clean 函数清空当前缓存级别中的缓存数据。

（2）创建 PHP 程序 ob_end_level.php，该程序的代码、echo 语句所在的输出缓存的级别以及执行结果如图 6-9 所示。

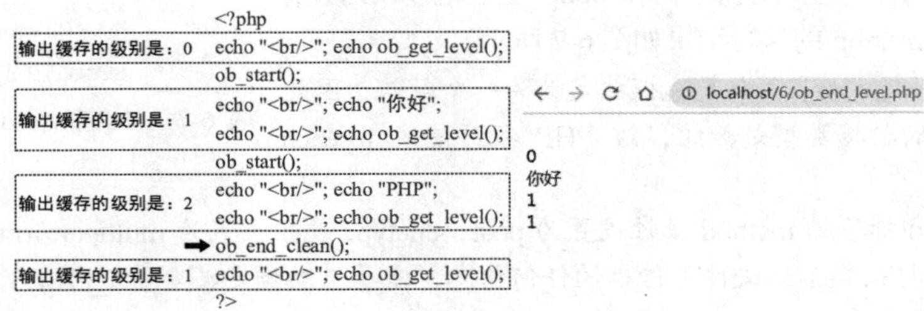

图 6-9 PHP 程序 ob_end_level.php 的代码、echo 语句所在的输出缓存的级别以及执行结果

说明：ob_end_clean 函数清空当前缓存级别中的缓存数据，然后删除当前缓存级别。

场景 2 认识 ob_get_contents 函数

知识提示：ob_get_contents 函数的功能是获取当前级别的输出缓存中的数据，需要注意的是，该函数并没有清空输出缓存中的数据。

创建 PHP 程序 ob.php，该程序的代码及其执行结果如图 6-10 所示。

图 6-10 PHP 程序 ob.php 的代码及其执行结果

说明：4 条 PHP 语句的执行流程如图 6-11 所示。第 1 条 PHP 语句是 echo 语句，将字符串"你好"放入输出缓存（级别为 0）；第 2 条 PHP 语句从输出缓存（级别为 0）中获取数据，并将其赋值给变量名$out；第 3 条 PHP 语句将输出缓存清空（级别为 0）；第 4 条 PHP 语句将字符串"$out 的值是：你好。"重新放入输出缓存（级别为 0）；程序执行结束后，输出缓存（级别为 0）的内容被刷新到浏览器，输出缓存（级别为 0）再次被清空。

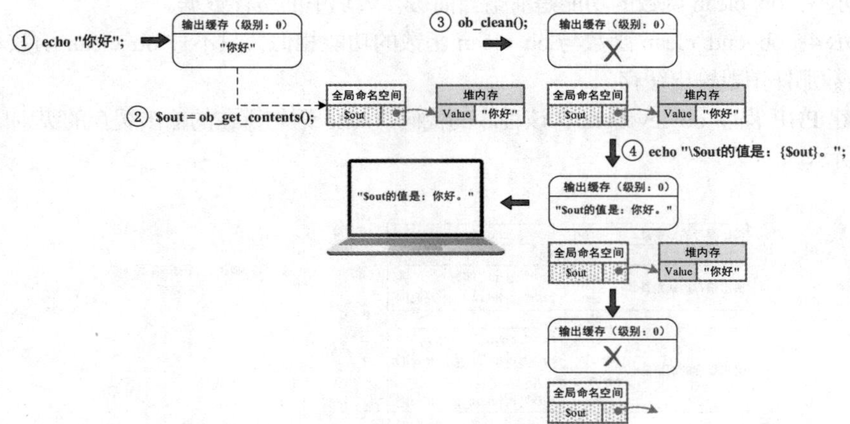

图 6-11 4 条 PHP 语句的执行流程

场景 3 改进文件上传处理程序的代码

知识提示：如果上传文件太大，则 PHP 程序 form.php 将抛出图 6-12 所示的警告。这是因为上传文件太大时，PHP 预处理器在级别为 0 的缓存中添加警告信息。在 PHP 程序最开始处调用 ob_clean 函数，可有效清除级别为 0 的缓存中的警告信息。

```
localhost/6/form.php

Warning: POST Content-Length of 5131802687 bytes exceeds the limit of 8388608 bytes in Unknown on line 0
1.上传文件不能太大。2.必须通过表单，不能使用GET请求直接访问本程序。
```

图 6-12 PHP 程序 form.php 可能抛出的警告信息

修改 PHP 程序 form.php 的代码，添加图 6-13 所示的代码，其他代码保持不变，即可消除警告信息。

```
<?php
ob_clean();
if(empty($_POST) || !isset($_POST["register"])){
    exit("1.上传文件不能太大。2.必须通过表单，不能使用GET请求直接访问本程序。");
}
……
```

图 6-13 修改 PHP 程序 form.php 的代码

6.3 文件上传功能的实现

文件上传是许多 Web 应用程序的最基本功能，例如，企业上传产品图片、毕业生上传个人简历等都需要借助文件上传功能。

6.3.1 文件上传的相关配置

文件上传的相关配置

在文件上传框前设置隐藏域 MAX_FILE_SIZE 虽然可以限制每个上传文件的大小，但该功能是通过浏览器实现的，Web 开发人员不应该相信浏览器和浏览器用户，限制上传文件大小的功能应该交由 PHP 完成。php.ini 配置文件提供了一些与文件上传相关的配置参数，修改这些配置参数可以满足 Web 开发人员特定的文件上传需求。

1. file_uploads

配置是否允许通过 HTTP 上传文件。默认值为 On，表示 Web 服务器支持通过 HTTP 上传文件。

典型配置示例：file_uploads = On

2. post_max_size

配置 Web 服务器能够接收的表单数据上限，默认值为 8M，表示表单中所有提交数据（如单行文本框+多行文本框+上传文件）的大小之和必须小于 8MB，否则$_GET、$_POST 和$_FILES 将为空数组，PHP 程序将不能采集到任何表单数据。

典型配置示例：post_max_size = 8M

3. upload_max_filesize

配置文件上传框允许上传文件的最大值，默认值为 2M。如果表单有多个文件上传框，则超过限制的文件上传框将上传失败，不超过限制的文件上传框将上传成功，文件上传框之间互不影响上传结果。

典型配置示例：upload_max_filesize = 2M

4. upload_tmp_dir

在上传文件的过程中会产生临时文件，该参数配置了临时文件的目录。

典型配置示例：upload_tmp_dir = "d:/wamp/tmp"

配置上述 4 个参数后，在网络正常的情况下，上传小于 2MB 的文件一般不会出现问题。但如果要上传“大”文件或者网速较慢，则只进行上述配置未必行得通，此时还需进行下列配置。

（1）max_input_time。配置单个 PHP 程序解析提交数据的最大允许时间，单位是秒，默认值为 60。设置为–1 时，表示不限制。

典型配置示例：max_input_time = 60

（2）memory_limit。配置单个 PHP 程序在 Web 服务器运行时，可以占用 Web 服务器的最大内存数，默认值为 128M。设置为–1 时，表示不限制。

典型配置示例：memory_limit = 128M

（3）max_execution_time。配置单个 PHP 程序在 Web 服务器运行时，可以占用 Web 服务器的最长时间，单位是秒，默认值为 30。配置该参数可以有效避免死循环或大文件上传等程序长期占用 Web 服务器 CPU 导致 Web 服务器崩溃。如果设置值为 0，则表示不限制运行时间。

典型配置示例：max_execution_time = 30。

说明：在 PHP 程序中使用 set_time_limit 函数也可以设置该参数，如 set_time_limit(30)。

6.3.2 PHP 文件上传流程

PHP 文件上传流程

PHP 文件上传流程（见图 6-14）可以简单描述为如下 6 个步骤。

（1）单击“提交”按钮后，浏览器用户将包含上传文件的表单数据提交给 PHP 程序。

（2）判断表单数据的大小是否超过 post_max_size 参数的上限值。若没有超过，则文件上传将进入步骤（3）。若超过，则 PHP 程序将无法得到任何表单数据，此时文件上传失败，表单控件中填写的数据提交失败，预定义变量$_GET、$_POST 和$_FILES 将为空数组，并且抛出诸如 Warning: POST Content-Length 的警告信息。

（3）检验表单中的文件大小是否超过隐藏域 MAX_FILE_SIZE 设置的上限值。若没有超过，则文件上传将进入步骤（4）。若超过，则文件上传失败，并返回状态代码 2。

▶注意：当表单存在多个文件上传框时，在本步骤中，某个文件上传框上传失败并不影响其他文件上传框。

（4）判断文件大小是否超过 upload_max_filesize 参数的上限值。若没有超过，则文件上传进入步骤（5）。若超过，则文件上传失败，并返回状态代码 1。

▶注意：当表单存在多个文件上传框时，在本步骤中，某个文件上传框上传失败并不影响其他文件上传框。

（5）在 upload_tmp_dir 参数设置的目录下创建临时文件，若文件上传成功，则返回状态代码 0，临时文件消失，文件上传进入步骤（6）。但有时由于某些原因（如 max_execution_time 参数设置过小或网速慢等原因），上传部分文件后不再继续上传剩余文件，导致文件上传失败，返回状态代码 3。

（6）这是最关键的一步，在临时文件消失前，必须将临时文件保存到某个目录下。借助 PHP 提供的 move_uploaded_file 函数可以完成步骤（6）。

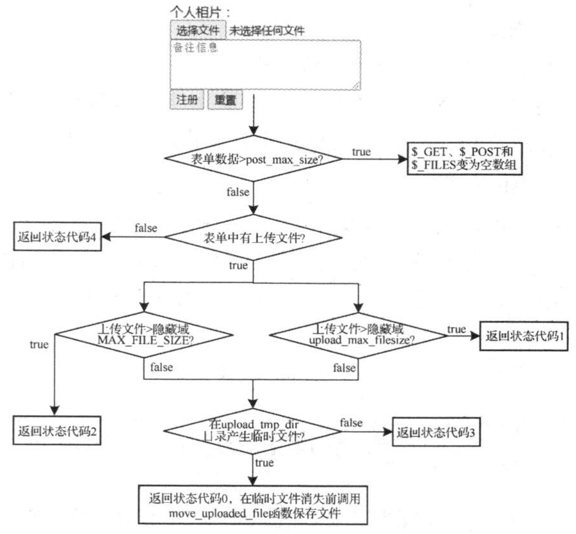

图 6-14 PHP 文件上传流程

6.3.3 预定义变量$_FILES

预定义变量$_FILES

预定义变量$_FILES 用于获取上传文件的相关信息，包括上传文件名、上传文件 MIME 类型、上传文件大小等信息，$_FILES 是一个二维数组。

例如，使用如下代码可以获取用户注册表单中“个人相片”的上传文件信息。

$_FILES['picture']['name']：上传文件的文件名。

$_FILES['picture']['type']：上传文件的 MIME 类型。

$_FILES['picture']['size']：上传文件的大小，单位为字节。

$_FILES['picture']['tmp_name']：上传文件过程中产生的临时文件名。

$_FILES['picture']['error']：上传文件的状态代码。

$_FILES['picture']['full_path']：自 PHP8.1.0 起可用，记录了上传文件在浏览器端的完整路径（并不总是浏览器端的一个真实路径，并且不被信任）。

说明如下。

（1）$_FILES['picture']中的'picture'与文件上传框的 name 属性值 picture 对应。

（2）MIME 类型定义了浏览器打开文件的方式，常见的 MIME 类型有 text/plain、image/gif 等。

（3）上传文件的状态代码的取值及对应的含义如下。

0：文件上传成功。

1：上传文件的大小超过了 upload_max_filesize 参数设置的上限值。

2：上传文件的大小超过了隐藏域 MAX_FILE_SIZE 设置的上限值。

3：文件只有部分被上传。

4：表单没有选择上传文件。

6：缺少一个临时文件夹。

7：无法将文件写入磁盘。

PHP 文件上传的实现

6.3.4 PHP 文件上传的实现

PHP 提供了两个文件上传相关的函数：is_uploaded_file 函数和 move_uploaded_file 函数。

1．is_uploaded_file 函数

语法格式：bool is_uploaded_file (string fileName)

函数功能：判断文件名为 fileName 的文件是否是文件上传过程中产生的临时文件。例如，is_uploaded_file($_FILES['picture']['tmp_name'])的返回值为 true。

2．move_uploaded_file 函数

语法格式：bool move_uploaded_file (string fileName, string destination)

函数功能：用于将文件上传过程中产生的临时文件 fileName 重命名为目标文件 destination。

说明 1：如果 fileName 不是文件上传过程中产生的临时文件，则该函数不进行任何操作，并返回 false。

说明 2：如果目标文件 destination 已经存在，则被覆盖。

上机实践 文件上传功能的实现

（1）使用记事本程序打开 php.ini 配置文件，将 upload_tmp_dir 的参数值进行如下修改。

```
upload_tmp_dir = "d:/wamp/tmp"
```

（2）在 D:/wamp 目录下新建 tmp 目录，用于存储文件上传过程中产生的临时文件。

（3）在 D:/wamp/www/6 目录下新建 uploads 目录，用于存储上传成功后的文件。

（4）将 PHP 程序 form.php 复制一份，命名为 form0.php，以备将来使用。保持 form.php 为最新版本。

（5）修改 PHP 程序 form.php 的代码如图 6-15 所示，虚线中的代码是改动的代码，其他代码保持不变。

```
<?php
ob_clean();
if(empty($_POST) || !isset($_POST["register"])){
    exit("1.上传文件不能太大。2.必须通过表单，不能使用GET请求直接访问本程序。");
}
echo "请确认如下用户注册信息";
echo "<br/>"; echo "用户名：" . ($_POST['username'] ?? "unknown");
echo "<br/>"; echo "密码：" . ($_POST['password'] ?? "unknown");
echo "<br/>"; echo "确认密码：" . ($_POST['confirmation'] ?? "unknown");
echo "<br/>"; echo "手机号：" . ($_POST['telephone'] ?? "unknown");
echo "<br/>"; echo "电子邮箱：" . ($_POST['email'] ?? "unknown");
echo "<br/>"; echo "住址：" . ($_POST['address'] ?? "unknown");
echo "<br/>"; echo "性别：" . ($_POST['sex'] ?? "unknown");
echo "<br/>"; echo "兴趣爱好：";
$hobbies = $_POST['hobby'] ?? [];
foreach($hobbies as $value){
    echo $value . ";";
}
echo "<br/>"; echo "MAX_FILE_SIZE：" . ($_POST['MAX_FILE_SIZE'] ?? "unknown");
$picture = $_FILES['picture'];
$error = $picture['error'];
switch($error){
    case 0:
        $picture_name = $picture['name'];
        echo "个人相片：" . $picture_name . "<br/>";
        $destination = "uploads/" . $picture_name;
        move_uploaded_file($picture['tmp_name'],$destination);
        echo "文件上传成功<br/>";
        break;
    case 4:
        echo "没有选择上传文件<br/>";
        break;
    default:
        echo "文件上传失败<br/>";
}
echo "<br/>"; echo "备注：" . ($_POST['remark'] ?? "unknown");
echo "<br/>"; echo "提交按钮：" . ($_POST['register'] ?? "unknown");
?>
```

图 6-15 文件上传功能的实现

（6）重启 Apache 服务。

（7）在用户注册表单中输入用户信息，选择一张图片，点击“注册”按钮，打开 D:/wamp/www/6/uploads 目录，测试文件上传是否成功。

6.4 URL 路径

URL 路径通常是指可以写在浏览器地址栏中的路径，并不是指磁盘上的物理路径。从 Web 开发的角度，PHP 程序使用 URL 路径定位目的资源。URL 路径分为 URL 绝对路径和 URL 相对路径，URL 相对路径又可以分为 server-relative 路径和 page-relative 路径，如图 6-16 所示。

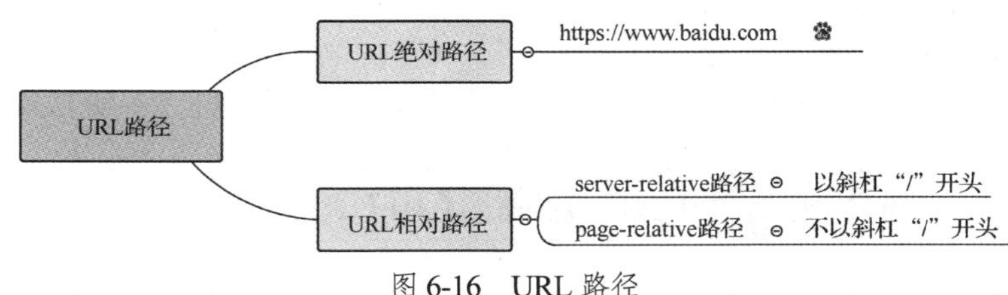

图 6-16　URL 路径

6.4.1　URL 绝对路径

URL 绝对路径

URL 绝对路径是一个完整的 URL 路径，例如，https://www.baidu.com 就是一个 URL 绝对路径。URL 绝对路径能够唯一标记一个目的资源，不管我们是在地球，还是在火星上，同一个 URL 绝对路径访问的肯定都是同一个目的资源。使用 URL 绝对路径访问目的资源时，无论你身处何方（和起始目录无关），访问的都是同一个资源。

由于 URL 绝对路径无论出现在哪儿都代表相同的内容，因此 URL 绝对路径通常在访问外部资源时才使用，访问内部资源时一般使用 URL 相对路径。

6.4.2　URL 相对路径

URL 相对路径

与 URL 绝对路径不同，不同的起始目录使用相同的 URL 相对路径，最终访问的目的资源并不相同。例如，身处北京的张三和身处上海的李四拨打相同的电话“66666666”时，访问的肯定不是同一个资源。这是因为他们两个人的起始目录不同，一个起始目录是 010，另一个起始目录是 021，而“66666666”就是 URL 相对路径。

使用 URL 相对路径访问目的资源时，Web 开发人员必须清楚两件事情。①起始目录是哪儿；②目的资源在哪儿（目的路径）。只要知道了这两个答案，就能计算出从起始目录到目的资源的路径。

URL 相对路径分为 server-relative 路径与 page-relative 路径。

server-relative 路径是以斜杠“/”开头的 URL 相对路径。以斜杠“/”开头的 URL 相对路径表示从 Web 服务器的主目录开始查找相应的资源文件。如果目录“D:/wamp/www”为 Web 服务器的主目录，那么 server-relative 路径“/index.html”访问的是目录“D:/wamp/www”下的 index.html 页面，server-relative 路径“/6/post.php”访问的是目录“D:/wamp/www/6”下的 post.php 程序。

page-relative 路径是不以斜杠“/”开头的 URL 相对路径。程序 1 使用 page-relative 路径访问程序 2 时，将以程序 1 的当前目录作为起点查找程序 2。例如，如果 get.html 程序和 post.php 程序在同一个目录，则 get.html 程序的 FORM 表单将表单数据提交给 post.php 程序处理时，只需将 action 的属性值设置为“post.php”即可。

▶注意：使用目录分隔符时，尽量使用斜杠“/”分隔符（而不是反斜杠“\”分隔符），这既可以防止反斜杠“\”转义，也有利于不同操作系统（Windows 和 Linux 等）间的移植。

6.4.3 URL 相对路径的其他概念

URL 相对路径的其他概念

（1）相同目录下的资源访问。

如果程序 1 和程序 2 在同一目录，则这两个程序直呼其名即可访问对方程序。回顾 get.html 程序和 post.php 程序、form.html 程序和 form.php 程序，它们位于同一目录，它们直呼其名即可访问对方程序。

（2）“.”表示当前目录。

（3）“../”表示当前目录的上一级目录，“../../”表示当前目录的上上一级目录，以此类推。

上机实践 URL 相对路径和 URL 绝对路径

（1）将 get.html 程序的 form 标签修改为如下代码，测试表单数据能否正常提交。

```
<form action="/6/post.php" method="post">
```

（2）将 get.html 程序剪切到“D:/wamp/www/”目录，将 get.html 程序的 form 标签修改为如下代码，测试表单数据能否正常提交。

```
<form action="/6/post.php" method="post">
```

（3）在“D:/wamp/www/6/”目录新建“test”目录，将 get.html 程序剪切到“D:/wamp/www/6/test”目录，将 get.html 程序的 form 标签修改为如下代码，测试表单数据能否正常提交。

```
<form action="/6/post.php" method="post">
```

说明：“/6/post.php”是 server-relative 路径，表示“D:/wamp/www/6/post.php”。无论 get.html 程序身在何方，都可以通过“/6/post.php”找到 PHP 程序 post.php。

（4）将 get.html 程序剪切到“D:/wamp/www/”目录，将 get.html 程序的 form 标签修改为如下代码，测试表单数据能否正常提交。

```
<form action="6/post.php" method="post">
```

或者

```
<form action="./6/post.php" method="post">
```

说明：“6/post.php”和“./6/post.php”都是 page-relative 路径。

（5）将 get.html 程序剪切到“D:/wamp/www/6/test”目录，将 get.html 程序的 form 标签修改为如下代码，测试表单数据能否正常提交。

```
<form action="../post.php" method="post">
```

或者

```
<form action="./../post.php" method="post">
```

说明：“../post.php”和“./../post.php”都是 page-relative 路径。

6.5 其他常用的预定义变量

其他常用的预定义变量

PHP 还提供了$_REQUEST、$_SERVER 等预定义变量获取浏览器或者 Web 服务器主机的相关信息。

1. $_REQUEST

$_REQUEST 可以同时获取 GET 请求数据、POST 请求数据以及 Cookie 请求头的数据，即

$_REQUEST = array_merge ($_GET , $_POST, $_COOKIE)。在实际编程中很少使用$_REQUEST。

2. $_SERVER

$_SERVER 用于获取浏览器主机以及 Web 服务器主机的相关信息，举例如下。

$_SERVER["REMOTE_ADDR"]：用于获取浏览器主机的 IP 地址。

$_SERVER["SERVER_ADDR"]：用于获取 Web 服务器主机的 IP 地址。

$_SERVER["PHP_SELF"]：用于获取当前 PHP 程序的文件名。

$_SERVER['QUERY_STRING']：用于获取 URL 网址中的查询字符串。

$_SERVER['DOCUMENT_ROOT']：用于获取 Web 服务器的主目录。

$_SERVER["REQUEST_URI"]：用于获取除域名外的其余 URL 网址部分。

$_SERVER["HTTP_USER_AGENT"]：用于获取浏览器主机使用的操作系统、浏览器及其版本号信息。

例如，PHP 程序 server.php 的代码、访问该程序的 URL 网址及其执行结果如图 6-17 所示。

```
<?php
  echo "<br/>"; echo $_SERVER['REMOTE_ADDR'];
  echo "<br/>"; echo $_SERVER['SERVER_ADDR'];
  echo "<br/>"; echo $_SERVER['PHP_SELF'];
  echo "<br/>"; echo $_SERVER['QUERY_STRING'];
  echo "<br/>"; echo $_SERVER['DOCUMENT_ROOT'];
  echo "<br/>"; echo $_SERVER["REQUEST_URI"];
  echo "<br/>"; echo $_SERVER["HTTP_USER_AGENT"]
?>
```

http://127.0.0.1/6/server.php?current_page=2

```
127.0.0.1
127.0.0.1
/6/server.php
current_page=2
D:/wamp/www/
/6/server.php?current_page=2
Mozilla/5.0 (Windows NT 6.1; Win64; x64) AppleWebKit/537.36 (KHTML, like Gecko) Chrome/97.0.4692.71 Safari/537.36
```

图 6-17　PHP 程序 server.php 的代码、访问该程序的 URL 网址及其执行结果

上机实践　PHP 处理 FORM 表单

（1）在 D:/wamp/www/目录下创建“6”目录，本章涉及的所有 PHP 程序都存放到该目录下。

（2）将本章所有的 PHP 程序都部署到 Apache 服务器，并运行这些 PHP 程序。

（3）完成本章其他上机实践。

习题

一、选择题

（1）详细阅读下面的 FORM 表单和 PHP 代码。当在表单的两个文本框中分别输入“php”和“great”时，PHP 代码将在页面中打印什么？（　　）

```
<form action="index.php" method="post">
<input type="text" name="element[]">
<input type="text" name="element[]">
<input type="submit" value="提交">
</form>
```

index.php 代码如下。

```
<?php
if(isset($_GET['element'])){
    echo $_GET['element'];
}
?>
```

A. 什么都没有　B. Array　C. 一个提示

D. phpgreat　E. greatphp

（2）index.php 脚本如何访问表单元素 email 的值？（多选）（　　）

```
<form action="index.php" method="post">
<input type="text" name="email"/>
<input type="submit" value="提交">
</form>
```

A. $_GET['email']　B. $_POST['email']

C. $_SESSION['text']　D. $_REQUEST['email']

E. $_POST['text']

（3）当把一个有两个同名元素的表单提交给 PHP 脚本时会发生什么？（　　）

A. 它们组成一个数组，存储在全局变量数组中

B. 第二个元素的值加上第一个元素的值后，存储在全局变量数组中

C. 第二个元素将覆盖第一个元素

D. 第二个元素将自动被重命名

E. PHP 输出一个警告

二、问答题

（1）在 FORM 表单中使用 GET 与 POST 提交方式有何区别?

（2）使用 PHP 实现 Web 上传文件的原理是什么，如何限制上传文件的大小?

（3）PHP 提供的 is_uploaded_file 和 move_uploaded_file 函数的作用是什么?

三、编程题

（1）编写支持换皮肤的 PHP 程序。

（2）编写支持多文件上传的 FORM 表单程序以及 PHP 程序。

（3）通过 PHP 程序限制上传的文件仅为某些类型（如 jpeg、gif）。

（4）编写显示浏览器主机 IP 地址与 Web 服务器主机 IP 地址的 PHP 程序。

第7章 自定义函数

本章主要讲解请求包含的 4 种方法、自定义函数的语法格式、函数的调用、变量的作用域和生命周期、传值赋值和传引用赋值、global 关键字、static 关键字、变量函数和 return 语句，以及变量的作用域和生命周期。通过本章的学习，读者能够将常用的代码块封装为函数，并能够正确调用。

请求包含

7.1 请求包含

某个人博客系统的每个页面都由 header（头）、pagebody（体）和 footer（脚）3 部分构成，并且每个页面的 header 和 footer 相同。如何设计该系统呢。最容易想到的办法是将 header 代码抽取到 header.php 程序中，将 footer 代码抽取到 footer.php 程序中，每个页面（如 page.php 程序）请求包含 header.php 程序和 footer.php 程序，如图 7-1 所示。请求包含可以增强代码的复用性。

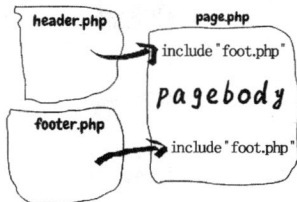

图 7-1 某个人博客系统的请求包含

PHP 提供的 include、include_once、require 和 require_once 4 种请求包含语句都可以请求包含目的资源。请求包含的执行流程为：首先退出当前的 PHP 代码模式，进入 HTML 代码模式。目的资源执行完毕时，恢复到当前的 PHP 代码模式，如图 7-2 所示。

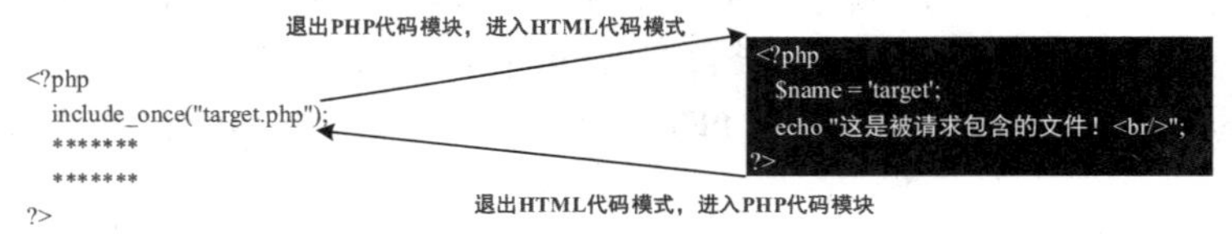

图 7-2 请求包含的执行流程

▶注意：如果目的资源包含 PHP 代码，那么这些 PHP 代码应该以“<?php”开始，以“?>”结束；如果目的资源的第一行代码是“<?php”，则确保“<?php”的左边不要出现任何空格字符。

7.1.1 请求包含的语法格式

请求包含的语法格式

include、include_once、require 和 require_once 既可以当作函数使用，也可以当作 PHP 语句使用。也就是说，每一种请求包含语句存在两种语法格式，如表 7-1 所示。需要注意的是，无论采用哪种语法格式，目的资源都必须是字符串。

表 7-1　请求包含的语法格式

请求包含	目的资源必须是字符串，假设 target 是目的资源	
	当作函数使用	当作 PHP 语句使用
include	include(target);	include target;
inchude_ once	include_once(target);	include_ once target;
require	require(target);	require target;
require_once	require_once(target);	require_once target;

7.1.2　4 种请求包含的区别

4 种请求包含的区别

从命名可以看到，某个 PHP 程序多次请求包含同一个目的资源时，include_once 和 require_once 只请求包含一次，include 和 require 会请求包含多次。例如，准备一个目的资源 target.php 程序和一个主程序 main.php，主程序 main.php 依次使用 include、include_once、require 和 require_once 请求包含目的资源。这些 PHP 程序的代码、访问 PHP 主程序 main.php 的 URL 网址及执行结果如图 7-3 所示。

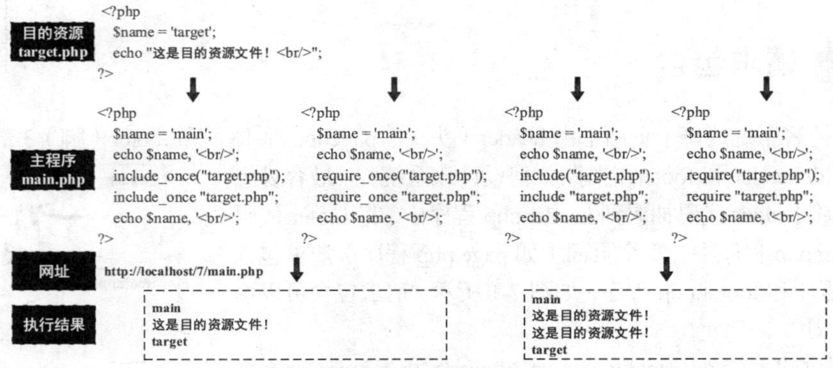

图 7-3　4 种请求包含的区别（1）

从执行结果可以看到，PHP 程序多次请求包含同一个目的资源时，include_once 和 require_once 只请求包含一次。使用 include_once 和 require_once 可以避免函数重新定义、变量值重新分配等问题。

在错误处理方面，如果目的资源不存在，则 include 请求包含将抛出两条 Warning 警告信息后继续执行；require 请求包含先抛出 Warning 警告信息，再抛出 Fatal error 致命错误，然后终止程序运行。例如，删除目的资源 target.php，再次执行 PHP 主程序 main.php，4 次执行结果如图 7-4 所示。

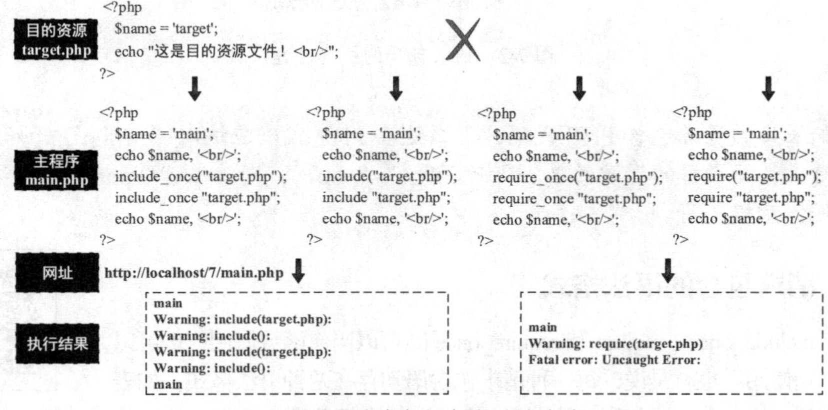

图 7-4　4 种请求包含的区别（2）

从执行结果可以看到，目的资源不存在时，使用 include 和 include_once 可以有效避免抛出 Fatal error 致命错误。鉴于上述原因，本书统一使用 include_once 请求包含目的资源。

请求包含的返回值

7.1.3 请求包含的返回值

请求包含是有返回值的。以 include_once 为例，准备两个目的资源 target_return.php 和 target_no_code.php，准备一个主程序 include_and_return.php，这些 PHP 程序的代码、访问 PHP 主程序 include_and_return.php 的 URL 网址及执行结果如图 7-5 所示。

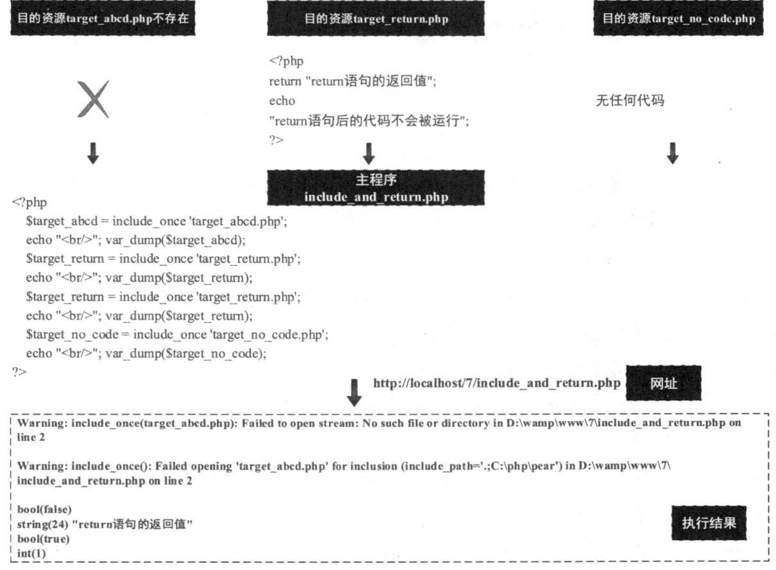

图 7-5 请求包含的返回值

从执行结果可以看到：使用 include_once 请求包含目的资源时，如果目的资源不存在，则 include_once 返回 false。如果目的资源存在，分 2 种情况：第一次请求包含目的资源时，如果目的资源有返回值，则 include_once 返回目的资源的返回值（如果目的资源没有返回值，则 include_once 返回整数 1）；目的资源已经被请求包含时，include_once 返回 true。

从执行结果可以看到：return 语句用于结束当前 PHP 程序的运行，然后向调用程序返回返回值，程序的执行流程跳转到调用程序。

上机实践 认识 include_path

知识提示 1：include_path 定义了请求包含目的资源时路径的查找顺序。通过 PHP 内置函数 get_include_path 可以获取 include_path。

知识提示 2：如果 Web 应用程序的目录结构比较单一（如主目录不存在子目录），则通常无须理会 include_path。如果 Web 应用程序的目录结构比较复杂（如主目录存在多个子目录，并且子目录中的 PHP 程序互相请求包含），则必须关注 include_path。

（1）在 D:/wamp/www/目录下创建“7”目录，在该目录创建“a”目录。在“a”目录中创建“a1”“a2”两个目录。在 a 目录中创建 PHP 程序 a.php，在“a1”目录中创建 PHP 程序 a1.php，在“a2”目录中创建 PHP 程序 a2.php，本步骤的目录结构、程序代码以及 PHP 程序 a1.php 和 a.php 的执行结果如图 7-6 所示。

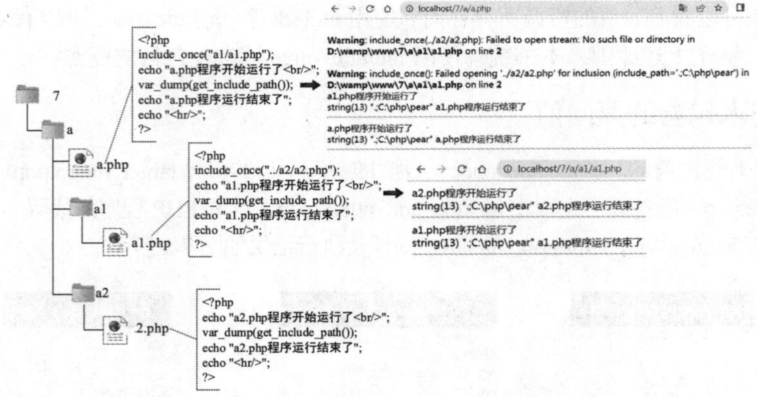

图 7-6　步骤（1）的目录结构、程序代码以及 PHP 程序 a1.php 和 a.php 的执行结果

说明 1：PHP 程序 a1.php 通过代码 include_once("../a2/a2.php")请求包含 PHP 程序 a2.php。直接运行 PHP 程序 a1.php 时触发 a2.php 程序运行。从执行结果可以看到：两个 PHP 程序的 include_path 都是字符串".;C:\php\pear"。其中，"." 表示当前目录，这里表示 a1 目录。

说明 2：PHP 程序 a.php 通过代码 include_once("a1/a1.php")请求包含 PHP 程序 a1.php，a1.php 通过代码 include_once("../a2/a2.php")请求包含 PHP 程序 a2.php。运行 PHP 程序 a.php 时触发了 a1.php 程序运行，但 a1.php 程序没有触发 a2.php 程序运行。这是因为 include_path 中的 "." 表示当前目录，这里表示 a 目录。include_once("../a2/a2.php")将在 a 目录的 "上一层" 目录中查找 a2 目录，由于查找不到，故而抛出警告信息。

说明 3：运行 PHP 程序 a1.php 时，a1.php 能够找到 a2.php 程序；运行 PHP 程序 a.php 时，a1.php 却找不到 a2.php 程序。我们有必要解决此类问题。

（2）保持目录结构不变，修改 PHP 程序 a.php、a1.php 的代码，a2.php 的代码保持不变，所有程序的代码以及 PHP 程序 a1.php 和 a.php 的执行结果如图 7-7 所示。

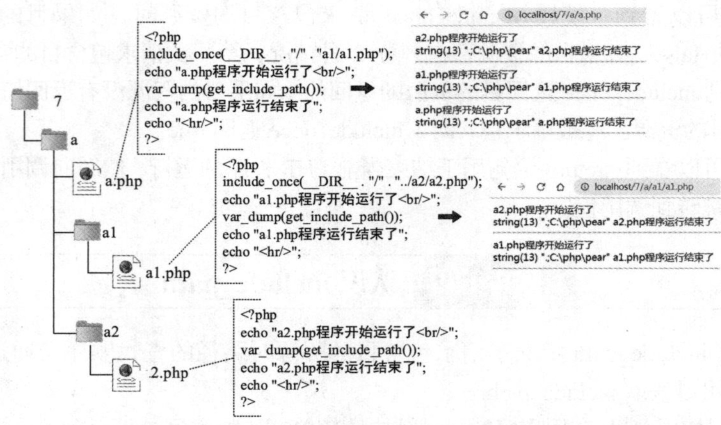

图 7-7　步骤（2）的目录结构、程序的代码以及 PHP 程序 a1.php 和 a.php 的执行结果

说明：预定义常量__DIR__返回当前正在执行的 PHP 程序所在的绝对路径，通过__DIR__可以有效解决 include_path 混乱问题。

> ▶注意：__DIR__的返回值不以 "/" 结尾，在字符串拼接时，需要在__DIR__的末尾手动添加目录分隔符 "/"。

7.2 自定义函数的语法格式

自定义函数的语法格式

如果频繁使用某个数据，则最好使用赋值语句为它命名一个变量名。同样的道理，如果某一段代码频繁使用，则最好也为它命名。使用 function 关键字可以为一段代码命名。

function 关键字就像一条能够“给代码起名字”的赋值语句，这里的名字叫作函数名。需要执行这段代码时，只需要调用函数名即可。一个只包含几个简单字符的函数名背后隐藏的可能是成百上千行代码。将常用的代码封装成函数可以避免代码冗余，增强代码的复用性。

函数分为内置函数、自定义函数和变量函数。内置函数无需定义即可直接使用，date、print_r、isset、isnull、empty、gettype、is_float、is_int、和 is_string 等都是内置函数。自定义函数类似于自定义变量，由 Web 开发人员根据特定需要自行定义。变量函数类似于可变变量，变量函数的函数名是一个变量（以“$”符号开头）。

▶注意：调用函数时，函数名大小写不敏感。例如，调用 date 函数和调用 DATE 函数实质上是调用同一个函数。

自定义函数使用关键字 function 定义，语法格式如下。

```
function function_name($param_1, $param_2, … $param_n=default_value){
    函数体
    return 返回值;
}
```

说明如下。

（1）关键字 function 大小写不敏感。

（2）紧跟在关键字 function 后的是函数名（function_name）。函数名必须遵循标识符命名规则。

▶注意：函数名大小写不敏感，自定义函数不能和已有函数（包括内置函数）同名。

（3）$param_n：参数列表（是可选的），参数之间以逗号分隔。参数列表是函数接收外部数据的“窗口”，这样函数体就可以处理“外部数据”了。

（4）default_value：参数的默认值。定义函数时，可以为参数设置默认值 default_value，默认值通常是一个常量，有些资料将这种参数称作默认值参数或可选参数。调用函数时，如果不给可选参数传递值，那么默认值将作为该参数的值。

▶注意：定义函数时，可选参数尽量放在参数列表末尾，这样做的好处是调用函数时，不必为可选参数提供值。

（5）函数体：函数的功能实现。函数体是调用函数时被执行的语句块。

（6）return：调用函数时，return 语句用于结束函数体的执行，向调用程序返回返回值，并将程序的执行流程跳转到调用程序。

7.3 函数的调用

函数的调用

无论是自定义函数还是内置函数，调用函数的语法格式都相同，如下所示。

```
function_name(arg_1_value, arg_2_value, … arg_n_value)
```

说明如下。

（1）function_name：被调用函数的函数名，函数名大小写不敏感。

（2）arg_n_value：传递给函数参数列表的参数值。注意参数值的顺序和参数列表的参数顺序需保持一致。

（3）定义函数时，接收外部数据的参数称作形式参数（简称为形参，parameter），调用函数时，传递给函数形参的参数值称作实际参数（简称为实参，argument）。parameter 与 argument 之间的关系可以使用赋值语句“parameter = argument”表示。

说明：在描述形参和实参时，有时本书都将它们称作参数，读者可以通过上下文进行区分。

上机实践 1　自定义函数的定义和调用

知识提示：为了便于管理自定义函数，通常将自定义函数所在的 PHP 程序命名为函数名，并将 PHP 程序统一存放在特定目录（如 functions 目录）下。

（1）在 D:/wamp/www/7 目录下创建“functions”目录，在该目录中创建 PHP 程序 nine_fun.php、nine_with_param_fun.php 和 max_fun.php，它们的代码如图 7-8 所示。

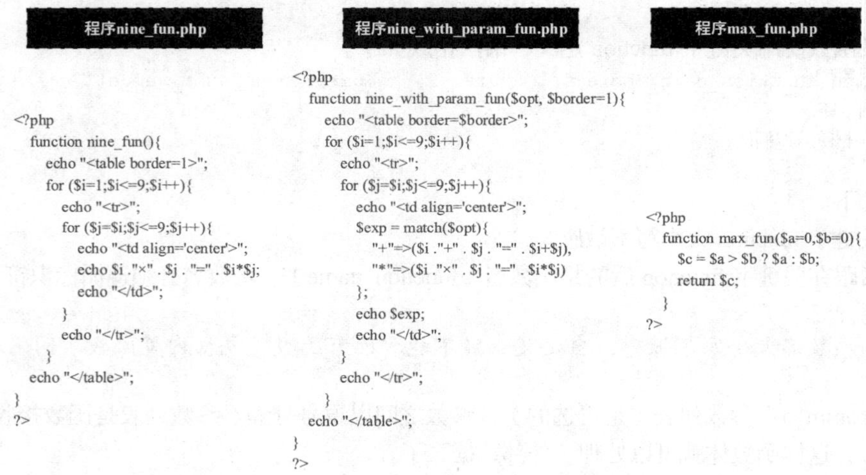

程序nine_fun.php

```
<?php
    function nine_fun(){
        echo "<table border=1>";
        for ($i=1;$i<=9;$i++){
            echo "<tr>";
            for ($j=$i;$j<=9;$j++){
                echo "<td align='center'>";
                echo $i ."×" . $j . "=" . $i*$j;
                echo "</td>";
            }
            echo "</tr>";
        }
    echo "</table>";
}
?>
```

程序nine_with_param_fun.php

```
<?php
    function nine_with_param_fun($opt, $border=1){
        echo "<table border=$border>";
        for ($i=1;$i<=9;$i++){
            echo "<tr>";
            for ($j=$i;$j<=9;$j++){
                echo "<td align='center'>";
                $exp = match($opt){
                    "+"=>($i ."+" . $j . "=" . $i+$j),
                    "*"=>($i ."×" . $j . "=" . $i*$j)
                };
                echo $exp;
                echo "</td>";
            }
            echo "</tr>";
        }
    echo "</table>";
}
?>
```

程序max_fun.php

```
<?php
    function max_fun($a=0,$b=0){
        $c = $a > $b ? $a : $b;
        return $c;
    }
?>
```

图 7-8　PHP 程序 nine_fun.php、nine_with_param_fun.php 和 max_fun.php 的代码

说明 1：PHP 程序 nine_fun.php 定义了一个无参函数 nine_fun，功能是制作九九乘法表；PHP 程序 nine_with_param_fun.php 定义了一个有参函数 nine_with_param_fun，功能是制作九九乘法表或加法表，并可以指定表格的边框宽度，没有指定边框宽度时，默认值是 1；PHP 程序 max_fun.php 定义了一个有返回值的函数 max_fun，功能是计算两个数的最大值。

说明 2：函数 nine_with_param_fun 的参数$border 是可选参数；函数 max_fun 的参数$a 和$b 都是可选参数。定义函数时，建议将可选参数放在参数列表末尾。

说明 3：运行上述 3 个程序将看到空白页面，这是因为这 3 个程序只是定义了函数，并没有调用函数，函数体没有执行。只有调用函数，函数的函数体代码才能执行。

说明 4：如果将 max_fun 函数名修改为 max，则运行 max_fun.php 程序时将产生 Fatal error: Cannot redeclare max()致命错误。这是因为 max 是内置函数，自定义函数不能和内置函数同名。

（2）在 D:/wamp/www/7/目录下创建 PHP 程序 call.php，对上述自定义函数进行调用，该程序的代码及执行结果如图 7-9 所示。

```
<?php
    //请求包含
    include_once(__DIR__ . "/functions/nine_fun.php");
    include_once(__DIR__ . "/functions/nine_with_param_fun.php");
    include_once(__DIR__ . "/functions/max_fun.php");
    //函数的调用
    nine_fun();
    echo "<hr/>";
    nine_with_param_fun('+');
    echo "<hr/>";
    nine_with_param_fun('*',2);
    echo "<hr/>";
    echo max_fun();
    echo "<hr/>";
    echo max_fun(200,100);
?>
```

1×1=1	1×2=2	1×3=3	1×4=4	1×5=5	1×6=6	1×7=7	1×8=8	1×9=9
2×2=4	2×3=6	2×4=8	2×5=10	2×6=12	2×7=14	2×8=16	2×9=18	
3×3=9	3×4=12	3×5=15	3×6=18	3×7=21	3×8=24	3×9=27		
4×4=16	4×5=20	4×6=24	4×7=28	4×8=32	4×9=36			
5×5=25	5×6=30	5×7=35	5×8=40	5×9=45				
6×6=36	6×7=42	6×8=48	6×9=54					
7×7=49	7×8=56	7×9=63						
8×8=64	8×9=72							
9×9=81								

1+1=2	1+2=3	1+3=4	1+4=5	1+5=6	1+6=7	1+7=8	1+8=9	1+9=10
2+2=4	2+3=5	2+4=6	2+5=7	2+6=8	2+7=9	2+8=10	2+9=11	
3+3=6	3+4=7	3+5=8	3+6=9	3+7=10	3+8=11	3+9=12		
4+4=8	4+5=9	4+6=10	4+7=11	4+8=12	4+9=13			
5+5=10	5+6=11	5+7=12	5+8=13	5+9=14				
6+6=12	6+7=13	6+8=14	6+9=15					
7+7=14	7+8=15	7+9=16						
8+8=16	8+9=17							
9+9=18								

1×1=1	1×2=2	1×3=3	1×4=4	1×5=5	1×6=6	1×7=7	1×8=8	1×9=9
2×2=4	2×3=6	2×4=8	2×5=10	2×6=12	2×7=14	2×8=16	2×9=18	
3×3=9	3×4=12	3×5=15	3×6=18	3×7=21	3×8=24	3×9=27		
4×4=16	4×5=20	4×6=24	4×7=28	4×8=32	4×9=36			
5×5=25	5×6=30	5×7=35	5×8=40	5×9=45				
6×6=36	6×7=42	6×8=48	6×9=54					
7×7=49	7×8=56	7×9=63						
8×8=64	8×9=72							
9×9=81								

```
0
200
```

图 7-9　PHP 程序 call.php 的代码及执行结果

说明：如果函数的调用和函数的定义位于不同的 PHP 程序，则需要借助请求包含将函数的定义导入，才能调用自定义函数。如果函数的定义和函数的调用位于同一个 PHP 文件，则无须借助请求包含即可直接调用自定义函数。

上机实践 2　形参的组包和实参的解包

知识提示 1：定义函数时，在形参名前添加“...”前缀，可以将该参数定义为可变长参数。调用函数时，传递给该形参的实参被组包成数组。

知识提示 2：调用函数时，如果实参是数组，则可以在该实参前添加“...”前缀解包数组。

（1）在 D:/wamp/www/functions 目录下创建 PHP 程序 packing_fun.php，该程序的代码及执行结果如图 7-10 所示。

```
<?php
    function max_value(...$numbers) {
        var_dump($numbers);
        echo "<br/>";
        return max($numbers);
    }
    echo max_value(1, 2);
    echo "<br/>";
    echo max_value(1, 2, 3, 4);
?>
```

```
← → C ⌂ ⓘ localhost/7/packing_fun.php
array(2) { [0]=> int(1) [1]=> int(2) }
2
array(4) { [0]=> int(1) [1]=> int(2) [2]=> int(3) [3]=> int(4) }
4
```

图 7-10　PHP 程序 packing_fun.php 的代码及执行结果

说明：本步骤定义了 max_value 函数，调用该函数时，该函数可以接收任意个实参，这些实参会被组包成数组。

（2）在 D:/wamp/www/functions 目录下创建 PHP 程序 unpacking_array_fun.php，该程序的代码及执行结果如图 7-11 所示。

```
<?php
    function add($a, $b) {
        return $a + $b;
    }
    $a = [1, 2];
    echo add(...$a);
    echo "<br/>";
    echo add(...[1, 2]);
?>
```

```
← → C ⌂ ⓘ localhost/7/unpacking_array_fun.php
3
3
```

图 7-11　PHP 程序 unpacking_array_fun.php 的代码及执行结果

说明：调用函数时，如果实参是数组，则可以在实参前添加“...”前缀解包数组。

7.4 变量的作用域和生命周期

变量的作用域和生命周期

变量的作用域决定了 PHP 程序在何地能访问到该变量。在 PHP 中，变量的作用域通过命名空间实现，PHP 将命名空间分为全局命名空间和局部命名空间。

定义变量时的位置决定了该变量是属于全局命名空间还是局部命名空间。

（1）在函数内定义的变量（包括函数的参数）属于局部命名空间。属于局部命名空间的变量称为局部变量。局部变量只能在函数内部访问。局部变量的生命周期非常短暂：函数被调用时，局部命名空间被创建，局部变量被放入局部命名空间中；函数执行结束后，局部命名空间被删除，局部命名空间中的局部变量也被删除。

（2）在 PHP 程序内、函数外定义的变量属于全局命名空间，属于全局命名空间的变量称为全局变量，全局变量被存放在$GLOBALS 数组中，全局变量可以被 PHP 程序的所有 PHP 语句访问。全局变量的生命周期是：PHP 程序运行时，全局命名空间被创建，全局变量被放入全局命名空间中；PHP 程序执行结束时，全局命名空间被删除，全局命名空间中的全局变量也被删除。

7.5 传值赋值和传引用赋值

传值赋值和传引用赋值

调用函数时，需要对自定义函数中的形参进行赋值，有两种赋值方法，分别是传值赋值和传引用赋值。

1．传值赋值

通常情况下，PHP 程序是通过传值赋值为被调用函数的形参赋值的，调用函数时，PHP 程序将值的“拷贝”赋值给函数的参数。例如，PHP 程序 by_value.php 的代码及执行结果如图 7-12 所示（右边的代码等效于左边的代码）。

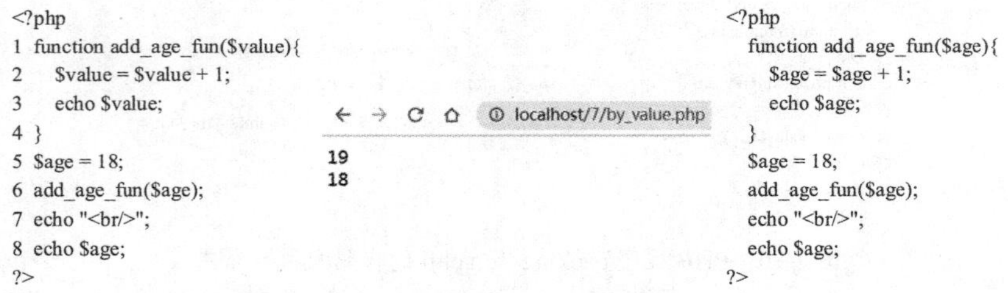
<?php
1 function add_age_fun($value){
2 $value = $value + 1;
3 echo $value;
4 }
5 $age = 18;
6 add_age_fun($age);
7 echo "<br/>";
8 echo $age;
?>
localhost/7/by_value.php
19
18
<?php
function add_age_fun($age){
$age = $age + 1;
echo $age;
}
$age = 18;
add_age_fun($age);
echo "<br/>";
echo $age;
?>

图 7-12　PHP 程序 by_value.php 的代码及执行结果

该程序的执行流程如下，执行过程中的内存变化如图 7-13 所示。

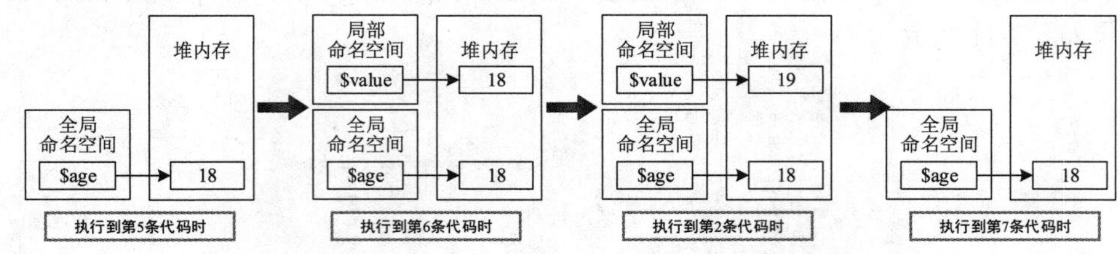
堆内存
全局
命名空间
$age
18
执行到第5条代码时
局部
命名空间
$value
堆内存
18
全局
命名空间
$age
18
执行到第6条代码时
局部
命名空间
$value
堆内存
19
全局
命名空间
$age
18
执行到第2条代码时
堆内存
全局
命名空间
$age
18
执行到第7条代码时

图 7-13　PHP 程序 by_value.php 的执行流程

（1）第 5 条代码定义的变量$age 是全局变量。程序执行到第 5 条代码时，全局变量$age 指向堆内存中的整数 18。

（2）第 6 条代码调用了 add_age_fun 函数，将整数 18 的“拷贝”传递给 add_age_fun 函数的参数$value，由于参数$value 在函数内定义，所以参数$value 是局部变量。程序执行到第 6 条代码时，局部变量$value 指向堆内存中整数 18 的“拷贝”。

（3）在 add_age_fun 函数执行期间，程序执行到第 2 条代码时，局部变量$value 执行加 1 操作，堆内存中整数 18 的“拷贝”变为 19。

（4）add_age_fun 函数执行完毕，函数的局部命名空间被删除，局部变量$value 也被删除。全局变量$age 依然指向堆内存中的整数 18。

使用传值赋值时，局部变量在函数执行期间有效，局部变量的作用域是在函数内有效。如果将局部变量$value 的名称改为$age，重新执行程序，读者可自行分析执行流程。需要注意的是，PHP 程序中定义的变量名$age 位于全局命名空间，函数中定义的参数$age 位于局部命名空间，它们是位于不同命名空间的两个变量名，它们的生命周期和作用域并不相同。

2．传引用赋值

自定义函数时，在函数的参数名前添加“&”符号；调用函数时，PHP 程序将值的“引用”赋值给函数的参数，实现传引用赋值。例如，PHP 程序 by_reference.php 的代码及执行结果如图 7-14 所示（右边的代码等效于左边的代码）。

<?php
1 function add_age_fun(&$value){
2 $value = $value + 1;
3 echo $value;
4 }
5 $age = 18;
6 add_age_fun($age);
7 echo "<br/>";
8 echo $age;
?>
localhost/7/by_reference.php
19
19
<?php
function add_age_fun(&$age){
$age = $age + 1;
echo $age;
}
$age = 18;
add_age_fun($age);
echo "<br/>";
echo $age;
?>

图 7-14　PHP 程序 by_reference.php 的代码及执行结果

该程序的执行流程如下，执行过程中的内存变化如图 7-15 所示。

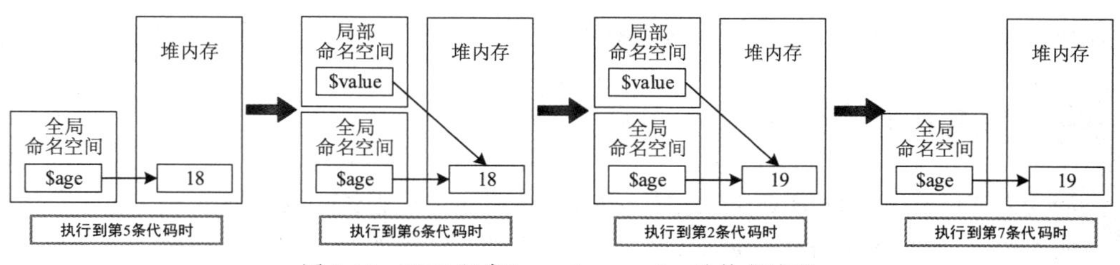

全局命名空间
$age
堆内存
18
执行到第5条代码时
局部命名空间
$value
全局命名空间
$age
堆内存
18
执行到第6条代码时
局部命名空间
$value
全局命名空间
$age
堆内存
19
执行到第2条代码时
全局命名空间
$age
堆内存
19
执行到第7条代码时

图 7-15　PHP 程序 by_reference.php 的执行流程

（1）第 5 条代码定义的变量$age 是全局变量。程序执行到第 5 条代码时，全局变量$age 指向堆内存中的整数 18。

（2）第 6 条代码调用了 add_age_fun 函数，将整数 18 的“引用”传递给 add_age_fun 函数的参数$value，由于参数$value 在函数内定义，所以参数$value 是局部变量。程序执行到第 6 条代码时，局部变量$value 指向堆内存中的整数 18。

（3）在 add_age_fun 函数执行期间，程序执行到第 2 条代码时，局部变量$value 执行加 1 操作，堆内存中的整数 18 变为 19。

（4）add_age_fun 函数执行完毕，函数的局部命名空间被删除，局部变量$value 也被删除。全局变量$age 依然指向堆内存中的整数 19。

使用传引用赋值时，局部变量在函数执行期间有效，局部变量的作用域是在函数内有效。如果将局部变量$value 的名称改为$age，则重新执行程序，读者可自行分析执行流程。需要注意的是，PHP 程序中定义的变量名$age 位于全局命名空间，函数中定义的参数$age 位于局部命名空间，它们是位于不同命名空间的两个变量名，它们的生命周期和作用域并不相同。

总之，无论是采用传值赋值还是传引用赋值，都无法延长局部变量短暂的生命周期，都无法扩大局部变量的作用域；要延长局部变量的生命周期需使用 static 关键字；要扩大局部变量的作用域需使用 global 关键字。

▶注意 1：采用传值赋值，函数无法修改函数外定义的变量值；采用传引用赋值，函数可以修改函数外定义的变量值。

▶注意 2：采用传引用赋值时，传递给函数的值不能是常量，否则将产生 Fatal error 致命错误。

细心的读者可能会有一个疑问：调用函数，采用传值赋值为函数参数赋值时，能不能将一个变量的引用（如&$age）传递给函数？例如，修改 PHP 程序 by_value.php 的代码，修改后的代码及执行结果如图 7-16 所示。

```
<?php
1 function add_age_fun($age){
2     $age = $age + 1;
3     echo $age;
4 }
5 $age = 18;
6 add_age_fun(&$age);
7 echo "<br/>";
8 echo $age;
?>
```

← → C ⌂ ⓘ localhost/7/by_reference.php

Parse error: syntax error, unexpected token "&" in **D:\wamp\www\7\by_reference.php** on line **7**

图 7-16 修改后的 PHP 程序 by_value.php 的代码及执行结果

从执行结果可以看出，PHP 并不鼓励直接将“引用”通过传值赋值的方式传递给函数。

7.6 global 关键字

global 关键字

全局变量被存放在$GLOBALS 数组中，在函数内部可以使用$GLOBALS 数组操作全局变量。例如，PHP 程序 globals.php 的代码及执行结果如图 7-17 所示。从执行结果可以看到，在函数内部可以使用$GLOBALS 数组访问、修改全局变量。

```
<?php
  function add_age_fun(){
    $GLOBALS["age"] = $GLOBALS["age"] + 1;
  }
  $age = 18;
  add_age_fun();
  echo $age;
?>
```

← → C ⌂ ⓘ localhost/7/globals.php

19

图 7-17 PHP 程序 globals.php 的代码及执行结果

在函数内部使用$GLOBALS 数组操作全局变量，代码的可读性比较差。为了提升代码的可读性，PHP 引入了 global 关键字。在函数内部定义的变量名前加上 global 关键字，该变量不再是局部变量，而是升级为全局变量。例如，PHP 程序 global.php 的代码及执行结果如图 7-18 所示。经 global 关键字修饰的变量$age 升级为全局变量（和 PHP 程序内、函数外的变量$age 是同一个全局变量）。

```
<?php
  function add_age_fun(){
    global $age;
    $age = $age + 1;
  }
  $age = 18;
  add_age_fun();
  echo $age;
?>
```

localhost/7/global.php

19

图 7-18　PHP 程序 global.php 的代码及执行结果

7.7 static 关键字

static 关键字

局部变量的生命周期是短暂的：调用函数时被创建，函数执行结束后被删除。有时我们希望延长局部变量的生命周期，在局部变量名前加上 static 关键字即可，为便于描述，本书将这种局部变量称为静态局部变量。静态局部变量在函数调用区间只被初始化一次，并且能够从第一次调用一直存活到下一次调用。

例如，PHP 程序 static.php 的代码及执行结果如图 7-19 所示。

```
<?php
1  function add_static_fun(){
2      static $age = 18;
3      $age++;
4      echo $age;
5      echo "<br/>";
6  }
7  $age = 0;
8  add_static_fun();
9  add_static_fun();
10 echo $age;
?>
```

localhost/7/static.php

19
20
0

图 7-19　PHP 程序 static.php 的代码及执行结果

该程序的执行流程如下，执行过程中的内存变化如图 7-20 所示。

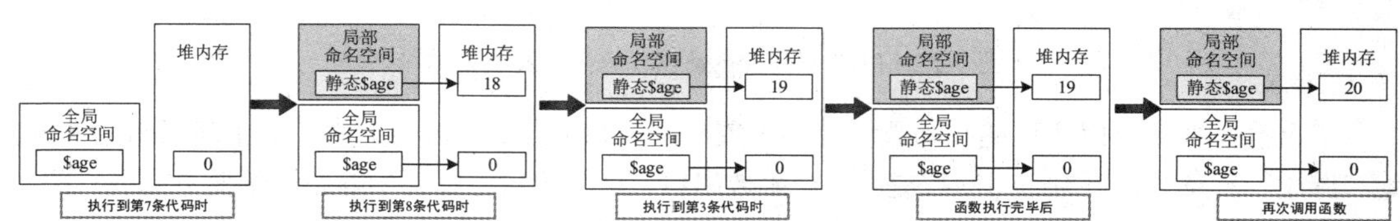

图 7-20　PHP 程序 static.php 的执行流程

（1）程序执行到第 7 条代码时，全局变量$age 指向堆内存中的整数 0。

（2）程序执行到第 8 条代码时，调用 add_age_fun 函数，局部变量$age 是静态局部变量，并被初始化为整数 18（指向堆内存中的整数 18）。

（3）在 add_age_fun 函数执行期间，程序执行到第 3 条代码时，静态局部变量$age 执行加 1 操作，堆内存中的整数 18 变为 19。

（4）add_age_fun 函数执行完毕，程序的执行流程跳转到调用程序，静态局部变量$age 没有被删除。

（5）再次调用 add_age_fun 函数，不再被初始化为整数 18，而是静态局部变量$age 执行加 1 操作，堆内存中的整数 19 变为 20。

> ▶注意：静态局部变量只在 PHP 程序的当前执行中有效，如果刷新了页面，则一切又将从头开始。

如果将程序 static.php 中的 static 关键字删除，则程序执行过程中的内存变化如图 7-21 所示。

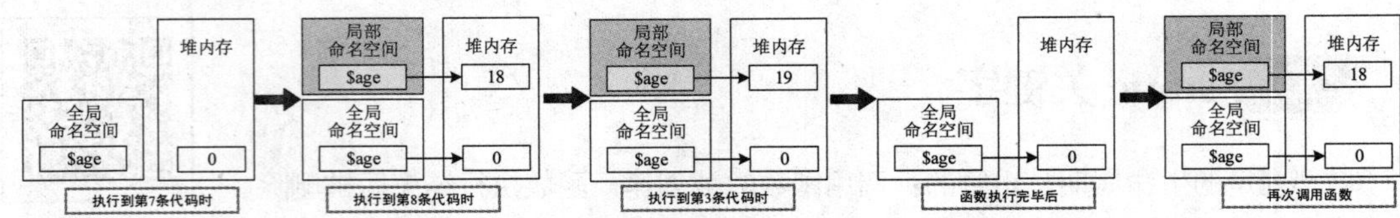

图 7-21　修改后的 PHP 程序 static.php 的执行流程

利用静态局部变量可以制作一个交替出现 3 种颜色的列表。例如，PHP 程序 toggle.php 的代码及执行结果如图 7-22 所示。

```
<?php
  function toggle(){
    static $color = "gray";
    $color = match($color){
      "white"=>"gray",
      "gray"=>"pink",
      "pink"=>"white",
    };
    return $color;
  }
?>
<table border=1>
<?php
  for ($i=0;$i<10;$i++){
    $color = toggle();
    echo "<tr bgcolor='$color'><td>第" . $i . "行</td></tr>";
  }
?>
</table>
```

localhost/7/toggle.php

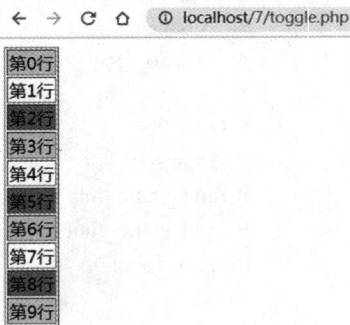

第0行
第1行
第2行
第3行
第4行
第5行
第6行
第7行
第8行
第9行

图 7-22　PHP 程序 toggle.php 的代码及执行结果

借助静态变量可以实现递归函数。递归函数是一种调用自身的函数，为了防止递归函数无休止地“调用”自身，必须为递归函数提供一个函数出口，这个出口可以使用静态局部变量完成。例如，PHP 程序 recursion.php 的代码、执行流程及执行结果如图 7-23 所示。

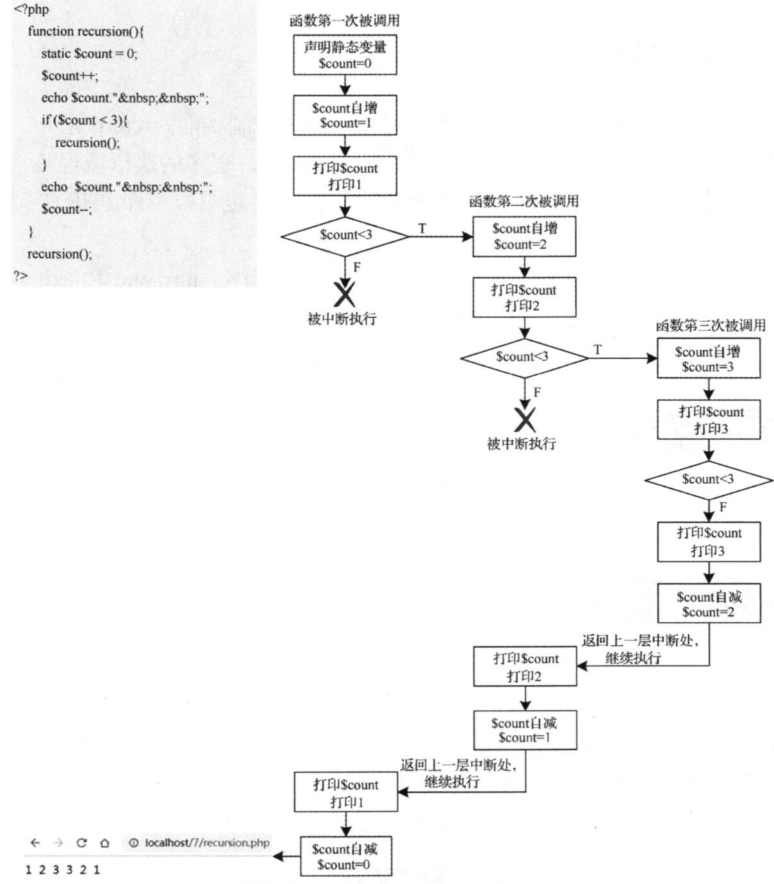

图 7-23 PHP 程序 recursion.php 的代码、执行流程及执行结果

7.8 变量函数

变量函数

变量函数类似于可变变量，变量函数的函数名是变量。使用变量函数可以通过改变变量值的方法调用不同的函数。调用变量函数的语法格式如下。

```
$varName(param_1_value, param_2_value, … param_n_value)
```

例如，PHP 程序 call_var_fun.php 的代码及执行结果如图 7-24 所示。

```
<?php
  //请求包含
  include_once(__DIR__ . "/functions/nine_with_param_fun.php");
  //函数的调用
  $function_name = "nine_with_param_fun";
  $function_name('+');
  echo "<hr/>";
  $function_name('*',2);
?>
```

1+1=2	1+2=3	1+3=4	1+4=5	1+5=6	1+6=7	1+7=8	1+8=9	1+9=10
2+2=4	2+3=5	2+4=6	2+5=7	2+6=8	2+7=9	2+8=10	2+9=11	
3+3=6	3+4=7	3+5=8	3+6=9	3+7=10	3+8=11	3+9=12		
4+4=8	4+5=9	4+6=10	4+7=11	4+8=12	4+9=13			
5+5=10	5+6=11	5+7=12	5+8=13	5+9=14				
6+6=12	6+7=13	6+8=14	6+9=15					
7+7=14	7+8=15	7+9=16						
8+8=16	8+9=17							
9+9=18								

1×1=1	1×2=2	1×3=3	1×4=4	1×5=5	1×6=6	1×7=7	1×8=8	1×9=9
2×2=4	2×3=6	2×4=8	2×5=10	2×6=12	2×7=14	2×8=16	2×9=18	
3×3=9	3×4=12	3×5=15	3×6=18	3×7=21	3×8=24	3×9=27		
4×4=16	4×5=20	4×6=24	4×7=28	4×8=32	4×9=36			
5×5=25	5×6=30	5×7=35	5×8=40	5×9=45				
6×6=36	6×7=42	6×8=48	6×9=54					
7×7=49	7×8=56	7×9=63						
8×8=64	8×9=72							
9×9=81								

图 7-24 PHP 程序 call_var_fun.php 的代码及执行结果

7.9 return 和 exit

return 和 exit

exit（die 的别名）和 return 语句都可以实现程序的流程控制功能。return 语句用于结束当前 PHP 程序的运行，然后向调用程序返回返回值，程序的执行流程跳转到调用程序。return 既可以当作函数使用，如“return($value)”，也可以当作 PHP 语句使用，如“return $value”。

return 与 exit 都可以终止程序的运行，下面的 2 个 PHP 程序 return.php 和 exit.php 演示了 return 和 exit 的相似之处，这两个程序的代码、访问它们的 URL 网址及执行结果如图 7-25 所示。

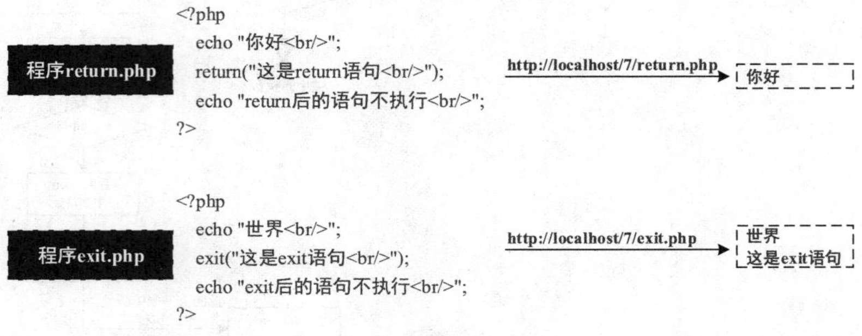

程序return.php
<?php
echo "你好
";
return("这是return语句
");
echo "return后的语句不执行
";
?>
http://localhost/7/return.php
你好
程序exit.php
<?php
echo "世界
";
exit("这是exit语句
");
echo "exit后的语句不执行
";
?>
http://localhost/7/exit.php
世界
这是exit语句

图 7-25 return 和 exit 的相似之处

return 和 exit 之间的区别是 exit 会结束所有 PHP 程序的运行，而 return 只会结束当前 PHP 程序的运行。下面的 2 个 PHP 程序 return_then_exit.php 和 exit_then_return.php 演示了 return 和 exit 之间的不同之处，两个程序的代码、访问它们的 URL 网址及执行结果如图 7-26 所示。

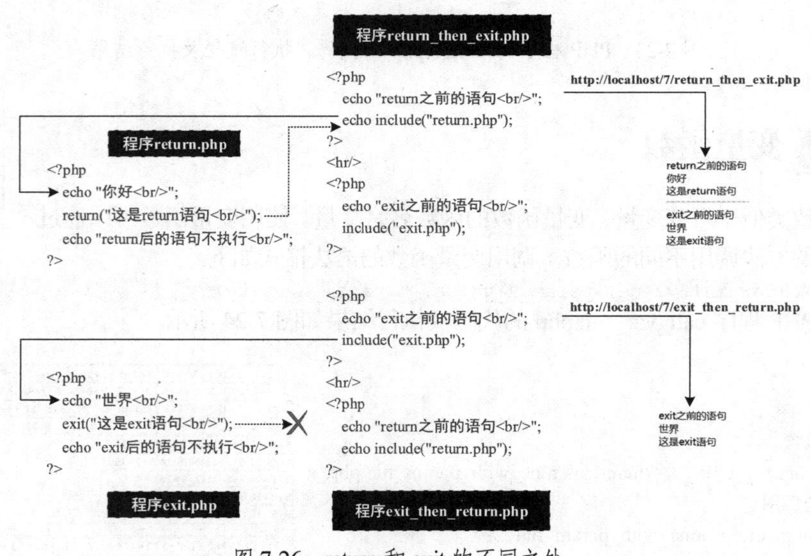

程序return_then_exit.php
<?php
echo "return之前的语句
";
echo include("return.php");
?>
<hr/>
<?php
echo "exit之前的语句
";
include("exit.php");
?>
http://localhost/7/return_then_exit.php
return之前的语句
你好
这是return语句
exit之前的语句
世界
这是exit语句
程序return.php
<?php
echo "你好
";
return("这是return语句
");
echo "return后的语句不执行
";
?>
<?php
echo "exit之前的语句
";
include("exit.php");
?>
<hr/>
<?php
echo "return之前的语句
";
echo include("return.php");
?>
http://localhost/7/exit_then_return.php
exit之前的语句
世界
这是exit语句
<?php
echo "世界
";
exit("这是exit语句
");
echo "exit后的语句不执行
";
?>
程序exit.php
程序exit_then_return.php

图 7-26 return 和 exit 的不同之处

上机实践 1 自定义函数综合示例

知识提示：文件上传是 Web 应用程序的常用功能，将文件上传功能封装成函数，可以方便代码的移植、重用和维护。下面制作一个实现文件上传功能的 upload 函数。

（1）在 C:\wamp\www\7\functions 目录下创建 PHP 程序 file_fun.php，该程序定义了 upload_fun 函数，该程序的代码如图 7-27 所示。

```
<?php
function upload_fun($file, $file_path){
    $error = $file['error'];
    switch($error){
        case 0:
            $file_name = $file['name'];
            $destination = __DIR__ . "/../" . $file_path . "/" . $file_name;
            move_uploaded_file($file['tmp_name'],$destination);
            return 1;
        case 4:
            return 0;
        default:
            return -1;
    }
}
?>
```

图 7-27　PHP 程序 file_fun.php 的代码

（2）在 C:\wamp\www\7\目录下创建表单页面程序 form.html 和函数测试程序 form.php，两个程序的代码如图 7-28 所示。

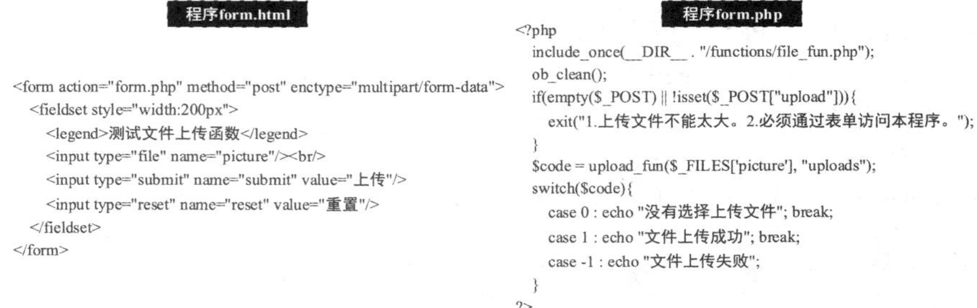

程序form.html

```
<form action="form.php" method="post" enctype="multipart/form-data">
    <fieldset style="width:200px">
        <legend>测试文件上传函数</legend>
        <input type="file" name="picture"/><br/>
        <input type="submit" name="submit" value="上传"/>
        <input type="reset" name="reset" value="重置"/>
    </fieldset>
</form>
```

程序form.php

```
<?php
    include_once(__DIR__ . "/functions/file_fun.php");
    ob_clean();
    if(empty($_POST) || !isset($_POST["upload"])){
        exit("1.上传文件不能太大。2.必须通过表单访问本程序。");
    }
    $code = upload_fun($_FILES['picture'], "uploads");
    switch($code){
        case 0 : echo "没有选择上传文件"; break;
        case 1 : echo "文件上传成功"; break;
        case -1 : echo "文件上传失败";
    }
?>
```

图 7-28　程序 form.html 和 form.php 的代码

▶注意 1：使用 include_once 请求包含目的资源时，如果不希望目的资源有任何输出，则建议将 include_once 放置在代码开始处，并在 include_once 后紧跟 ob_clean。

▶注意 2：upload_fun 函数的语法格式是 upload_fun(array $file,string $file_path) : int。函数的功能是将文件上传框选择的文件$file 上传到$file_path 目录下。在调用 upload_fun 函数前，必须手工创建$file_path 目录。

（3）在目录 C:\wamp\www\7 下创建 uploads 目录，该目录用于存放所有上传文件。

（4）打开浏览器，在地址栏中输入 URL 网址 http://localhost/7/form.html，测试 upload_fun 函数，执行结果如图 7-29 所示。

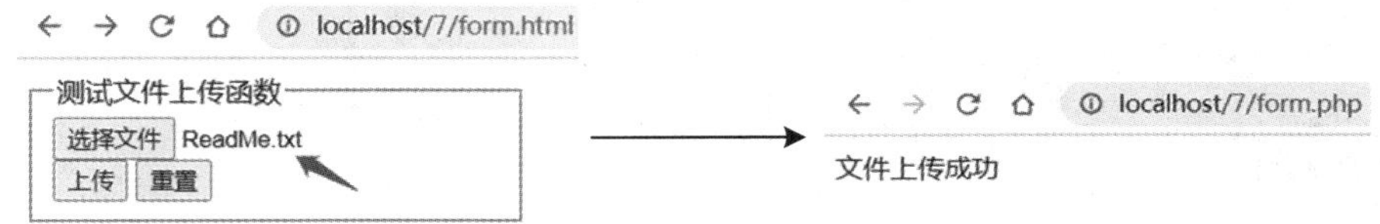

图 7-29　测试 upload_fun 函数

可以看到：将常用功能封装成函数后，文件上传的代码明显简化。将文件上传功能封装成函数后，方便了代码的移植、重用和维护。

上机实践 2　自定义函数

（1）在 D:/wamp/www/目录下创建“7”目录，本章涉及的所有 PHP 程序都存放到该目录。

（2）将本章的所有 PHP 程序部署到 Apache 服务器，并执行这些 PHP 程序。

习题

一、选择题

（1）下面 PHP 程序的执行结果是什么？（　　）

```
<?php
function print_A(){
    $A = " I love PHP.";
    echo "A值为: ".$A;
    return $A;
}
$B = print_A();
echo "B值为: ".$B;
?>
```

A. A 值为: I love PHP. B 值为: I love PHP.

B. A 值为: B 值为: I love PHP.

C. A 值为: B 值为:

D. A 值为: I love PHP. B 值为:

（2）下面 PHP 程序的执行结果是什么？（　　）

```
<?php
function sort_my_array(&$array){
      return sort($array);
}
$a1 = array(3, 2, 1);
var_dump(sort_my_array($a1));
?>
```

A. NULL

B. array(3) { [0]=> int(1) [1]=> int(2) [2]=> int(2) }

C. 一个引用错误

D. array(3) { [2]=> int(1) [1]=> int(2) [0]=> int(3) }

E. bool(true)

（3）下面 PHP 程序的执行结果是什么？（　　）

```
<?php
$A="Hello";
function print_A(){
    $A = "php mysql!!";
    global $A;
    echo $A;
}
echo $A;
print_A();
?>
```

A. Hello　　B. php mysql !!　　C. Hello Hello　　D. Hello php mysql !!

（4）为下面的代码片段选择一个合适的函数声明（函数使用 2000 作为默认年份）。（　　）

```
<?php
/* 函数声明处 */
{    $is_leap = (!($year %4) && (( $year % 100) ||!($year % 400)));
    return  $is_leap;
}
var_dump(is_leap(1987)); /* Displays false */
var_dump(is_leap()); /* Displays true */
?>
```

A. function is_leap($year = 2000)　　B. is_leap($year default 2000)

C. function is_leap($year default 2000)　　D. function is_leap($year)

E. function is_leap(2000 = $year)

（5）程序 script.php 如下。打开浏览器，在地址栏中输入 http://localhost/script.php?c=25，执行该程序，执行结果为（　　）。

```
<?php
function process($c, $d = 25){
    global $e;
    $retval =  $c + $d - $_GET['c'] - $e;
    return $retval;
}
$e = 10;
echo process(5);
?>
```

A. 25　　B. −5　　C. 10

D. 5　　E. 0

（6）执行时（run-time），包含一个 PHP 脚本程序使用______，而编译时（compile-time）包含一个 PHP 脚本程序使用______。（　　）

A. include_once, include　　B. require, include

C. require_once, include　　D. include, require

E. 以上皆可

（7）调用函数时，在什么情况下不能给函数的参数赋常量值？（　　）

A. 当参数是布尔值时　　B. 当函数是类中的成员时

C. 当参数是通过引用传递时　　D. 当函数只有一个参数时

E. 永远不会

（8）一段脚本如何才算彻底终止？（　　）

A. 调用 exit()时　　B. 执行到文件结尾时

C. PHP 崩溃时　　D. Apache 由于系统故障终止时

二、程序阅读题

（1）写出下面程序的输出结果。

```
<?php
$count = 5;
function get_count(){
    static $count = 0;
    return $count++;
}
echo $count;
++$count;
echo get_count();
echo get_count();
?>
```

（2）写出下面程序的输出结果。

```
<?php
$GLOBALS['var1'] = 5;
$var2 = 1;
function get_value(){
    global $var2;
    $var1 = 0;
    $var2++;
    return $var2;
}
get_value();
echo $GLOBALS['var1'];
echo $var1;
echo $var2;
?>
```

（3）写出下面程序的输出结果。

```
<?php
function get_arr($arr){
unset($arr[0]);
}
$arr1 = array(1, 2);
$arr2 = array(1, 2);
get_arr(&$arr1);
get_arr($arr2);
echo count($arr1);
echo count($arr2);
?>
```

三、问答题

函数的参数赋值方式有传值赋值和传引用赋值，请说明这两种赋值方式的区别，并讨论何时使用传值赋值，何时使用传引用赋值。

四、编程题

（1）用最少的代码编写一个求 3 个整数最大值的函数。

（2）创建自定义函数实现多文件上传。

（3）有一个一维数组，里面存储整型数据，请写一个函数，将一维数组按从小到大的顺序排列。

（4）编写函数实现以下功能：将字符串"open_door"转换成"OpenDoor"，"make_by_id"转换成"MakeById"。

（5）创建自定义函数判断某字符串是否是合法 IP 地址。

第 8 章 PHP 结构化编程和 PHP 面向对象编程

本章首先介绍结构化编程的缺点和面向对象编程的优点，接着介绍自定义类的语法格式、构造方法的语法格式、使用 new 创建对象、$this 和“->”的作用、方法的调用、引入静态方法的原因、静态方法和普通方法的区别、静态方法的调用，最后对结构化编程和面向对象编程进行对比。通过本章的学习，读者将深入理解对象的本质，并具备利用面向对象编程的思想开发简单 Web 应用程序的能力。

结构化编程

8.1 结构化编程

在整个编程语言发展的历史进程中，先有结构化编程（Structured Programming，SP），后有面向对象编程（Object-Oriented Programming，OOP）。

结构化编程的核心思想是自顶向下，分而治之，功能分解。结构化编程认为：计算机程序由一组功能组成，任何过于复杂且无法简单描述的功能都可以被分解为一组更小的功能，直到这些功能足够小、足够独立、易于理解。结构化编程将功能分解为若干个子功能，功能之间相互调用，简化问题的同时最终解决了问题。功能的英文单词是 function，对应于结构化编程中的“函数”。

例如，已知三角形 3 条边的边长 a、b、c，计算三角形的面积、周长，按照角度分类，判断三角形是否是直角三角形、锐角三角形、钝角三角形。这些问题都可以采用结构化编程的思路解决。以计算三角形的面积为例，可以将该问题分解为如下 4 个子问题，如图 8-1 所示。

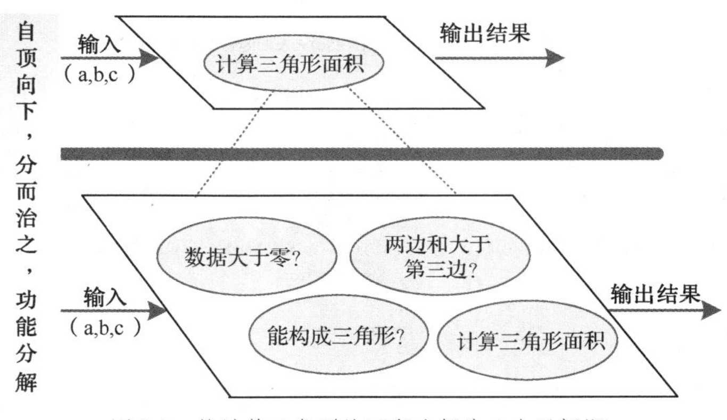

图 8-1　将计算三角形的面积分解为 4 个子问题

（1）判断数据是否大于零（greater than zero）。

（2）判断任意两个数据之和是否大于第三个数据。

（3）判断 3 个数据能否构成三角形。

（4）计算三角形的面积。

将功能分解为若干个子功能，每个子功能对应一个函数，函数之间相互调用，最终可以解决所有三角形问题，如图 8-2 所示。

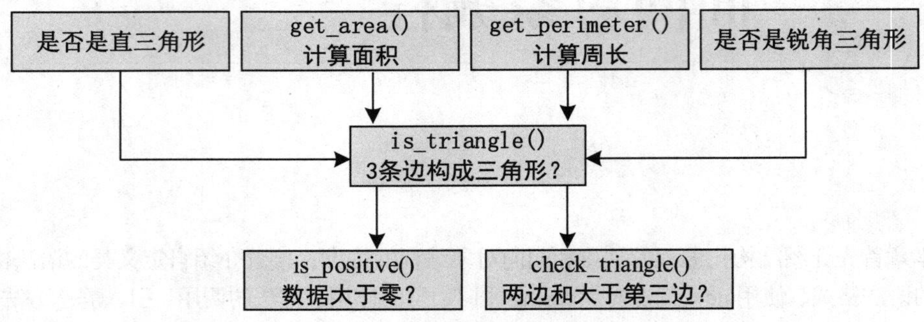

图 8-2 将计算三角形问题分解为若干个函数

上机实践 使用结构化编程解决三角形问题

（1）在 D:/wamp/www/目录下创建“8”目录，在“8”目录中创建“functions”目录。在“functions”目录中创建 PHP 程序 triangle_fun.php，该程序定义了 5 个函数，这 5 个函数的代码及调用关系如图 8-3 所示。

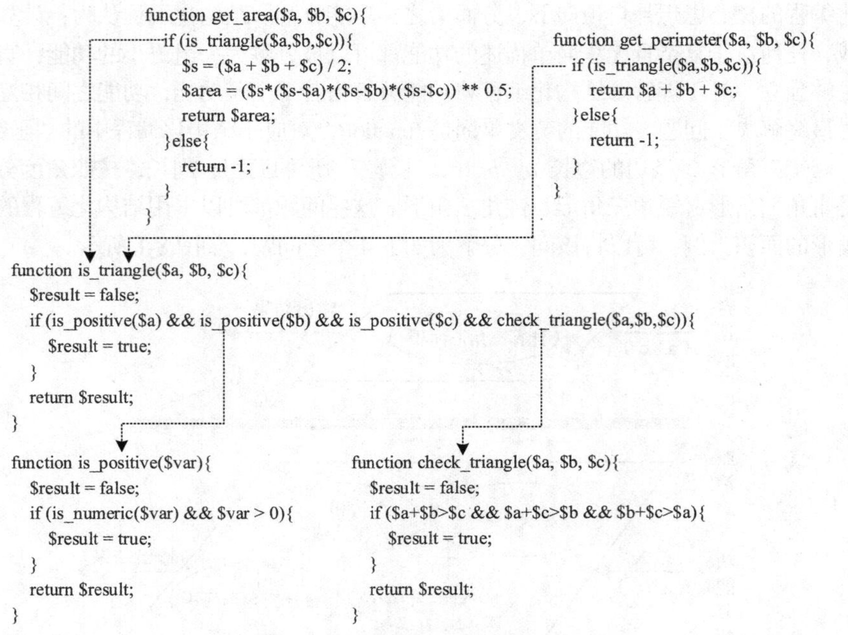

```
function get_area($a, $b, $c){
    if (is_triangle($a,$b,$c)){
        $s = ($a + $b + $c) / 2;
        $area = ($s*($s-$a)*($s-$b)*($s-$c)) ** 0.5;
        return $area;
    }else{
        return -1;
    }
}

function get_perimeter($a, $b, $c){
    if (is_triangle($a,$b,$c)){
        return $a + $b + $c;
    }else{
        return -1;
    }
}

function is_triangle($a, $b, $c){
    $result = false;
    if (is_positive($a) && is_positive($b) && is_positive($c) && check_triangle($a,$b,$c)){
        $result = true;
    }
    return $result;
}

function is_positive($var){
    $result = false;
    if (is_numeric($var) && $var > 0){
        $result = true;
    }
    return $result;
}

function check_triangle($a, $b, $c){
    $result = false;
    if ($a+$b>$c && $a+$c>$b && $b+$c>$a){
        $result = true;
    }
    return $result;
}
```

图 8-3 使用结构化编程解决三角形问题

说明 1：限于篇幅，本步骤定义了 5 个函数，其中包括计算三角形面积 get_area 函数和计算三角形周长 get_perimeter 函数。其他 3 个函数是这两个函数的辅助函数，负责校验数据的有效性。

说明 2：get_area 函数和 get_perimeter 函数在计算三角形面积和周长时，如果是有效数据，则根据 3 条边长计算面积和周长，如果是无效数据，则返回-1。

（2）在 D:/wamp/www/8/目录下创建 PHP 程序 call.php，计算边长为（3，4，5）的三角形的面积和周长，计算边长为（1，2，3）的三角形的面积和周长，该程序的代码及执行结果如图 8-4 所示。

```
<?php
include_once(__DIR__ . "/functions/triangle_fun.php");
var_dump(get_area(3,4,5));
echo "<br/>";
var_dump(get_perimeter(3,4,5));
echo "<br/>";
var_dump(get_area(1,2,3));
echo "<br/>";
var_dump(get_perimeter(1,2,3));
?>
```

localhost/8/call.php

```
float(6)
int(12)
int(-1)
int(-1)
```

图 8-4　PHP 程序 call.php 的代码及执行结果

说明：早期的 PHP 是结构化编程语言，那时的 PHP 程序充斥着大量的函数。结构化编程在某种程度上能够避免代码冗余，增强代码的复用性，例如，计算边长为（3、4、5）的三角形面积时，只需要调用 get_area(3,4,5)即可。一个只包含几个简单字符的函数名背后隐藏的可能是成百上千行代码。

8.2 面向对象编程

面向对象编程

三角形边长是（a，b，c），它的面积是多少？周长是多少？按照角度分类，它是直角三角形、锐角三角形，还是钝角三角形？按照边长分类，它是等腰三角形、等边三角形，还是一般三角形？为了解决这些问题，我们可以编写计算面积的函数、计算周长的函数、判断是否是直角三角形的函数、判断是否是钝角三角形的函数、判断是否是锐角三角形的函数，如图 8-5 所示。

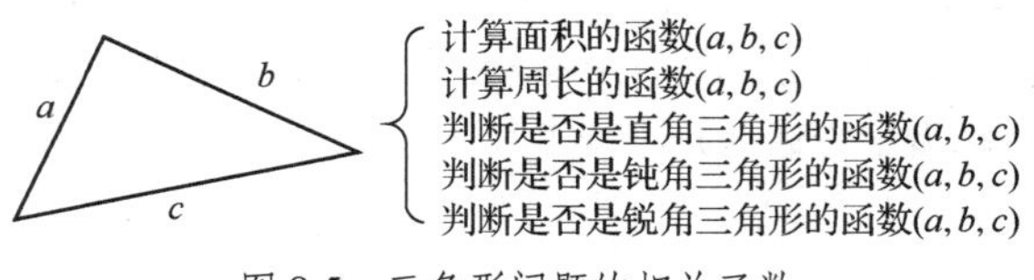

图 8-5　三角形问题的相关函数

结构化编程的确可以解决上述所有问题，但是细心的读者会感觉出异样。这些函数都需要接收 a、b、c 3 个参数，a、b、c 3 个参数多次出现，a、b、c 3 个参数存在冗余问题。

有没有一种新的编程方法，将 a、b、c 3 个参数与这些函数牢牢绑定在一起，这些函数不接收 a、b、c 3 个参数，却能够隐式地访问 a、b、c 3 个参数，这就是面向对象编程。面向对象编程在结构化编程的基础上进一步避免了参数冗余，增强了代码的复用性。

在面向对象编程语言中，将参数和函数牢牢“绑定”在一起的叫作对象，对象的数据类型叫作“类”。函数已经不同于传统意义的函数，因为函数可以隐式地访问参数；参数已经不同于传统意义的参数，因为参数已经不再被显式地传递给这些函数。为了便于区分，面向对象编程语言中的参数叫作属性（property），函数叫作方法（method），方法可以隐式地访问属性，如图 8-6 所示。

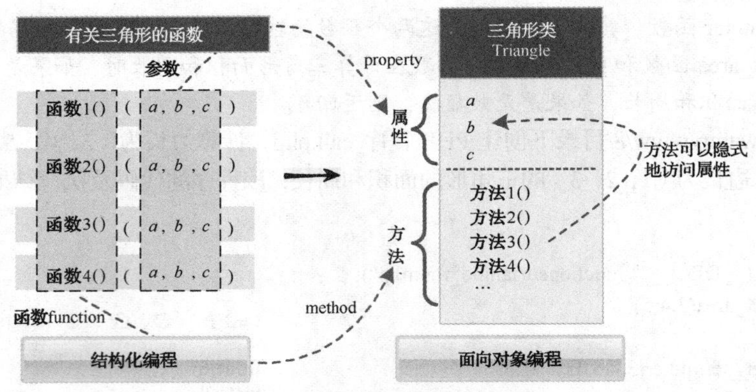

图 8-6 结构化编程和面向对象编程的对比

说明 1：方法本质还是函数，只不过是一种绑定在对象上的函数；属性本质还是参数，只不过是一种绑定到对象上的参数。

说明 2：类是数据类型，一个类可以创建无数个对象，这些对象属于同一个类，属于同一种数据类型。

说明 3：对象的方法可以隐式地访问自己（$this）的属性，避免了参数冗余，增强了代码的复用性。

面向对象编程能够在结构化编程的基础上进一步避免代码冗余，增强代码的复用性，现在的编程语言（如 Java、Python 等）都是面向对象编程语言，PHP 从 PHP4 开始，逐渐支持面向对象。

理解类和对象之间的关系

8.3 理解类和对象之间的关系

类和对象之间的关系就像菜谱和菜之间的关系。菜谱罗列了食材和操作流程，但菜谱是类，不是对象，菜谱并不可以吃。厨师购买了食材，本质是厨师为菜谱中的食材赋值的过程；厨师按照操作流程可以做出无数佳肴，这些佳肴都是菜谱的对象。菜谱上罗列的食材是属性，菜谱上定义的操作流程是方法。

类是模板，是蓝图（blueprint），是数据类型，一个类可以创建无数个对象，对象必须有数据类型，类与对象的关系是抽象与具体的关系。图 8-7 所示的三角形类 Triangle 创建了两个三角形对象，对象的方法可以隐式地访问自己（$this）的属性。

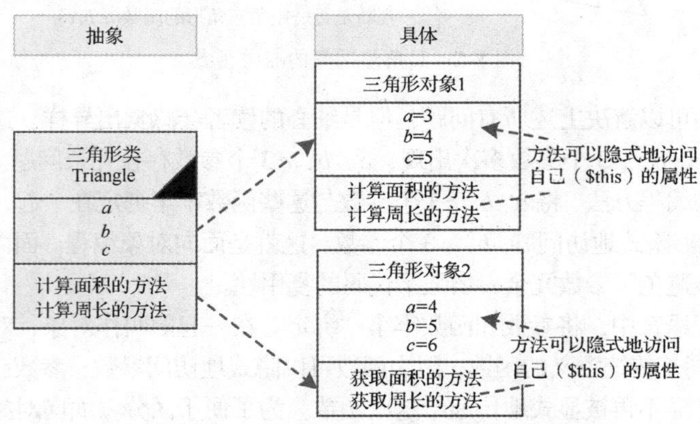

图 8-7 三角形类 Triangle 创建了两个三角形对象

说明 1：面向对象编程是一种将一组属性和一组行为绑定到单个对象的编程方法，对象封装了属性和方法。

说明 2：PHP 中对象的方法访问自己的属性时，是通过“自己”访问的，通常将“自己”命名为$this。

一个类可以创建无数个对象，这些对象属于同一种类（也叫数据类型）。创建对象的过程就是为类的属性赋值的过程；对象的属性“值”是确定的、具体的。

8.4 自定义类、创建对象和方法的调用

无论哪一种面向对象编程语言，在讲解对象知识时，都是先从自定义类开始讲起的，PHP 也不例外。这是因为，面向对象编程是面向“数据类型”的问题解决方案，问题可以分解为若干个数据类型（也叫类），对象是通过类创建的，有了类才有了对象，管理了对象就管理了现实世界的事物。

自定义类和创建类的对象

8.4.1 自定义类和创建类的对象

自定义类也称作自定义数据类型，从本节开始，我们可以在 PHP 中自定义数据类型，而不是仅仅使用 PHP 内置的数据类型。和其他面向对象编程语言一样，PHP 也是使用 class 关键字自定义类，以自定义三角形类 Triangle 为例，语法格式如下。关键字 class 表示自定义类，关键字 class 后跟类名（此处是 Triangle），然后是“{}”。

```
class Triangle{
}
```

说明 1：结构化编程是将程序中频繁使用的代码封装成函数，避免代码冗余，提高代码的复用性。调用函数时，通信的内容是参数。面向对象编程是将联系过于紧密的“参数”和“函数”“封装”在一起形成“类”，“参数”称作属性（property），“函数”称作方法（method）。

说明 2：Triangle 类没有定义任何属性和方法，Triangle 类是最简单的自定义类（也叫自定义数据类型）。

类是数据类型，一个类可以创建无数个对象，这些对象属于同一种类（也叫数据类型）。Triangle 类被定义后，就可以通过“new 关键字+类名()”的方式创建该类的对象。

例如，PHP 程序 Triangle1.php 的代码及执行结果如图 8-8 所示。该程序首先定义了 Triangle 类，然后通过该类创建了 3 个三角形对象，第 1 个和第 2 个三角形对象分别命名为$t1 和$t2，最后一个三角形对象没有被变量引用。

```
<?php
  class Triangle {
  }
  $t1 = new Triangle();
  var_dump($t1);
  $t2 = new Triangle;
  echo "<hr/>";
  var_dump($t2);
  echo "<hr/>";
  new Triangle;
?>
```

```
localhost/8/Triangle1.php
object(Triangle)#1 (0) { }
object(Triangle)#2 (0) { }
```

图 8-8 PHP 程序 Triangle1.php 的代码及执行结果

说明 1：创建类的对象时，如果类名后的“()”中没有参数，则可以省略“()”。

说明 2：执行结果中的(0){ }表示该对象没有属性。

8.4.2　定义构造方法和创建类的对象

定义构造方法和创建类的对象

对象将属性和方法牢牢“绑定”在一起，对象由类创建，对象由属性和方法构成。前面创建的两个三角形对象$t1 和$t2，我们并没有向其添加任何属性。通过定义构造方法可以向对象添加属性。

PHP 面向对象编程中的构造方法是_ _construct，通过构造方法可以为对象添加属性。构造方法_ _construct 的语法格式如下。

```
[public] _ _construct(mixed ...$values = ""): void{
   $this->property1 = $value1;
   $this->property2 = $value2;
}
```

说明 1：关键字 public 将方法声明为公共方法。公共方法是一种在类的定义的外部可以调用的方法。定义方法时，如果省略了 public 关键字，该方法默认就是公共方法。

说明 2：_ _construct 方法称为构造方法，通过它可以构造该类的对象，并为对象添加属性。构造方法没有返回值。由于构造方法以“_ _”开头，因此构造方法是魔法方法。

说明 3：$values 是可变长参数，可以接收任意长度的实参。

说明 4：$this 是一个伪变量，也是一个关键字，只能在“类的定义”中的“方法的定义”中使用，$this 指的是当前对象。

▶注意：方法本质是函数，构造方法也是函数。定义方法的语法格式必须遵循定义函数的语法格式。定义方法与定义函数的不同之处在于：可以在 PHP 程序的任意位置定义函数，但只能在类的定义内部定义方法。

类是数据类型，一个类可以创建无数个对象，这些对象属于同一种类（也叫数据类型）。如果类的定义存在构造方法，并且构造方法中定义了形参，使用“new 关键字+类名( )”创建该类的对象时，必须通过( )传递实参。

例如，PHP 程序 Triangle2.php 的代码及执行结果如图 8-9 所示。该程序首先定义了 Triangle 类，接着在类的定义中定义了_ _construct 构造方法，然后通过该构造方法创建了 2 个三角形对象（分别命名为$t1 和$t2），最后查看了$t1 三角形对象属性 a、b 和 c 的值。

```
<?php
  class Triangle {
    public function __construct($a,$b,$c){
      echo "__construct方法运行了<br/>";
      echo "此时的\$this是空白三角形对象<br/>";
      $this->a = $a;
      $this->b = $b;
      $this->c = $c;
      echo "\$this变成一个存在3个属性的三角形对象<br/>";
      echo "<br/>";
    }
  }
  $t1 = new Triangle(3,4,5);
  $t2 = new Triangle(4,5,6);
  var_dump($t1);
  echo "<br/>";
  var_dump($t2);
  echo "<br/>";
  var_dump($t1->a,$t1->b,$t1->c);
?>
```

```
localhost/8/Triangle2.php

__construct方法运行了
此时的$this是空白三角形对象
$this变成一个存在3个属性的三角形对象

__construct方法运行了
此时的$this是空白三角形对象
$this变成一个存在3个属性的三角形对象

object(Triangle)#1 (3) { ["a"]=> int(3) ["b"]=> int(4) ["c"]=> int(5) }
object(Triangle)#2 (3) { ["a"]=> int(4) ["b"]=> int(5) ["c"]=> int(6) }
int(3) int(4) int(5)
```

图 8-9　PHP 程序 Triangle2.php 的代码及执行结果

说明：执行结果中的(3){["a"=>int(3) "b"=>int(4) "c"=>int(5)]}表示该对象有 3 个属性，“{ }”中罗列了属性名和属性值。

根据执行结果可以得出如下结论。

（1）使用“new 关键字+类名( )”创建类的对象时，本质是调用_ _construct 构造方法。

（2）_ _construct 构造方法负责向对象添加属性，并初始化属性的值。

（3）代码$t1 = new Triangle(3,4,5)的执行流程如图 8-10 所示，图中的虚线表示隐式地传递参数，实线表示显式地传递参数。

① 代码 new Triangle 负责调用_ _construct 构造方法。

② _ _construct 构造方法创建一个空白三角形对象$this。

③ 代码$this->a = $a 负责向空白三角形对象$this 添加属性 a，属性 a 的值被初始化为 3，注意属性名不以“$”字符开头。

④ 三角形对象$this 包含了 a、b、c 3 个属性。

⑤ 三角形对象$this 被赋值语句命名为$t1，此后变量$t1 持有了三角形对象(3,4,5)的引用。

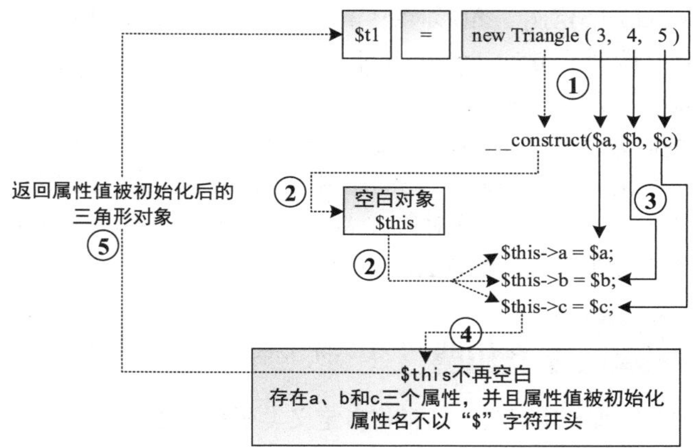

图 8-10 代码$t1 = new Triangle(3,4,5)的执行流程

（4）变量$t1 持有了三角形对象(3,4,5)的引用，通过$t1 可以访问三角形对象(3,4,5)的 3 个属性，代码$t1->a 表示访问三角形对象(3,4,5)属性 a 的值。

（5）在“类的定义”中的“方法的定义”中，“$this”指的是当前对象，通过$this 可以访问到当前对象，PHP 是通过$this 访问自己的属性来避免参数冗余的。

（6）“->”是对象操作符。在构造方法内部，代码$this->a = $a 利用“$this”“->”和“a”向当前对象添加属性 a。在方法内部，可以使用代码 echo $this->a 访问当前对象属性 a 的值。

（7）注意命名规范。变量名以“$”字符开头，对象的属性名不以“$”字符开头。

8.4.3 定义方法和调用方法

对象将属性和方法牢牢“绑定”在一起，对象由类创建，对象由属性和方法构成。前面创建的两个三角形对象 t1 和 t2，我们已经通过构造方法向其添加了 a、b、c 3 个属性，并为 3 个属性赋值。除了构造方法，我们并没有向其添加其他任何方法。

方法本质是函数，将函数的定义写在类的定义的内部，即可定义方法。需要注意，对象的方法可以隐式地访问对象自己的属性，在方法的定义的内部，可以使用$this 访问对象自己的属性。

例如，PHP 程序 Triangle3.php 的代码、执行结果及最后一行代码的执行流程如图 8-11 所示，图中的虚线表示隐式地传递参数。该程序首先定义 Triangle 类，接着在类的定义中定义_ _construct 构造方法和 print_current_obj_property 方法，然后通过该构造方法创建三角形对象（3，4，5）（并命名为$t），最后调用$t 三角形对象的 print_current_obj_property 方法。

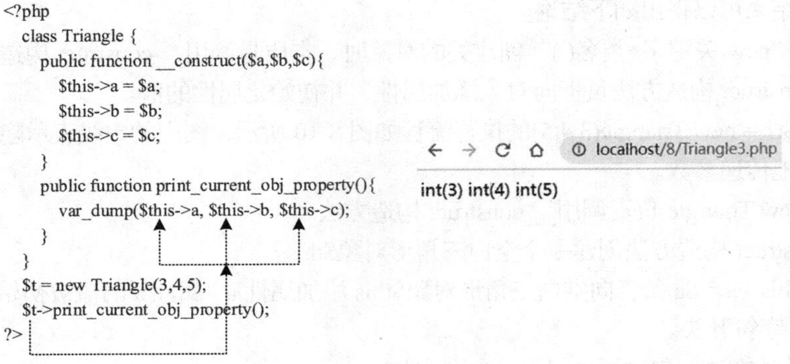

<?php
class Triangle {
public function __construct($a,$b,$c){
$this->a = $a;
$this->b = $b;
$this->c = $c;
}
public function print_current_obj_property(){
var_dump($this->a, $this->b, $this->c);
}
}
$t = new Triangle(3,4,5);
$t->print_current_obj_property();
?>
localhost/8/Triangle3.php
int(3) int(4) int(5)

图 8-11　PHP 程序 Triangle3.php 的代码、执行结果及最后一行代码的执行流程

代码$t = new Triangle(3,4,5)创建三角形对象（3，4，5），并命名为变量$t。在代码$t->print_current_obj_property()中，由于$t 调用了 print_current_obj_property 方法，所以$t 自动将自己隐式地传递给 print_current_obj_property 方法中的$this。

代码$t = new Triangle(3,4,5)通过“$this”隐式地向代码$t->print_current_obj_property()传递了 a、b、c 3 个属性，避免了参数冗余，增强了代码的复用性，这就是面向对象编程的优势所在。

最后再次强调，“$this”指的是当前对象，“->”是对象操作符。在构造方法内部，可以通过“$this”“->”向当前对象添加属性。在方法内部，可以通过“$this”“->”访问当前对象的属性。

上机实践　使用面向对象编程解决三角形问题 1

知识提示：为了便于管理自定义类，通常将自定义类所在的 PHP 程序命名为类名，并将 PHP 程序统一存放在特定目录下（如 cls 目录）。

（1）在 D:/wamp/www/8 目录下创建“cls”目录，在该目录创建 PHP 程序 Triangle.class.php，该程序的代码如图 8-12 所示。该程序定义了 Triangle 类，在类的定义中定义了构造方法、获取三角形面积的方法 get_area 以及获取三角形周长的方法 get_perimeter。

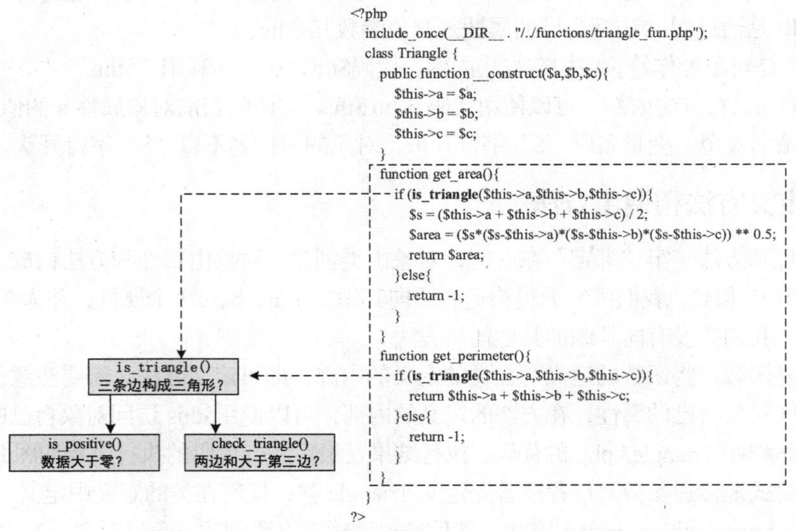

<?php
include_once(__DIR__ . "/../functions/triangle_fun.php");
class Triangle {
public function __construct($a,$b,$c){
$this->a = $a;
$this->b = $b;
$this->c = $c;
}
function get_area(){
if (is_triangle($this->a,$this->b,$this->c)){
$s = ($this->a + $this->b + $this->c) / 2;
$area = ($s*($s-$this->a)*($s-$this->b)*($s-$this->c)) ** 0.5;
return $area;
}else{
return -1;
}
}
function get_perimeter(){
if (is_triangle($this->a,$this->b,$this->c)){
return $this->a + $this->b + $this->c;
}else{
return -1;
}
}
}
?>
is_triangle()
三条边构成三角形？
is_positive()
数据大于零？
check_triangle()
两边和大于第三边？

图 8-12　PHP 程序 Triangle.class.php 的代码

说明：get_area 方法以及 get_perimeter 方法通过调用 is_triangle 函数校验数据的有效性。

（2）在 D:/wamp/www/8 目录下创建 PHP 程序 test_triangle_class.php，通过创建 Triangle 类的对象，并调用对象提供的方法测试 Triangle 类。该程序计算边长为（3，4，5）的三角形的面积和周长，计算边长为（1，2，3）的三角形的面积和周长，该程序的代码及执行结果如图 8-13 所示。

```
<?php
  include_once(__DIR__ . "/cls/Triangle.class.php");
  $t1 = new Triangle(3,4,5);
  echo $t1->get_perimeter();
  echo "<br/>";
  echo $t1->get_area();
  echo "<br/>";
  $t2 = new Triangle(1,2,3);
  echo $t2->get_perimeter();
  echo "<br/>";
  echo $t2->get_area();
?>
```

```
← → C ⌂  ⓘ localhost/8/test_triangle_class.php
12
6
-1
-1
```

图 8-13　PHP 程序 test_triangle_class.php 的代码及执行结果

8.5 静态方法和静态方法的调用

静态方法和静态方法的调用

细心的读者会发现：“上机实践：使用面向对象编程解决三角形问题 1”定义的 Triangle 类中仅仅定义了获取三角形面积的 get_area 方法和获取三角形周长的 get_perimeter 方法，并没有定义校验数据有效性的方法，校验数据有效性的功能依靠函数完成，如图 8-14 所示（虚线框是函数，实线框是方法）。

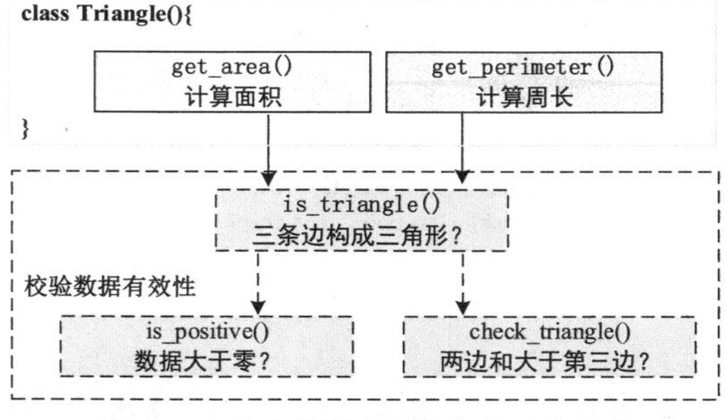

图 8-14　校验数据有效性依靠函数完成

能不能将虚线框中函数的定义添加到类的定义中，成为对象的方法呢？答案是可以，如果将这 3 个函数封装在 Triangle 类的定义中，则这 3 个函数将变成方法。需要注意的是，这 3 个方法有别于 get_area 方法和 get_perimeter 方法，因为它们的可调用时机并不相同：3 个方法的可调用时机早于 get_area 方法和 get_perimeter 方法，如图 8-15 所示。

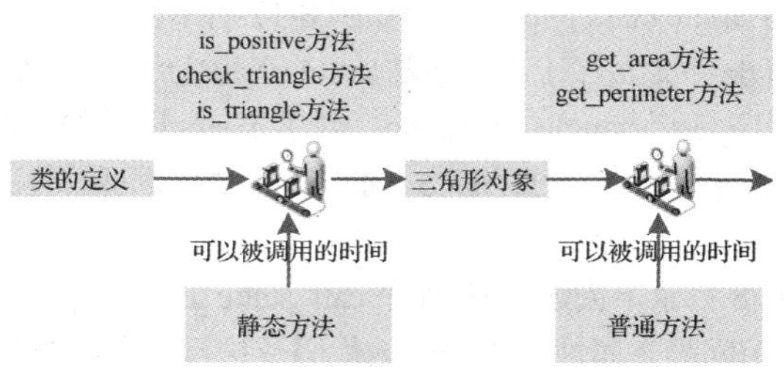

图 8-15　可调用时机不相同

原因如下。

（1）这 3 个方法是为 get_area 方法和 get_perimeter 方法服务的，因此这 3 个方法的可调用时间应该早于 get_area 方法和 get_perimeter 方法。

（2）这 3 个方法应该在创建三角形对象前可以被调用，get_area 方法和 get_perimeter 方法应该在创建三角形对象后被调用。这是因为：只有创建三角形对象后，才可以通过三角形对象获取它的面积和周长，即只有创建三角形对象后，get_area 方法和 get_perimeter 方法才有意义。而对于这 3 个方法，由于它们的功能是校验数据的有效性，在数据校验通过之前，还没有创建三角形对象，因此，这 3 个方法应该在创建三角形对象前可以被调用。

将这 3 个方法声明为静态方法，可以将它们的可调用时间前移。定义方法时，只需在关键字 function 前加上关键字 static，就可以将该方法声明为静态方法。

需要注意，由于静态方法的可调用时间是在创建对象前，因此，不能通过“$this”调用静态方法（“$this”表示当前对象）。在类的定义内部，可以通过关键字 self 调用静态方法。由于“->”是对象操作符，而静态方法不能通过对象调用，所以为了解决这个问题，PHP 引入了双冒号关键字“::”用于调用静态方法（或静态属性）。

说明 1：PHP 官方文档将双冒号关键字“::”称作范围解析运算符（Scope Resolution Operator）。

说明 2：静态方法是通过类名、使用“::”符号调用的。在类的定义内部，通过 self 调用静态方法，self 本质是类名；在类的定义外部可以直接通过类名调用静态方法。

说明 3：方法是通过对象、使用“->”符号调用的。在类的定义内部，通过$this 调用方法，$this 本质是当前对象；在类的定义外部可以直接通过对象名调用方法。

说明 4：属性前加上关键字 static，属性变为静态属性。和静态方法一样，静态属性的可访问时间是在创建对象前，通常情况下，静态属性定义的位置是在方法外，如图 8-16 所示。静态属性是通过类名、使用“::”符号访问的。在类的定义内部，通过 self 访问静态属性，self 本质是类名；在类的定义外部可以直接通过类名访问静态属性。

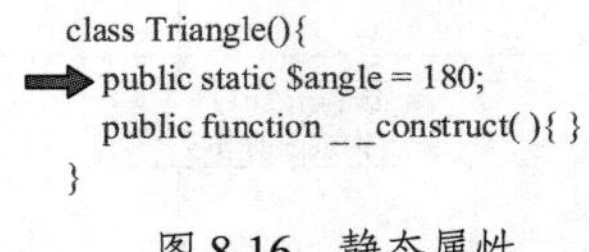
class Triangle(){
public static $angle = 180;
public function _ _construct( ){ }
}

图 8-16 静态属性

▶注意：静态属性的属性名中包含“$”符号，对象的属性名中不包含“$”符号。

上机实践 使用面向对象编程解决三角形问题 2

（1）将 PHP 程序 Triangle.class.php 复制一份，命名为 Triangle0.class.php，以备将来使用。保持 Triangle.class.php 是最新版本。

（2）修改 PHP 程序 Triangle.class.php 的代码如图 8-17 所示。

说明：自定义类 Triangle 中定义了 1 个静态属性、1 个构造方法、3 个静态方法和 2 个普通方法。

（3）重新运行 PHP 程序 test_triangle_class.php，创建 Triangle 类的对象，并调用对象提供的方法测试 Triangle 类。该程序计算边长为（3，4，5）的三角形的面积和周长，计算边长为（1，2，3）的三角形的面积和周长。

（4）在 D:/wamp/www/8 目录下创建 PHP 程序 call_static_method.php，借助类名+“::”，在类的定义外部调用静态方法、访问静态属性。该程序的代码及执行结果如图 8-18 所示。需要注意的是，静态属性的属性名中包含“$”符号。

```php
<?php
  class Triangle {
    public static $angle = 180;
    public function __construct($a,$b,$c){
      $this->a = $a;
      $this->b = $b;
      $this->c = $c;
    }
    static function is_positive($var){
      $result = false;
      if (is_numeric($var) && $var > 0){
        $result = true;
      }
      return $result;
    }
    static function check_triangle($a, $b, $c){
      $result = false;
      if ($a+$b>$c && $a+$c>$b && $b+$c>$a){
        $result = true;
      }
      return $result;
    }
    static function is_triangle($a, $b, $c){
      $result = false;
      if (self::is_positive($a) && self::is_positive($b) && self::is_positive($c) && self::check_triangle($a,$b,$c)){
        $result = true;
      }
      return $result;
    }
    function get_area(){
      if (self::is_triangle($this->a,$this->b,$this->c)){
        $s = ($this->a + $this->b + $this->c) / 2;
        $area = ($s*($s-$this->a)*($s-$this->b)*($s-$this->c)) ** 0.5;
        return $area;
      }else{
        return -1;
      }
    }
    function get_perimeter(){
      if (self::is_triangle($this->a,$this->b,$this->c)){
        return $this->a + $this->b + $this->c;
      }else{
        return -1;
      }
    }
  }
?>
```

图 8-17 修改后的 PHP 程序 Triangle.class.php 的代码

```php
<?php
  include_once(__DIR__ . "/cls/Triangle.class.php");
  var_dump(Triangle::is_positive(1));
  echo "<br/>";
  var_dump(Triangle::is_positive("a"));
  echo "<br/>";
  var_dump(Triangle::is_positive(-1));
  echo "<br/>";
  var_dump(Triangle::$angle);
?>
```

localhost/8/call_static_method.php

bool(true)
bool(false)
bool(false)
int(180)

图 8-18 PHP 程序 call_static_method.php 的代码及执行结果

8.6 PHP 结构化编程和 PHP 面向对象编程

PHP 结构化编程和 PHP 面向对象编程

结构化编程和面向对象编程都可以避免代码冗余，增强代码的复用性。可以从以下角度理解它们之间的关系。

1．从问题域的角度

结构化编程是面向“功能”的问题解决方案，是一种“自顶向下，分而治之，功能分解”的问题解决方案，问题被分解成若干功能，功能之间可以相互调用。

面向对象编程是面向“数据类型”的问题解决方案，问题被分解为若干个数据类型（也叫类），通过类创建对象，管理了对象就管理了现实世界的事物。

2．从代码复用性的角度

结构化编程是将程序中频繁使用的代码封装成函数，避免代码冗余，提高代码的复用性。

面向对象编程是将联系过于紧密的参数和函数封装在一起形成类，通过类创建对象，对象的方法可以隐式地访问自己（$this）的属性，避免了参数冗余。

3．从函数（或者方法）调用的角度

在结构化编程中，函数之间可以相互调用，继而实现了函数之间的相互通信。

在面向对象编程中，对象的方法之间可以相互调用，继而实现了对象之间的相互通信。

4．从耦合的角度

调用函数时，通信的内容是参数，参数的英文单词是 parameter。结构化编程认为函数和参数是两个单独的事物，函数和参数之间不应该联系过于紧密，为了清晰起见，应该单独存放，函数和参数之间的耦合度很低。函数一经定义便可直接调用。

调用方法时，通信的内容是属性（可能还有普通参数），属性的英文单词是 property。面向对象编程认为方法能隐式地访问属性，属性和方法相互依存，应该将其看作一个不可分割的整体，不应该单独存放，方法和属性之间的耦合度很高，并且属性和方法必须依附于对象才能存在。不能直接调用方法，必须先对属性进行初始化（即创建对象），再通过对象调用方法。

5．从文件结构的角度

函数（function）直接定义在 PHP 程序中，函数一经定义便可直接调用。

方法（method）定义在类中，类定义在 PHP 程序中，如图 8-19 所示。先通过类创建对象，再通过对象调用方法。

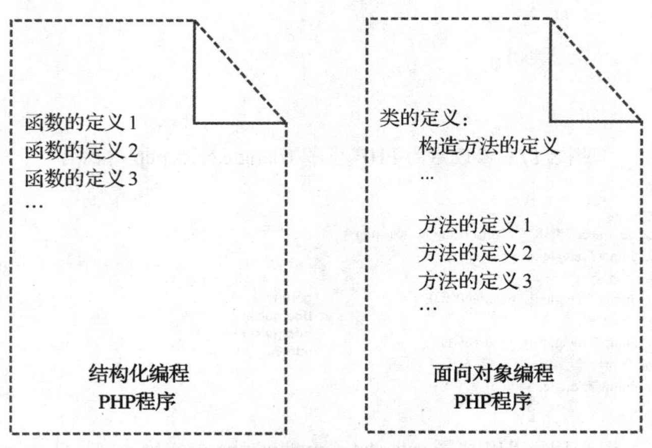

图 8-19 结构化编程和面向对象编程的文件结构

总之，面向对象编程认为应该把属性和方法看作一个不可分割的整体。在以对象为单位管理事物，避免代码冗余，提高代码复用性的同时，也与人类认知现实世界的过程不谋而合，这就是越来越多的编程语言支持面向对象编程的原因。

面向对象编程的确存在很多优势，然而，任何事物都有两面性，面向对象编程也存在一定的劣势，面向对象编程并不是所有问题的最佳解决方案。

对于简单的 Web 应用程序，采用结构化编程的方法开发效率可能更高，毕竟函数一经定义便可直接调用。而方法的调用需要经过 3 个步骤：先定义类，再创建类的对象，最后通过对象调用对象的方法。

对于复杂的 Web 应用程序，如果涉及的函数足够多，相同的参数反复出现，参数和函数之间的联系非常紧密，则符合这些特征的 Web 应用程序可以采用面向对象编程的方法开发。另外，还有很多 Web 应用程序采用结构化编程和面向对象编程相结合的方法开发。

最后，读者需要知道，创建对象的过程就是属性被初始化的过程，就是类被实例化的过程，有些资料将对象（object）称为实例（instance）。本章仅仅是从避免参数冗余的角度，将参数和方法牢牢地绑定在一起，这种行为称作封装。除了支持封装，相较于结构化编程，面向对象编程还具有支持继承、支持多态等优势。

上机实践 PHP 面向对象编程

（1）在 D:/wamp/www/目录下创建“8”目录，本章涉及的所有 PHP 程序都存放到该目录。

（2）将本章的所有 PHP 程序都部署到 Apache 服务器，并执行这些 PHP 程序。

（3）完成本章其他上机实践。

习题

将第 7 章“上机实践 1　自定义函数综合示例”中文件上传的函数封装成类 File 的静态方法。

第 9 章 MySQL 数据库

本章讲解 MySQL 的安装和配置、数据库的管理、SQL 脚本文件、表结构的管理、表记录的更新操作和表记录的查询操作。通过本章的学习，读者将具备使用 MySQL 管理数据的能力。

9.1 数据库概述

数据库概述

第 6 章实现了一个带有文件上传功能的用户注册系统，但该系统还存在重大功能缺陷：无法将浏览器用户填写的个人信息永久保存。为了实现该功能，需引入数据库技术。

9.1.1 数据库管理系统和数据库

数据库管理系统和数据库

数据库（Database，DB）是存储数据的仓库，数据库管理系统（Database Management System，DBMS）为数据库用户提供了管理数据库的接口。目前，主流的数据库管理系统是关系数据库管理系统（Relational Database Management System，RDBMS），所谓关系，实质上是一个二维表。

以个人博客系统为例，博主将博客信息（标题、内容、发布时间等）存储在博客表（二维表）中；浏览器用户可以注册，注册用户的信息存储在用户表（二维表）中；注册用户成功登录后可以对博客发表评论，并将评论信息（内容、时间等）存储在评论表（二维表）中……越来越多的二维表构成了个人博客系统的数据库。数据库管理系统为数据库用户提供了一系列命令（如 create、insert、select 等 SQL 命令），方便他们管理数据库，如图 9-1 所示。通常情况下，一个数据库管理系统可以同时管理多个数据库，一个数据库通常包含多个数据库表，每个数据库表都是二维表。

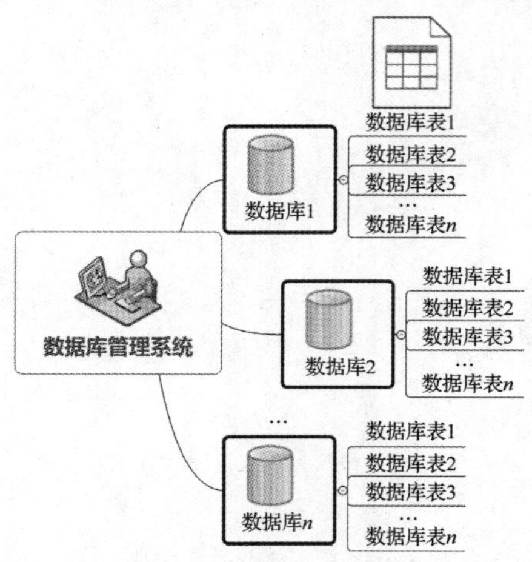

图 9-1 数据库管理系统、数据库和数据库表

数据库管理系统、数据库和数据库表之间的关系可以理解为文件系统、文件夹和文件之间的关系。通过文件系统可以管理文件夹和文件，通过数据库管理系统可以管理数据库和数据库表；一个文件夹通常包含多个文件，一个数据库通常包含多个数据库表。

9.1.2 表结构和表记录

表结构和表记录

数据库表由表结构和表记录构成。表结构定义了数据库表的表名、列名（也叫字段名）、列的数据类型以及列的约束条件等信息。表记录对应数据库表中的一行数据。一个数据库表可以没有表记录，但必须有且仅有一个表结构，如图 9-2 所示。

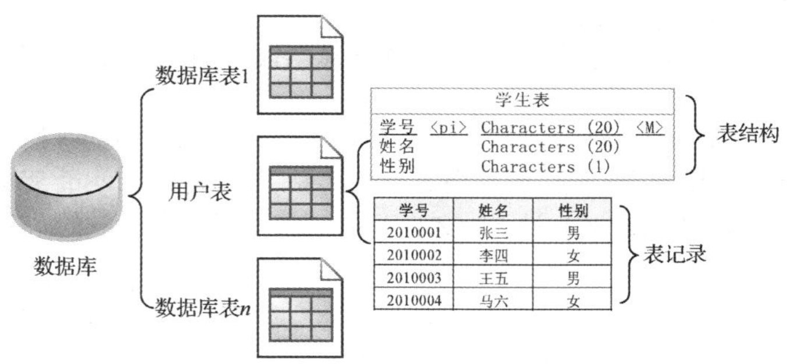

图 9-2　表结构和表记录

9.1.3 SQL

SQL

结构化查询语言（Structured Query Language，SQL）是一种应用最为广泛的关系数据库语言，它定义了操作关系数据库的标准语法，包括 MySQL 在内的所有关系数据库管理系统都支持 SQL。

以用户注册功能为例，创建用户表的表结构需要借助 SQL 命令 create table；向用户表中添加一行记录需要借助 SQL 命令 insert；查看用户信息需要借助 SQL 命令 select；修改用户信息需要借助 SQL 命令 update；删除用户信息需要借助 SQL 命令 delete。create table、insert、select、update、delete 几乎是所有关系数据库管理系统的标配，MySQL 同样支持这些 SQL 命令。

但是，具体到细节，各个关系数据库管理系统的 SQL 语法并不兼容，例如，定义自增型字段时，MySQL 使用的是关键字 auto_increment，而 SQL Server 使用的是关键字 identity。另外，SQL 本身并不是一种功能完善的程序设计语言，不能用于构建图形用户界面（Graphical User Interface，GUI）。

9.2 MySQL 的安装和配置

MySQL 的安装和配置

DB-Engines 是一个收集数据库管理系统信息的机构，该机构每月都会更新数据库管理系统的受欢迎程度，2022 年 1 月排名前十的数据库管理系统如图 9-3 所示。考虑到 MySQL 排名较为靠前，并且 MySQL 具有成本低廉、开源、免费、易于安装、性能高效、功能齐全等特点，本书选择使用 MySQL 存储业务数据。

MySQL 分为企业版（Enterprise）、集群版（Cluster）和社区版（Community），其中社区版免费且开源，本书选用社区版。MySQL 官网有这么一句话：MySQL Community Server is the world's most popular open source database，意思是 MySQL 社区版是世界上最受欢迎的开源数据库。

MySQL 的最新版本是 8.0.28，并提供了免安装和界面安装两种安装方式，其中界面安装又分为在线安装和离线安装。由于界面安装对操作系统的环境要求较为苛刻，所以本书选择免安装方式。

Rank			DBMS	Database Model	Score		
Jan 2022	Dec 2021	Jan 2021			Jan 2022	Dec 2021	Jan 2021
1.	1.	1.	Oracle	Relational, Multi-model	1266.89	-14.85	-56.05
2.	2.	2.	MySQL	Relational, Multi-model	1206.05	+0.01	-46.01
3.	3.	3.	Microsoft SQL Server	Relational, Multi-model	944.81	-9.21	-86.42
4.	4.	4.	PostgreSQL	Relational, Multi-model	606.56	-1.66	+54.33
5.	5.	5.	MongoDB	Document, Multi-model	488.57	+3.89	+31.34
6.	6.	↑7.	Redis	Key-value, Multi-model	177.98	+4.44	+22.97
7.	7.	↓6.	IBM Db2	Relational, Multi-model	164.20	-2.98	+7.03
8.	8.	8.	Elasticsearch	Search engine, Multi-model	160.75	+3.03	+9.50
9.	↑10.	↑11.	Microsoft Access	Relational	128.95	+2.96	+13.61
10.	↓9.	↓9.	SQLite	Relational	127.43	-1.25	+5.54

图 9-3　2022 年 1 月 DB-Engines 排名前十的数据库管理系统

上机实践 1　在 Windows 中安装 MySQL ZIP 压缩文件

知识提示：MySQL 的最新版本是 8.0.28，该版本只支持 64 位 Windows 操作系统。如果读者使用的是 32 位 Windows 操作系统，则可以使用 5.7.36 版本的 MySQL（mysql-5.7.36-win32.zip）。

（1）从 MySQL 官网下载 MySQL 社区版 ZIP 压缩文件，务必确保下载的是 Windows (x86, 64-bit), ZIP Archive 版本，如图 9-4 所示。

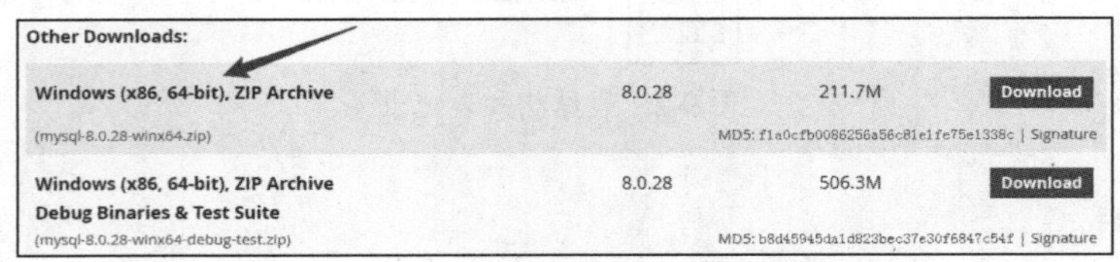

图 9-4　下载 Windows (x86, 64-bit), ZIP Archive 版本

（2）将 ZIP 压缩文件拷贝到 D:\wamp 目录下，右击 ZIP 压缩文件，选择“解压到当前文件夹”。

（3）在 MySQL 根目录创建 data 目录，存储数据。在 MySQL 根目录创建 my.ini 配置文件，并写入图 9-5 所示的配置信息。

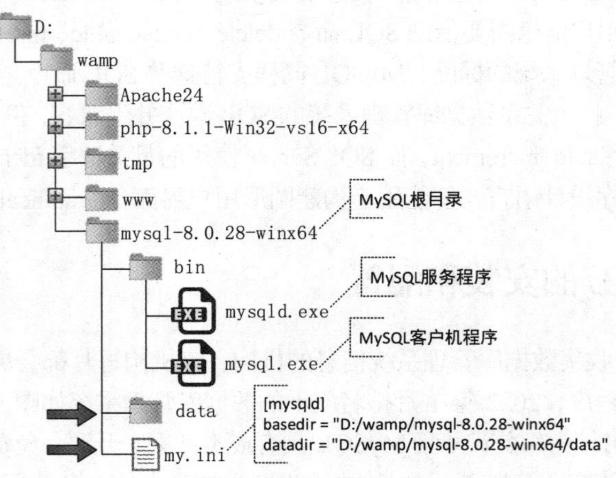

图 9-5　MySQL 配置信息

说明 1：在 MySQL 配置文件 my.ini 中，basedir 配置了 MySQL 的安装目录，datadir 配置了存储数据的目录。

说明 2：mysqld.exe 是 MySQL 服务程序，启动了 mysqld.exe 就意味着启动了 MySQL 服务。mysql.exe 是 MySQL 客户机程序，在 MySQL 客户机上可以输入 SQL 命令。

（4）初始化 MySQL 服务。有两种初始化 MySQL 服务的方法，分别是安全方式和非安全方式，这里选择非安全方式。打开 MySQL 根目录，按住“Shift”键并右击 bin 目录，选择“在此处打开命令窗口”，在 CMD 命令窗口中输入“mysqld --initialize-insecure”命令，并按“Enter”键，稍待片刻，初始化即可成功。

▶注意：一旦初始化成功，我们可以观察到 data 目录下会自动产生一些目录和文件，如图 9-6 所示，这些目录和文件由 MySQL 服务自动维护，不要删除这些目录和文件。

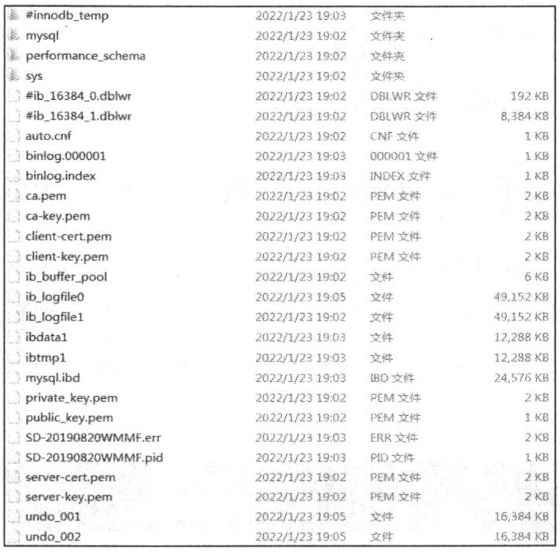

#innodb_temp	2022/1/23 19:03	文件夹	
mysql	2022/1/23 19:02	文件夹	
performance_schema	2022/1/23 19:02	文件夹	
sys	2022/1/23 19:02	文件夹	
#ib_16384_0.dblwr	2022/1/23 19:02	DBLWR 文件	192 KB
#ib_16384_1.dblwr	2022/1/23 19:02	DBLWR 文件	8,384 KB
auto.cnf	2022/1/23 19:02	CNF 文件	1 KB
binlog.000001	2022/1/23 19:03	000001 文件	1 KB
binlog.index	2022/1/23 19:03	INDEX 文件	1 KB
ca.pem	2022/1/23 19:02	PEM 文件	2 KB
ca-key.pem	2022/1/23 19:02	PEM 文件	2 KB
client-cert.pem	2022/1/23 19:02	PEM 文件	2 KB
client-key.pem	2022/1/23 19:02	PEM 文件	2 KB
ib_buffer_pool	2022/1/23 19:02	文件	6 KB
ib_logfile0	2022/1/23 19:05	文件	49,152 KB
ib_logfile1	2022/1/23 19:02	文件	49,152 KB
ibdata1	2022/1/23 19:03	文件	12,288 KB
ibtmp1	2022/1/23 19:03	文件	12,288 KB
mysql.ibd	2022/1/23 19:03	IBD 文件	24,576 KB
private_key.pem	2022/1/23 19:02	PEM 文件	2 KB
public_key.pem	2022/1/23 19:02	PEM 文件	1 KB
SD-20190820WMMF.err	2022/1/23 19:03	ERR 文件	2 KB
SD-20190820WMMF.pid	2022/1/23 19:03	PID 文件	1 KB
server-cert.pem	2022/1/23 19:02	PEM 文件	2 KB
server-key.pem	2022/1/23 19:02	PEM 文件	2 KB
undo_001	2022/1/23 19:05	文件	16,384 KB
undo_002	2022/1/23 19:05	文件	16,384 KB

图 9-6　MySQL 的 data 目录

（5）启动 MySQL 服务。在步骤（3）的 CMD 命令窗口中输入“mysqld”命令，即可启动 MySQL 服务。

（6）打开 MySQL 客户机，并连接 MySQL 服务。打开 MySQL 根目录，按住“Shift”键并右击 bin 目录，选择“在此处打开命令窗口”，打开新的 CMD 命令窗口，输入命令“mysql -u root -p”后按“Enter”键，由于 root 账户的密码默认为空字符串，所以再按“Enter”键，即可打开 MySQL 客户机，并成功连接 MySQL 服务，如图 9-7 所示。

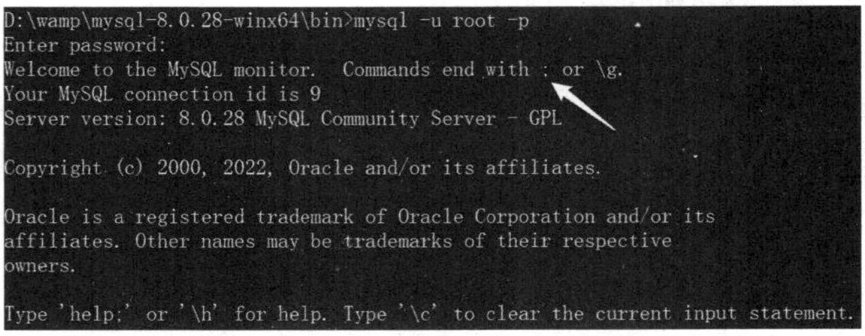

```
D:\wamp\mysql-8.0.28-winx64\bin>mysql -u root -p
Enter password:
Welcome to the MySQL monitor.  Commands end with ; or \g.
Your MySQL connection id is 9
Server version: 8.0.28 MySQL Community Server - GPL

Copyright (c) 2000, 2022, Oracle and/or its affiliates.

Oracle is a registered trademark of Oracle Corporation and/or its
affiliates. Other names may be trademarks of their respective
owners.

Type 'help;' or '\h' for help. Type '\c' to clear the current input statement.
```

图 9-7　打开 MySQL 客户机，并连接 MySQL 服务

▶注意：MySQL 命令以“;”作为结束标记符。

说明 1：在命令“mysql -u root -p”中，root 是 MySQL 服务的超级管理员账号，类似于 Windows 操作系统的 administrator。

说明 2：启动 MySQL 服务后，读者可以使用 Navicat 或 MySQL Workbench 等作为 MySQL 客户机。

（7）测试。在 MySQL 客户机中输入 MySQL 命令“show databases;”查看当前 MySQL 服务的所有数据库，执行结果如图 9-8 所示。这些数据库是系统数据库，系统数据库由 MySQL 服务自动维护，初学者不要操作系统数据库。至此完成数据库的安装。

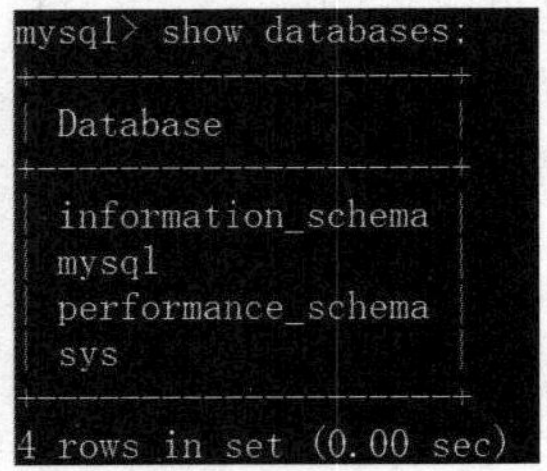

图 9-8　在 MySQL 客户机中输入 MySQL 命令

（8）设置密码。采用非安全方式初始化 MySQL 服务后，root 账户的密码被设置为空字符串，给 MySQL 安全带来隐患。在 MySQL 客户机中输入如下 MySQL 命令，首先将 root 账户的密码设置为 123456，接着将修改后的密码永久更新。

```
alter user 'root'@'localhost' identified by '123456';
flush privileges;
```

（9）重新执行步骤（6），测试新密码是否生效。

上机实践 2　将 MySQL 服务注册为 Windows 服务

（1）在 MySQL 服务启动窗口按 Ctrl + C 组合键停止 MySQL 服务。

（2）打开 MySQL 根目录，按住“Shift”键并右击 bin 目录，选择“在此处打开命令窗口”，在 CMD 命令窗口中输入“mysqld --install”命令，并按“Enter”键，提示确认消息：服务已成功安装，执行结果如图 9-9 所示。

```
D:\wamp\mysql-8.0.28-winx64\bin>mysqld --install
Service successfully installed.
```

图 9-9　安装 MySQL 服务

（3）启动 MySQL 服务。在 CMD 命令窗口中输入“net start mysql”启动 MySQL 服务，如图 9-10 所示。

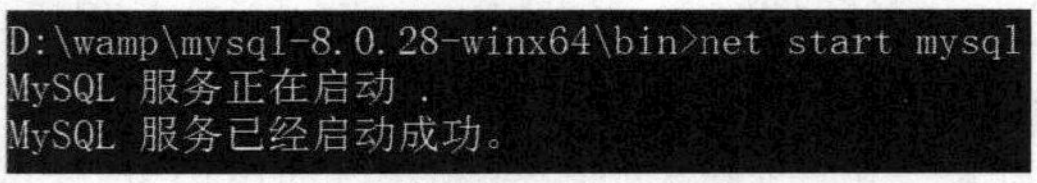

```
D:\wamp\mysql-8.0.28-winx64\bin>net start mysql
MySQL 服务正在启动 .
MySQL 服务已经启动成功。
```

图 9-10　启动 MySQL 服务

（4）停止 MySQL 服务有两种方法。

方法 1：在 CMD 命令窗口中输入“net stop mysql”停止 MySQL 服务。

方法 2：将 MySQL 服务注册为 Windows 服务后，打开控制面板→选择管理工具→打开服务→找到 MySQL 服务，可以在“服务”窗口中启动、停止和重启 MySQL 服务，如图 9-11 所示。

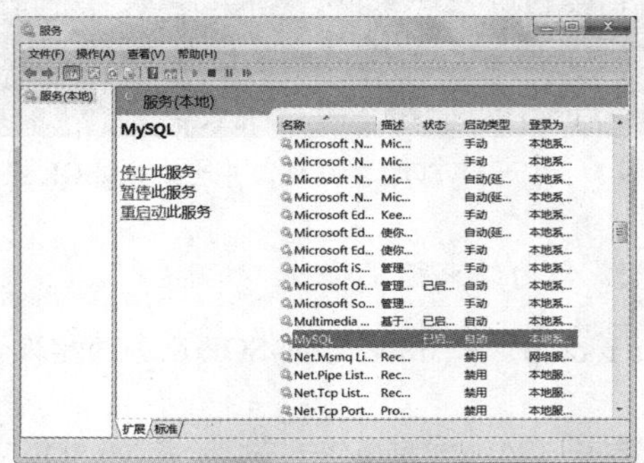

图 9-11　在“服务”窗口中启动、停止和重启 MySQL 服务

（5）从 Windows 服务中删除 MySQL 服务。在 CMD 命令窗口中输入“sc delete mysql”即可从 Windows 服务中删除 MySQL 服务，执行结果如图 9-12 所示。

```
D:\wamp\mysql-8.0.28-winx64\bin>sc delete mysql
[SC] DeleteService 成功
```

图 9-12　删除 MySQL 服务

说明 1：为了方便管理 MySQL 服务，可以创建 mysqld.exe 的快捷方式，并将其放置在计算机桌面上。

说明 2：为了方便启动 MySQL 客户机，可以将 MySQL 根目录的 bin 目录设置到操作系统的 Path 环境变量中。

说明 3：默认情况下，MySQL 服务启动时，占用 3306 端口号对外提供服务。如果 3306 端口号被占用，则导致 MySQL 服务启动失败。向 my.ini 配置文件添加图 9-13 所示的配置信息，重新启动 MySQL 服务即可。[mysqld]配置选项中的 port 参数用于设置 MySQL 服务启动时占用 3307 端口号，[mysql]配置选项中的 port 参数用于配置 MySQL 客户机连接端口号为 3307 的 MySQL 服务。

```
➡ [mysqld]
   basedir = "D:/wamp/mysql-8.0.28-winx64"
   datadir = "D:/wamp/mysql-8.0.28-winx64/data"
⇨ port = 3307
➡ [mysql]
⇨ port = 3307
```

图 9-13　修改 MySQL 服务和 MySQL 客户机的端口号

说明 4：本书始终使用 3306 作为 MySQL 服务的端口号。

9.3 数据库的管理

数据库的管理

数据库的管理包括查看数据库、创建数据库、选择当前操作的数据库、显示数据库结构以及删除数据库等操作。

（1）show databases

一个 MySQL 服务可以同时承载多个数据库，MySQL 命令“show databases;”用于查看 MySQL 服务上承载的所有数据库，就像查看 data 目录存在哪些文件夹。

（2）create database

MySQL 命令“create database”用于创建数据库，就像在 MySQL 服务的数据目录下创建一个文件夹。例如，下面的 MySQL 命令创建了 myblog 数据库，就像在 data 目录创建了 myblog 文件夹。

```
create database myblog charset=utf8mb4;
```

▶注意 1：新数据库不能和已有数据库重名，就像新文件夹不能和已有文件夹重名。

▶注意 2：在 MySQL 中，utf8mb4 字符集可以存储表情字符（emoji），读者可以将 utf8mb4 字符集看作 UTF-8 字符集的别名，需要注意 utf8mb4 只在 MySQL 内部使用。就像简体中文版 Windows 操作系统中的 ANSI 是 GBK 的别名，ANSI 只在 Windows 操作系统内部使用。

▶注意 3：在数据库中创建数据库表时，这些数据库表默认继承数据库的字符集。将数据库的字符集设置为 utf8mb4 字符集后，在该数据库中创建数据库表时，这些数据库表默认使用 utf8mb4 字符集。

(3) use

MySQL 命令 "use" 用于打开数据库，就像使用鼠标双击某个文件夹来打开该文件夹。例如，MySQL 命令 "use myblog;" 用于打开 myblog 数据库，就像使用鼠标双击打开 myblog 文件夹。打开 myblog 数据库后，接下来的 MySQL 命令将默认操作该数据库的数据库表。

(4) drop database

MySQL 命令 "drop database" 用于删除数据库，就像删除一个文件夹。例如，MySQL 命令 "drop database myblog;" 用于删除 myblog 数据库，就像删除 myblog 文件夹。

说明：删除数据库后，保存在该数据库中的数据库表将全部丢失（该命令慎用！）。就像删除了文件夹后，文件夹连同文件夹中的文件都被删除。

(5) if exists 和 if not exists 条件运算符

如果数据库已经被删除，则再次删除该数据库，MySQL 将出现错误；如果数据库已经存在，则再次创建重名数据库，MySQL 将出现错误。删除数据库时添加 if exists 条件运算符，创建数据库时添加 if not exists 条件运算符可以避免错误，例如，下面的 MySQL 命令。

```
drop database if exists myblog;
create database if not exists myblog charset=utf8mb4;
```

(6) show create database

MySQL 命令 "show create database" 用于查看创建数据库时的 MySQL 命令。例如，MySQL 命令 "show create database myblog;" 用于查看创建 myblog 数据库时的 MySQL 命令。

9.4 SQL 脚本文件

SQL 脚本文件

在 MySQL 客户机上输入 MySQL 命令时，不易于编辑和保存 MySQL 命令。文本文件易于编辑和保存，将 MySQL 命令写入文本文件，并将扩展名修改为.sql，该文本文件就是 SQL 脚本文件，SQL 脚本文件本质是一个包含 SQL 命令的"文本文件"。

例如，在目录 "D:\wamp\www" 中创建 "9" 目录，然后在该目录下创建 db.sql 脚本文件，以记事本方式打开该文件后，输入下列 MySQL 命令，并保存该 SQL 脚本文件。

```
show databases;
drop database if exists myblog;
create database if not exists myblog charset=utf8mb4;
use myblog;
show create database myblog;
```

▶注意：当 SQL 脚本文件含有中文字符时，为了确保 SQL 脚本文件中的命令能够成功执行，务必将 SQL 脚本文件的字符编码设置为 ANSI（简体中文版 Windows 操作系统中的 ANSI 等效于 GBK）。

执行 SQL 脚本文件中的所有 MySQL 命令有两种方法。

(1) 在 MySQL 客户机输入下面的 MySQL 命令（任选一条），即可执行 db.sql 脚本文件中的所有 MySQL 命令。

```
\. D:/wamp/www/9/db.sql
source D:/wamp/www/9/db.sql
```

▶注意："db.sql" 后不能有分号，否则将执行 "db.sql;" 脚本文件中的 MySQL 命令，而 "db.sql;" 脚本文件是不存在的。

（2）将 SQL 脚本文件中的所有 MySQL 命令复制、粘贴到 MySQL 客户机，即可执行 db.sql 脚本文件中的所有 MySQL 命令。

9.5 表结构的管理

数据库开发人员最为重要的一项工作就是设计一套结构良好的表结构，表结构设计的好坏直接决定了数据库设计的成败。

说明：在执行本节的 MySQL 命令前，务必执行 use 命令打开数据库。

9.5.1 创建表结构前的准备工作

创建表结构前的准备工作

1．为表结构选择合适的字符集

推荐选择 utf8mb4 字符集，该字符集可以存储表情字符。

将表结构设置为 utf8mb4 字符集的语法格式是 charset=utf8mb4。

说明：字符集的设置可以细化到字段级别。默认情况下，字段的字符集继承表结构的字符集，表结构的字符集继承数据库的字符集，数据库的字符集继承 MySQL 服务的字符集。

2．为表结构选择合适的存储引擎

推荐使用 InnoDB 存储引擎。

将表结构设置为 InnoDB 存储引擎的语法格式是 engine=InnoDB。

说明：MySQL 提供了插件式（pluggable）的存储引擎，其中 InnoDB 存储引擎以及 MyISAM 存储引擎最为常用。与 MyISAM 相比，InnoDB 存储引擎的表结构支持事务操作，并且支持外键。

3．为字段选择合适的数据类型

MySQL 中常用的数据类型如下。

（1）char(length)：定长字符串。例如，char(20)表示 20 个长度的字符串（length 不能超过 255）。

（2）text：变长字符串，通常用于存储长文本数据。

▶注意：在 MySQL 中，字符串数据需要使用英文单引号“'”引起来。

（3）int：整数，通常用于存储自增型数据，或者能够参与算术运算的整数数据。

（4）timestamp：日期时间，默认格式为'YYYY-MM-DD HH:ii:ss'。从外观上，MySQL 的日期时间数据需要使用单引号引起来（表示方法与字符串的表示方法相同）。本质上，MySQL 日期时间类型的数据是一个浮点数，可以参与简单的加、减运算。从外观上，'2020-04-31 14:31:42'是一个有效的字符串，但不是一个有效的日期时间数据，这是因为 4 月没有 31 日。

4．为字段选择合适的约束条件

MySQL 中常用的约束条件如下。

（1）主键约束：如果一个表的主键是单个字段，则在数据类型后加上关键字“primary key”即可。

例如，userid int primary key 将 userid 字段设置为整数、主键约束。

说明 1：一个数据库表只允许设置一个主键。如果数据库表中的某个字段是主键，那么该字段的值具有唯一性且不能是 null。

说明 2：同一个字段允许同时存在多种约束条件，设置约束条件时，它们的位置是任意的。

（2）非空约束：在数据类型后加上关键字“not null”，即可将该字段设置为非空约束。例如：

```
password char(32) not null
```

（3）默认值约束：在数据类型后使用“default 默认值”即可将该字段设置为默认值约束。例如：

```
sex char(1) not null default '男'
```

说明：在表记录的更新操作中，可以使用 default 关键字代替默认值。

（4）唯一性约束：在数据类型后加上关键字 unique，即可将该字段设置为唯一性约束。例如：

```
username char(20) unique
```

说明：如果希望表中的某个字段值不重复，则应当为该字段添加唯一性约束。与主键约束不同，一个数据库表中可以存在多个唯一性约束，并且满足唯一性约束的字段可以是 null（为了保持唯一性，该字段的数据最多只能出现一次 null）。

5．自增型字段

自增型字段必须是整数类型，且值不能重复。

在整数类型后添加关键字 auto_increment，即可将该字段设置为自增型字段，自增型字段的值默认从 1 开始递增。创建数据库表时可用 auto_increment=n 指定自增的起始值。

说明 1：建议将自增型字段设置为主键。

说明 2：使用 null 为自增型字段赋值时，MySQL 将自动生成下一个序列编号。

说明 3：使用某个具体数据为自增型字段赋值时会出现两种情形。

情形一：如果该具体数据与已有编号重复，则出现错误信息，因为自增型字段的值不能重复。

创建表结构的语法格式

情形二：如果该具体数据大于已有编号，则把该具体数据赋值给自增型字段，下一个编号将从该具体数据开始递增，即编号不一定连续。

9.5.2 创建表结构的语法格式

准备工作完成后，就可以使用 create table 命令创建表结构了，语法格式如下。

```
create table 表名(
字段名 1 数据类型 [约束条件] ,
字段名 2 数据类型 [约束条件] ,
…
[其他约束条件],
[其他约束条件]
)auto_increment=1 charset=utf8mb4 engine=InnoDB;
```

说明：可以在 create table 命令中添加关键字“if not exists”。

▶注意 1：在同一个数据库中，新表不能和已有表重名。

▶注意 2：create table 是一条 MySQL 命令，MySQL 命令必须以“;”作为结束标记，因此 create table 必须以“;”结束。

9.5.3 创建 users 表的表结构

创建 users 表的表结构

以创建个人博客系统的用户表为例，将图 9-14 所示的 MySQL 命令写入 db.sql 脚本文件末尾，在 MySQL 客户机执行该脚本文件，测试命令能否成功执行。

说明 1：username 字段存在唯一性约束和非空约束，因此不能是 null 值，也不能重复。同理，telephone 字段和 email 字段亦是如此。

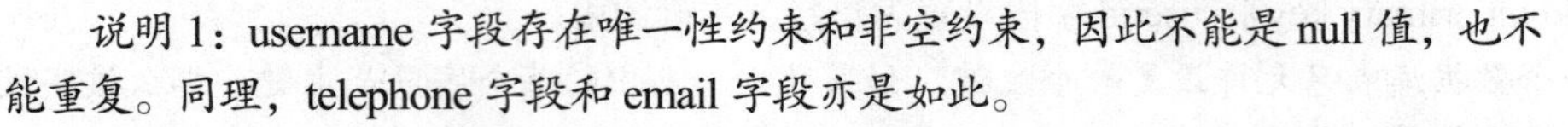

说明 2：createtime 字段的数据类型是 timestamp，存在非空约束和默认值约束，且默认值是 MySQL 数据库服务器的当前时间。

说明 3：users 表中各个字段的含义如图 9-15 所示。

```
use myblog;
create table if not exists users(
userid int auto_increment primary key,
username char(20) unique not null,
password char(32) not null,
telephone char(11) unique not null,
email char(100) unique not null,
address char(100) not null,
sex char(10) not null default 'male',
hobby char(100) not null,
picture char(100) not null,
remark char(24) not null,
blogger char(1) not null default 'N',
createtime timestamp not null default current_timestamp
)auto_increment=1 charset=utf8mb4 engine=InnoDB;
```

图 9-14 创建个人博客系统用户表的 MySQL 命令

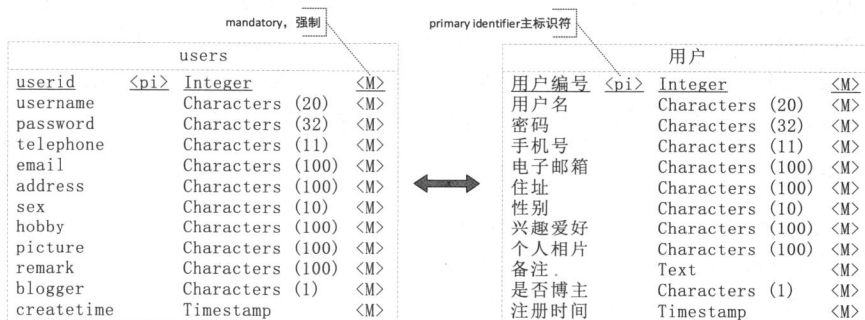

mandatory，强制

primary identifier主标识符

users			
userid	<pi>	Integer	<M>
username		Characters (20)	<M>
password		Characters (32)	<M>
telephone		Characters (11)	<M>
email		Characters (100)	<M>
address		Characters (100)	<M>
sex		Characters (10)	<M>
hobby		Characters (100)	<M>
picture		Characters (100)	<M>
remark		Characters (100)	<M>
blogger		Characters (1)	<M>
createtime		Timestamp	<M>

用户			
用户编号	<pi>	Integer	<M>
用户名		Characters (20)	<M>
密码		Characters (32)	<M>
手机号		Characters (11)	<M>
电子邮箱		Characters (100)	<M>
住址		Characters (100)	<M>
性别		Characters (10)	<M>
兴趣爱好		Characters (100)	<M>
个人相片		Characters (100)	<M>
备注		Text	<M>
是否博主		Characters (1)	<M>
注册时间		Timestamp	<M>

图 9-15 users 表中各个字段的含义

9.5.4 查看表和查看表结构

查看表和查看表结构

1. show tables

一个数据库可以包含多个数据库表，MySQL 命令“show tables;”用于查看当前数据库中的所有数据库表，就像查看 myblog 目录存在哪些文件。

2. desc 或者 describe

MySQL 命令“desc”或者“describe”用于查看数据库表的表结构。例如，MySQL 命令“desc users;”或者“describe users;”用于查看 users 表的表结构，如图 9-16 所示。

```
mysql> desc users;
+------------+-----------+------+-----+-------------------+-------------------+
| Field      | Type      | Null | Key | Default           | Extra             |
+------------+-----------+------+-----+-------------------+-------------------+
| userid     | int       | NO   | PRI | NULL              | auto_increment    |
| username   | char(20)  | NO   | UNI | NULL              |                   |
| password   | char(32)  | NO   |     | NULL              |                   |
| telephone  | char(11)  | NO   | UNI | NULL              |                   |
| email      | char(100) | NO   | UNI | NULL              |                   |
| address    | char(100) | NO   |     | NULL              |                   |
| sex        | char(10)  | NO   |     | male              |                   |
| hobby      | char(100) | NO   |     | NULL              |                   |
| picture    | char(100) | NO   |     | NULL              |                   |
| remark     | char(24)  | NO   |     | NULL              |                   |
| blogger    | char(1)   | NO   |     | N                 |                   |
| createtime | timestamp | NO   |     | CURRENT_TIMESTAMP | DEFAULT_GENERATED |
+------------+-----------+------+-----+-------------------+-------------------+
12 rows in set (0.00 sec)
```

图 9-16 查看数据库表的表结构

3. show create table

MySQL 命令 “show create table” 用于查看创建数据库表时的 MySQL 命令。例如，MySQL 命令 “show create table users;” 用于查看创建 users 数据库表时的 MySQL 命令。

9.5.5 删除表结构的语法格式

删除表结构的语法格式

MySQL 命令 “drop table” 用于删除表结构。例如，MySQL 命令 “drop table if exists users;” 用于删除 users 数据库表的表结构。表结构一旦删除，表中的记录也随之删除（该命令慎用！）。就像删除了文件，文件中的数据也随之删除。

说明：在 drop table 命令中可以添加关键字 “if exists”。

9.6 表记录的更新操作

表记录的管理包括表记录的增、删、改、查，其中增、删、改统称为表记录的更新操作。“查”称为表记录的查询操作或检索操作，查询操作的执行结果是结果集。MySQL 命令 insert、delete、update 分别用于实现表记录的增、删、改功能；MySQL 命令 select 实现表记录的查询功能。

说明：在执行本节的 MySQL 命令前，务必执行 use 命令打开数据库。

insert

9.6.1 insert

insert 命令负责向数据库表增加记录，语法格式如下。

```
insert into 表名 [(字段列表)] values (值列表);
```

说明 1：insert 命令的返回结果是增加记录的行数。

说明 2：值列表与字段列表的个数与顺序应该一一对应，值列表的数据类型必须与表字段的数据类型保持一致。

说明 3：在 insert 命令中，可以使用关键字 default 将默认值约束字段设置为默认值。

例如，图 9-17 所示的 insert 命令向 users 表中添加表记录，将这些命令写入 db.sql 脚本文件，在 MySQL 客户机执行该脚本文件，测试命令能否成功执行。

```
use myblog;
insert into users values(1, 'admin', md5(md5("admin")), '01234567890', 'admin@myblog.com',
'beijing', default, 'shopping;', 'admin.jpg', '备注', 'Y', default);
insert into users values(null, 'user1', md5(md5('user1')), '01234567891', 'user1@myblog.com',
'beijing', default, 'shopping;', 'user1.jpg', '备注', default, default);
insert into users values(null, 'user2', md5(md5('user2')), '01234567892', 'user2@myblog.com',
'beijing', default, 'shopping;', 'user2.jpg', '备注', default, default);
select * from users;
```

图 9-17 向 users 表中添加表记录

说明 1：执行 insert 命令时，建议向自增型字段插入 null，由 MySQL 自行维护该字段的值；使用关键字 default 可以将默认值约束字段设置为默认值，注意 default 是关键字，不是字符串，两边没有单引号；最后一条代码负责查询 users 表中的所有记录。

说明 2：MySQL 内置了 md5 加密算法，其功能是将传递给 md5 函数的字符串转换为 32 位的密文，实现数据加密功能。这里使用 md5 函数将每个账户的密码加密了两次。

update

9.6.2 update

update 命令负责修改数据库表的字段值，语法格式如下。

```
update 表名
set 列名1=值1[, 列名2=值2,…,列名n=值n]
[where 条件表达式]
```

说明 1：insert 命令的返回结果是修改记录的行数。

说明 2：set 子句用于为字段赋值。

说明 3：where 条件表达式用于指定记录的过滤条件。若省略了 where 条件表达式，则表示修改表中的所有记录。

说明 4：在 update 命令中，可以使用关键字 default 将默认值约束字段修改为默认值。

例如，图 9-18 所示的 update 命令将 users 表的注册时间修改为当前 MySQL 服务器的时间。

```
use myblog;
select * from users;
update users set createtime=default;
select * from users;
```

图 9-18　将 users 表的注册时间修改为当前 MySQL 服务器的时间

例如，图 9-19 所示的 update 命令将 users 表用户名为 user1 的住址修改为"shanghai"。

```
use myblog;
select * from users;
update users set address='shanghai' where username='user1';
select * from users;
```

图 9-19　将 users 表用户名为 user1 的住址修改为"shanghai"

说明：将上面的 MySQL 命令写入 db.sql 脚本文件末尾，在 MySQL 客户机执行该脚本文件，测试命令能否成功执行。

9.6.3　delete

delete

delete 命令负责删除数据库表中的某行记录，语法格式如下。

```
delete  from 表名 [where 条件表达式]
```

说明 1：delete 命令的返回结果是删除记录的行数。

说明 2：where 条件表达式用于指定记录的过滤条件。若省略了 where 条件表达式，则表示删除表中的所有记录（但表结构依然存在）。

说明 3：有自动编号字段的记录被删除后，字段编号不会重新排列。

例如，图 9-20 所示的 delete 命令将 users 表用户名为 user2 的记录删除。

```
use myblog;
select * from users;
delete from users where username='user2';
select * from users;
```

图 9-20　将 users 表用户名为 user2 的记录删除

说明：将上面的 MySQL 命令写入 db.sql 脚本文件末尾，在 MySQL 客户机执行该脚本文件，测试命令能否成功执行。

9.7 表记录的查询操作

表记录的查询操作

数据库操作使用频率最高的 SQL 命令是 select 命令，select 命令的语法格式如下。

```
select 字段列表
from 表名1，表名2
[where 条件表达式]
[group by 分组字段]
[order by 排序字段[ asc | desc ] ]
```

说明 1：字段列表用于指定查询哪些列的数据，多个字段之间使用英文逗号分隔，并且顺序可以根据需要任意指定。字段列表可以包含表达式。

说明 2：字段列表可以使用“*”表示查询所有列的数据。

说明 3：from 用于指定数据源，可以指定多个数据源，通常是数据库表。

说明 4：where 条件表达式用于指定记录的过滤条件，若省略了 where 条件表达式，则表示查询数据库表中的所有记录。

说明 5：group by 将记录按照某个字段进行分组。

说明 6：order by 对查询结果按照某个字段升序（或者降序）进行排序处理，默认为升序（asc）。

▶注意：select 命令的执行结果是结果集，结果集也是一个二维表。默认情况下，结果集中的字段名就是字段列表中的字段名或者表达式名。可以使用关键字 as 为结果集中的字段重新命名，方法是：字段名与别名之间使用关键字 as 隔开（as 可以省略）。

9.7.1 distinct 和 limit

distinct 和 limit

（1）关键字 distinct 用于过滤结果集中重复的记录，语法格式如下。

```
distinct 字段名
```

（2）关键字 limit 用于指定查询前几行或者中间几行的表记录，语法格式如下。

```
limit [start,]length
```

说明：limit 接受一个或两个整数参数。start 表示从第几行记录开始，length 表示查询多少行记录。start 可以省略，表示从表中第 1 行记录开始查询。

▶注意：第 1 行记录的 start 值为 0（不是 1）。

9.7.2 表和表之间的连接

表和表之间的连接

为了避免冗余，设计表结构时，通常将一张“大表”拆分成若干张“小表”。使用 select 查询数据时，往往需要将若干张“小表”“缝补”成一张“大表”。在 from 子句中使用连接（join）运算，可以将多张“小表”按照某种连接条件“缝补”在一起。

表和表之间的连接分为内连接和外连接，其中内连接最为常用。内连接将两个表中满足指定连接条件的记录“缝补”在一起，并丢弃所有不满足连接条件的记录。

内连接的语法格式如下（关键字 inner 可以省略）。

```
from 表1 [inner] join 表2 on 表1和表2之间的连接条件
```

内连接的语法格式等效于：

```
from 表1，表2 where 表1和表2之间的连接条件
```

说明：表 1 与表 2 中含义相同的字段称为连接字段，通过连接字段可以设置连接条件。

▶注意：如果表 1 和表 2 中的连接字段同名，则需要在连接字段前冠以表名前缀，以便指明连接字段属于哪个表。

9.7.3 使用 where 子句过滤结果集

使用 where 子句过滤结果集

where 条件表达式用于指定记录的过滤条件，对查询结果进行过滤筛选。若省略了 where 条件表达式，则表示查询表中的所有记录。语法格式如下。

```
where 条件表达式
```

条件表达式是一个布尔表达式，满足“布尔表达式为真”的记录将出现在结果集中。条件表达式通常由比较运算符构成，逻辑运算符（与、或、非）可将多个比较结果连接在一起，形成一个条件表达式。

1．比较运算符

单一的过滤条件可以使用下面的条件表达式表示，“表达式 1”和“表达式 2”可以是一个字段名、常量、变量、函数。

```
表达式1 比较运算符 表达式2
```

（1）算术比较运算符

常用的算术比较运算符有=（单个等号）、>（大于）、>=（大于等于）、<（小于）、<=（小于等于）、<>（不等于）、!=（不等于）、!<（不小于）、!>（不大于）。

（2）is null 运算符

is null 运算符用于判断表达式的值是否为 null，其语法格式如下。

```
表达式is [ not ] null
```

▶注意：与 null 比较时，必须使用 is 运算符（或者 is not），原因是 null 是一个不确定的数。任何数使用“=”“！=”等比较运算符与 null 进行比较，结果依然为 null。

（3）集合运算符 in

集合运算符 in 用于判断一个表达式的值是否属于集合中的元素，其语法格式如下。

```
表达式 [not] in (集合)
```

说明：离散的数值型的数、若干个字符串、select 命令返回值（必须是单个字段）等都可以作为集合。

（4）模糊查询运算符 like

模糊查询运算符 like 用于将字符串表达式与给定的模式进行匹配，其语法格式如下。

```
字符串表达式 [ not ] like 模式
```

模式是一种特殊的字符串，特殊之处在于它通常包含如下通配符。

%：表示匹配由零个或多个字符组成的任意字符串。

_（下划线）：表示匹配任意一个字符。

在实际应用中，如果不能对字符串进行精确查询，则可以使用 like 与通配符实现模糊查询。匹配成功的记录将包含在结果集中，[not] like 恰恰相反。

2．逻辑运算符

逻辑运算符通常用于将多个条件表达式连接起来，形成一个条件表达式。

（1）逻辑非!

使用逻辑非!操作条件表达式时，若条件表达式的结果为 true，则整个逻辑表达式的结果为 false，反之亦然。逻辑非的语法格式如下。

```
!条件表达式
```

（2）逻辑运算符 and

使用逻辑运算符 and 连接两个条件表达式，只有当两个条件表达式的值都为 true 时，整个逻辑表达式的结果才为 true。其语法格式如下。

```
条件表达式 1  and  条件表达式 2
```

（3）逻辑运算符 or

使用逻辑运算符 or 连接两个条件表达式，只有当两个条件表达式的值都为 false 时，整个逻辑表达式的结果才为 false。其语法格式如下。

```
条件表达式 1  or  条件表达式 2
```

（4）between…and…运算符

between…and…运算符用于判断一个表达式的值是否位于指定的取值范围内，其语法格式如下。

```
表达式  [not] between  起始值  and  终止值
```

如果表达式的值介于起始值与终止值之间（即表达式的值>=起始值 and 表达式的值<=终止值），则整个逻辑表达式的值为 true；not between…and…恰恰相反。

9.7.4　使用 order by 对结果集排序

使用 order by 对结果集排序

select 命令的查询结果集往往是无序的，order by 可以将结果集中的记录按照一个或多个字段的值排序，排序的方向可以是升序（asc）或降序（desc），默认是升序 asc。其语法格式如下。

```
order by  字段名 1  [asc|desc]  [… ,字段名 n  [asc|desc]  ]
```

说明：可以指定多个字段作为排序的关键字，其中第一个字段为排序主关键字，第二个字段为排序次关键字，以此类推。排序时，首先按照主关键字的值进行排序，主关键字的值相同的，再按照次关键字的值进行排序，以此类推。

▶注意：排序时，MySQL 总是将 null 当作“最小值”处理。

9.7.5　使用聚合函数汇总结果集

使用聚合函数汇总结果集

聚合函数用于对某个字段的一列值进行计算并返回一个汇总值，常用的聚合函数有累加求和函数 sum、求平均值函数 avg、统计记录行数函数 count、求最大值函数 max 和求最小值函数 min 等。

（1）count 函数用于统计结果集中记录的行数。

（2）sum 函数用于对数值型字段的一列值进行累加求和。

（3）avg 函数用于对数值型字段的一列值求平均值。

（4）max 函数和 min 函数分别用于对数值型字段的一列值求最大值与最小值。

9.7.6　使用 group by 子句进行分组

使用 group by 子句进行分组

group by 子句与聚合函数一起使用才有意义，用于将查询结果集按照某个字段（或多个字段）进行分组（字段值相同的记录作为一个分组）。其语法格式如下。

```
group by 字段列表
```

9.7.7 select 命令的综合应用

将图 9-21 所示的 select 命令写入 db.sql 脚本文件末尾，在 MySQL 客户机执行该脚本文件，测试命令能否成功执行。

```
#按照用户名查询用户
select * from users where username='user1';
#按照用户名和密码查询用户
select * from users where username='user1' and password=md5(md5('user1'));
#查询所有用户的注册时间
select createtime from users;
#查询所有用户的注册时间（过滤重复时间）
select distinct createtime from users;
#按照userid的降序查询所有用户
select * from users order by userid desc;
#查询某个用户的下一个用户
select * from users where userid>1 limit 1;
#查询某个用户的上一个用户
select * from users where userid<2 limit 1;
#模糊查询
select * from users where email like '%.com%';
#查询注册用户总人数
select count(userid) as num from users;
#查询所有性别及对应的人数
select sex,count(*) as num from users  group by sex;
```

图 9-21　select 命令的综合应用

习题

一、选择题（带*号的题目超出了本章内容范围）

（1）下面哪个不是合法的 SQL 聚合函数？（　　）

A. AVG　　B. SUM　　C. MIN

D. MAX　　E. CURRENT_DATE

（2）*内连接（inner join）的作用是什么？（　　）

A. 把两个表通过相同字段关联入一张持久的表中

B. 把两个表通过一个特定字段关联起来，并创建该字段相同的所有记录的数据集

C. 创建基于一个表中的记录的数据集

D. 创建一个包含两个表中相同记录和一个表中全部记录的数据集

E. 以上都不对

（3）*以下哪个说法正确？（　　）

A. 使用索引能加快插入数据的速度

B. 良好的索引策略有助于防止跨站攻击

C. 应当根据数据库的实际应用设计索引

D. 删除一条记录将导致整个表的索引被破坏

E. 只有数字记录行需要索引

（4）*考虑如下数据表和查询，如何添加索引能提高查询速度？（　　）

```
create table mytable(
id int,
```

```
name char (100),
address1 char (100),
address2 char (100),
zipcode char (10),
city char (50),
province char (2)
);
select id, name
from mytable
where id between 0 and 100
order by name, zipcode;
```

A. 为 id 添加索引

B. 为 name 和 address1 添加索引

C. 为 id 添加索引，然后分别为 name 和 zipcode 添加索引

D. 为 zipcode 和 name 添加索引

E. 为 zipcode 添加全文检索

（5）*执行以下 SQL 语句后将发生什么？（　　）

```
begin transaction;
delete from mytable where id=1;
delete from othertable;
rollback transaction;
```

A. othertable 中的内容将被删除

B. othertable 和 mytable 中的内容都会被删除

C. othertable 中的内容将被删除，mytable 中 ID 为 1 的内容将被删除

D. 数据库对于执行这个语句的用户以外的其他用户来说，没有变化

E. 数据库没有变化

（6）下面 SQL 查询语句的排序方法是什么？（　　）

```
select *
from my_table
where id > 0
order by id, name desc;
```

A. 返回的数据集倒序排列

B. id 相同的记录按 name 升序排列

C. id 相同的记录按 name 降序排列

D. 返回的记录先按 name 排序，再按 id 排序

E. 结果集中包含对 name 字段的描述

（7）如果一个字段能被一个包含 group by 的条件的查询语句读出，则以下哪个选项的描述正确？（　　）

A. 该字段必须有索引

B. 该字段必须包含在 group by 条件中

C. 该字段必须包含一个聚合值

D. 该字段必须是主键

E. 该字段一定不能包含 NULL 值

（8）下面的 SQL 查询语句输出什么？（　　）

```
select count(*) from table1 inner join table2
on table1.id <> table2.id;
```

A. table1 和 table2 中不相同的记录

B. 两个表中相同的记录

C. table1 中的记录条数乘以 table2 中的记录条数再减去两表中相同记录的条数

D. 两表中不同记录的条数

E. 数字 2

二、填空题

（1）*____________能保证一组 SQL 语句不受干扰地执行。

（2）可以用添加____________条件的方式对查询返回的数据集进行过滤。

（3）____________语句能用来向已存在的表中添加新的记录。

（4）MySQL 中的自增类型字段（通常为表 ID 字段）必须设为____________字段。

（5）*SQL 中 LEFT JOIN 的含义是____________。

三、问答题

（1）列举你所熟知的数据库管理系统。

（2）*主键约束和唯一性约束有何区别?

（3）列举 MySQL 存储引擎 MYISAM 和 InnoDB 的区别。

（4）*MySQL 数据库中的字段类型 varchar 和 char 的主要区别是什么？哪种字段的查找效率高，为什么?

（5）*简述数据库设计的范式及应用。

（6）根据下表写出每个小题的 SQL 语句。

表名 users			
name	tel	content	createdate
张三	13333663366	大专	2021-6-11
张三	13612312331	大专	2021-6-11
李四	021-55665566	本科	2021-6-11

① 创建 users 表的表结构。

② 有一条新记录（小王，13254748547，高中，2022-01-06），请用 insert 语句将其增至表中。

③ 用 SQL 语句将张三的时间更新为当前系统时间。

④ 用 SQL 语句删除张三的全部记录。

（7）从数据库表 members 中查询发帖最多的 10 个人的名字。

```
members(id,username,posts,pass,email)
```

四、数据库设计题

设计一套图书馆借书管理系统的数据库表结构，可以记录基本的用户信息、图书信息、借还书信息。数据表不超过 6 个；请画 E-R 模型（或表格）描述表结构（需要说明每个字段的字段名、字段类型、字段含义）。

在数据库设计中应满足：①保证每个用户的唯一性；②保证每种图书的唯一性，每种图书对应不等本数的多本图书，保证每本图书的唯一性；③借书信息表中应同时考虑借书行为与还书行为，考虑借书期限；④保证借书信息表与用户表、图书信息表之间的参照完整性；⑤限制每个用户最多可借的书本数；⑥若有新用户注册或新书入库，则保证自动生成其唯一性标识。

为以下的一系列报表需求提供支持（无特定说明，不需要编写实现语句，而需要在数据库设计中保证这些报表可以用最多一条 SQL 语句实现）。

① 日统计报表：当日借书本数、当日还书本数。

② 实时报表：当前每种书的借出本数、可借本数。

③ 实时报表：当前系统中的所有超期图书、用户的列表及超期天数。

④ 实时报表：当前系统中所有用户借书的本数，分用户列出（包括没有借书行为的用户）。

第10章 PHP访问MySQL数据库

本章以个人博客系统的用户表users表为例，讲解使用PDO操作MySQL数据库表的方法，以用户注册功能和用户登录功能为例，讲解了两个功能的实现过程。通过本章的学习，读者将具备编写Web应用程序访问MySQL数据库的能力。

10.1 PHP访问MySQL数据库的方法

PHP访问MySQL数据库的方法主要有3种，分别是使用MySQL扩展、使用MySQLi扩展和使用PDO扩展。它们的特点总结如下。

PHP访问MySQL数据库的方法

（1）使用MySQL扩展。该方法是PHP最早访问MySQL数据库的方法，从PHP7开始，该方法被弃用，因此不建议在新项目中使用它。

（2）使用MySQLi扩展。MySQLi中的“i”表示improved，在MySQL扩展的基础上进行了改进，也被称为MySQL扩展的改进版。MySQLi扩展既支持采用结构化编程的方式访问MySQL数据库，又支持采用面向对象编程的方式访问MySQL数据库。

（3）使用PDO扩展。PDO的全称是PHP Data Objects，该方法的最大优点是支持Oracle、MySQL、SQL Server、PostgreSQL、Informix、DB2和SQLite等11种数据库的统一访问，而前两种方法只支持MySQL数据库的访问。另外，PDO只支持采用面向对象编程的方式访问MySQL数据库。

考虑到面向对象编程是PHP未来的发展趋势，以及PDO支持多种数据库的统一访问，本书选择使用PDO访问MySQL数据库。要想使用PDO访问MySQL数据库，必须首先开启PDO访问MySQL数据库的扩展。

上机实践 开启PDO访问MySQL数据库的扩展

（1）配置PHP扩展目录。打开php.ini配置文件，找到extension_dir的配置参数，去掉前面的“;”注释，修改为如下的配置。

```
extension_dir = "D:/wamp/php-8.1.1-Win32-vs16-x64/ext"
```

（2）开启PDO访问MySQL数据库的扩展。打开php.ini配置文件，找到如下配置信息，去掉前面的“;”注释。

```
;extension=pdo_mysql
```

（3）测试是否成功开启PDO访问MySQL数据库的扩展。在D:/wamp/www/目录下创建“10”目录，在该目录创建PHP程序phpinfo.php，该程序的代码、执行该程序的URL网址及其执行结果如图10-1所示。

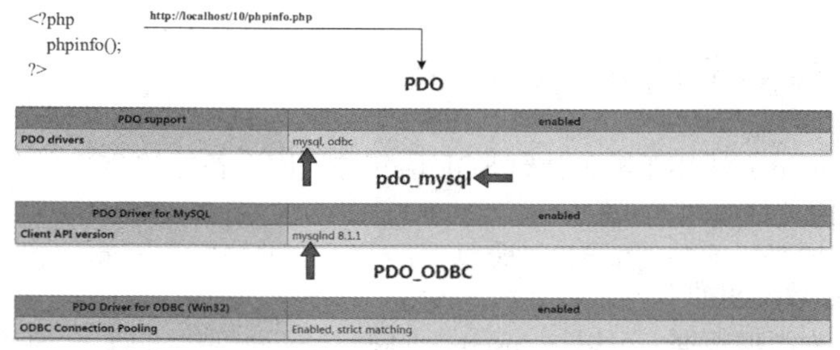

图 10-1　开启 PDO 访问 MySQL 数据库的扩展

说明：执行结果中的第 1 个表格罗列了当前 PHP 开启的所有 PDO 扩展，其他表格罗列了各个 PDO 扩展的详细信息。从执行结果可以看到，已经成功开启 PDO 访问 MySQL 数据库的扩展。

10.2 PDO 连接 MySQL 数据库

PDO 连接 MySQL 数据库

创建 PDO 类实例化对象的过程就是 PDO 连接数据库的过程。PDO 类的构造方法的语法格式如下。

```
__construct(string $dsn, string $username = null, string $password = null)
```

DSN 是 Data Source Name 的简写，参数$dsn 是字符串类型，由 PDO 驱动程序名称、后跟一个冒号和 PDO 驱动程序特定的连接语法组成。以 MySQL 为例，连接 MySQL 的 DSN 语法格式如下。

```
'mysql:host=localhost;port=3306;dbname=dbname;charset=utf8mb4'
```

例如，PHP 程序 test_pdo1.php 的代码及运行结果如图 10-2 所示。

```
<?php
  $servername = "localhost";
  $dbname = "myblog";
  $username = "root";
  $password = "123456";
  $pdo = new PDO("mysql:host=$servername;dbname=$dbname;port=3306;charset=utf8mb4", $username, $password);
  var_dump($pdo);
?>
```

localhost/10/test_pdo1.php

object(PDO)#1 (0) { }

图 10-2　PHP 程序 test_pdo1.php 的代码及运行结果

说明 1：执行结果中的(0){ }表示对象$pdo 没有属性。

说明 2：PDO 连接 MySQL 时，务必指定连接 MySQL 的字符编码为 utf8mb4。

我们通常会将创建 PDO 类实例化对象的代码封装成函数。例如，PHP 程序 dbcon.php 的代码、test_pdo2.php 的代码及执行结果如图 10-3 所示。

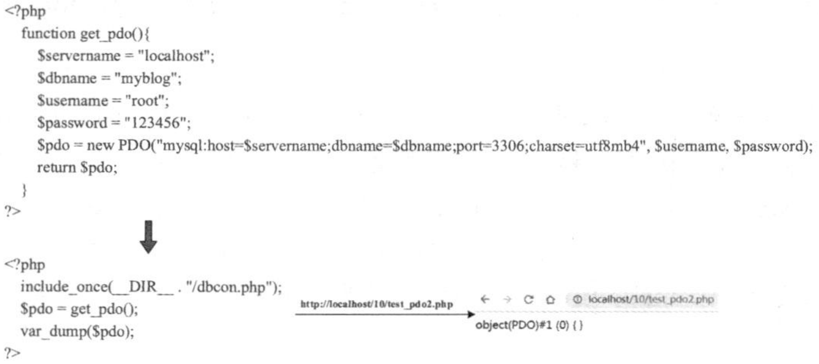

```
<?php
  function get_pdo(){
    $servername = "localhost";
    $dbname = "myblog";
    $username = "root";
    $password = "123456";
    $pdo = new PDO("mysql:host=$servername;dbname=$dbname;port=3306;charset=utf8mb4", $username, $password);
    return $pdo;
  }
?>
```

```
<?php
  include_once(__DIR__ . "/dbcon.php");
  $pdo = get_pdo();
  var_dump($pdo);
?>
```

http://localhost/10/test_pdo2.php

localhost/10/test_pdo2.php

object(PDO)#1 (0) { }

图 10-3　PHP 程序 dbcon.php 的代码、test_pdo2.php 的代码及执行结果

10.3 PDO 对象的 prepare 方法

PDO 对象的 prepare 方法

PDO 对象的 prepare 方法用于准备执行 SQL 语句并返回准备好的 SQL 语句对象，其语法格式如下。

```
PDO:prepare(string $query, array $options = []) : PDOStatement
```

prepare 方法的参数说明如下。

$query：是字符串类型数据，可以是 insert、delete、update 或 select 等 SQL 语句。参数$query 可以包含多个诸如“:name”的命名占位符或者“?”位置占位符。

▶注意：命名占位符和位置占位符不能同时使用。

$options：是数组类型数据，用于设置 prepare 方法的返回值 PDOStatement 对象的属性，例如，设置游标等属性。

prepare 方法的返回值说明如下。

prepare 方法的返回值是 PDOStatement 类型的对象，表示准备好的 SQL 语句对象。如果 MySQL 无法准备 SQL 语句，则 prepare 方法的返回值为 false 或抛出 PDOException 异常。

10.4 PDOStatement 对象的 execute 方法

PDOStatement 对象的 execute 方法

prepare 方法的返回值是 PDOStatement 对象（准备好的 SQL 语句对象）。PDOStatement 对象可能包含诸如“:name”的命名占位符或者“?”位置占位符，在执行 PDOStatement 对象前，需要将占位符替换为实际值。

PDOStatement 对象的 execute 方法用于将占位符替换为实际值，并执行 PDOStatement 对象，其语法格式如下，其中参数$params 用于将占位符替换为实际值。

```
PDOStatement:execute(array $params = null) : bool
```

说明 1：该方法如果成功执行，则 execute 方法返回 true，否则返回 false。

说明 2：该方法可能抛出 PDOException 异常。

10.4.1 execute 方法、更新语句和 rowCount 方法

execute 方法、更新语句和 rowCount 方法

PDOStatement 对象的 execute 方法可以执行准备好的更新语句（insert、delete 和 update）。成功执行更新语句后，可以通过 PDOStatement 对象的 rowCount 方法获取本次更新影响的行数，rowCount 方法的语法格式如下。

```
PDOStatement:rowCount( ) : int
```

▶注意：rowCount 方法只适用于获取更新语句（insert、delete 和 update）影响的行数。

（1）使用 execute 方法插入记录。

例如，PHP 程序 test_insert.php 的代码、第 1 次执行以及第 2 次执行的结果如图 10-4 所示。

说明 1：username 字段存在唯一性约束，值不能重复，再次执行本程序时，程序抛出 PDOException 异常，本程序使用 Exception 捕获 PDOException 异常。事实上，telephone 字段和 email 字段也存在唯一性约束，值也不能重复。执行插入操作时，MySQL 是逐字段检查新插入的记录是否违反约束条件的，因此，只触发了 username 字段的唯一性约束检查，没有触发 telephone 字段和 email 字段的唯一性约束检查。

说明 2：PDOException 异常的 getMessage 方法用于获取异常信息。

```php
<?php
  include_once(__DIR__ . "/dbcon.php");
  $sql = "insert into users values(null, ?, ?, ?, ?, ?, ?, ?, ?, ?, default, default)";
  $user = [
    'user3', 'user3', '01234567893', 'user3@myblog.com', 'beijing', 'female', 'shopping;', 'user3.jpg', '备注',
  ];
  try{
    $pdo = get_pdo();
    $pstmt = $pdo->prepare($sql);
    $pstmt->execute($user);
    $count = $pstmt->rowCount();
    echo "插入{$count}条记录<br/>";
  }catch(Exception $e){
    echo $e->getMessage();
  }
?>
```

localhost/10/test_insert.php

插入1条记录

localhost/10/test_insert.php

SQLSTATE[23000]: Integrity constraint violation: 1062 Duplicate entry 'user3' for key 'users.username'

图 10-4　PHP 程序 test_insert.php 的代码、第 1 次执行以及第 2 次执行的结果

（2）使用 execute 方法修改记录。

例如，PHP 程序 test_update.php 的代码、使用 3 个不同 URL 网址执行该程序的结果如图 10-5 所示。

```php
<?php
  include_once(__DIR__ . "/dbcon.php");
  $sql = "update users set createtime=default where userid>?";
  $id = ($_GET["id"] ?? 0);
  try{
    $pdo = get_pdo();
    $pstmt = $pdo->prepare($sql);
    $pstmt->execute([$id]);
    $count = $pstmt->rowCount();
    echo "更新{$count}条记录<br/>";
  }catch(Exception $e){
    echo $e->getMessage();
  }
?>
```


图 10-5　PHP 程序 test_update.php 的代码、使用 3 个不同 URL 网址的执行结果

▶注意：execute 方法的参数是数组，本程序使用“[ ]”将变量$id 封装成数组后传递给 execute 方法。

（3）使用 execute 方法删除记录。

例如，PHP 程序 test_delete.php 的代码、使用 3 个不同 URL 网址执行该程序的结果如图 10-6 所示。

```
<?php
  include_once(__DIR__ . "/dbcon.php");
  $sql = "delete from users where userid>?";
  $id = ($_GET["id"] ?? 10);
  try{
    $pdo = get_pdo();
    $pstmt = $pdo->prepare($sql);
    $pstmt->execute([$id]);
    $count = $pstmt->rowCount();
    echo "删除{$count}条记录<br/>";
  }catch(Exception $e){
    echo $e->getMessage();
  }
?>
```

http://localhost/10/test_delete.php

localhost/10/test_delete.php

删除0条记录

http://localhost/10/test_delete.php?id=3

localhost/10/test_delete.php?id=3

删除2条记录

http://localhost/10/test_delete.php?id=ddddd

localhost/10/test_delete.php?id=ddddd

SQLSTATE[22007]: Invalid datetime format: 1292 Truncated incorrect DOUBLE value: 'ddddd'

图 10-6 PHP 程序 test_delete.php 的代码、使用 3 个不同 URL 网址的执行结果

10.4.2 execute 方法、查询语句和 fetch(all)方法

execute 方法、查询语句和 fetch(all)方法

PDOStatement 对象的 execute 方法不仅可以执行准备好的更新语句（insert、delete 和 update），还可以执行准备好的查询语句（select）。成功执行查询语句后，可以使用 PDOStatement 对象的 fetch 方法获取查询结果集的下一条记录，或者使用 PDOStatement 对象的 fetchall 方法获取剩余的所有记录。它们的语法格式如下。

```
PDOStatement->fetch(int $mode = PDO::FETCH_BOTH) : array
PDOStatement->fetchall(int $mode = PDO::FETCH_BOTH) : array
```

> ▶注意：如果没有下一条记录，则 fetch 方法的返回值是 false；如果没有剩余记录，则 fetchall 方法的返回值是空数组。

参数$mode 用于控制返回数组的内容，参数$mode 的可选取值如下。

PDO::FETCH_ASSOC：数组的键是字段名。

PDO::FETCH_NUM：数组的键是字段编号（从 0 开始编号）。

PDO::FETCH_BOTH：默认值，数组的键是字段名和字段编号。

PDO::FETCH_COLUMN：以一维数组的形式获取第 0 列的数据。

例如，PHP 程序 test_fetch.php 的代码及执行结果如图 10-7 所示。从执行结果可以看到，fetch 方法用于获取查询结果集的下一条记录。第 1 条 fetch 语句获取了查询结果集中的第 1 条记录（数组的键是字段编号），第 2 条 fetch 语句获取了查询结果集中的第 2 条记录（数组的键是字段名）。

```
<?php
  include_once(__DIR__ . "/dbcon.php");
  $sql = "select * from users";
  try{
    $pdo = get_pdo();
    $pstmt = $pdo->prepare($sql);
    $pstmt->execute();
    $row = $pstmt->fetch(PDO::FETCH_NUM);
    print_r($row);
    echo "<hr/>";
    $row = $pstmt->fetch(PDO::FETCH_ASSOC);
    print_r($row);
  }catch(Exception $e){
    echo $e->getMessage();
  }
?>
```

localhost/10/test_fetch.php

Array ([0] => 1 [1] => admin [2] => c3284d0f94606de1fd2af172aba15bf3 [3] => 01234567890 [4] => admin@myblog.com [5] => beijing [6] => male [7] => shopping; [8] => default.jpg [9] => 备注 [10] => Y [11] => 2022-01-28 16:29:35)

Array ([userid] => 2 [username] => user1 [password] => b1734c3c466b3ddcdd3b841d02a24b56 [telephone] => 01234567891 [email] => user1@myblog.com [address] => beijing [sex] => male [hobby] => shopping; [picture] => default.jpg [remark] => 备注 [blogger] => N [createtime] => 2022-01-28 16:29:45)

图 10-7 PHP 程序 test_fetch.php 的代码及执行结果

例如，PHP 程序 test_fetchall.php 的代码及执行结果如图 10-8 所示。

```
<?php
  include_once(__DIR__ . "/dbcon.php");
  $sql = "select * from users";
  try{
    $pdo = get_pdo();
    $pstmt = $pdo->prepare($sql);
    $pstmt->execute();
    $rows = $pstmt->fetchall(PDO::FETCH_ASSOC);
    print_r($rows);
  }catch(Exception $e){
    echo $e->getMessage();
  }
?>
```

```
← → C ⌂ ⓘ localhost/10/test_fetchall.php
Array ( [0] => Array ( [userid] => 1 [username] =>
admin [password] =>
c3284d0f94606de1fd2af172aba15bf3 [telephone] =>
01234567890 [email] => admin@myblog.com
[address] => beijing [sex] => male [hobby] =>
shopping; [picture] => default.jpg [remark] => 备注
[blogger] => Y [createtime] => 2022-01-28 16:29:35 )
[1] => Array ( [userid] => 2 [username] => user1
[password] => b1734c3c466b3ddcdd3b841d02a24b56
[telephone] => 01234567891 [email] =>
user1@myblog.com [address] => beijing [sex] =>
male [hobby] => shopping; [picture] => default.jpg
[remark] => 备注 [blogger] => N [createtime] =>
2022-01-28 16:29:45 ) [2] => Array ( [userid] => 3
[username] => user2 [password] =>
d079f41b77a39477b1547e6259d70ebd [telephone] =>
01234567892 [email] => user2@myblog.com [address]
=> beijing [sex] => male [hobby] => shopping;
[picture] => default.jpg [remark] => 备注 [blogger] =>
N [createtime] => 2022-01-28 16:29:45 ) )
```

图 10-8　PHP 程序 test_fetchall.php 的代码及执行结果

10.4.3　execute 方法、查询语句和 fetchColumn 方法

execute 方法、查询语句和 fetchColumn 方法

使用 PDOStatement 对象的 execute 方法成功执行查询语句后，可以通过 PDOStatement 对象的 fetchColumn 方法获取查询结果集下一条记录的某一列，其语法格式如下。

```
PDOStatement->fetchColumn(int $column = 0)
```

参数说明如下。

$column：用于设置获取查询结果集下一条记录的第几列，默认值是 0，表示获取查询结果集下一条记录的第 0 列。

例如，PHP 程序 test_fetchColumn.php 获取 users 表共有多少条记录，该程序的代码及执行结果如图 10-9 所示。

```
<?php
  include_once(__DIR__ . "/dbcon.php");
  $sql = "select count(userid) from users";
  try{
    $pdo = get_pdo();
    $pstmt = $pdo->prepare($sql);
    $pstmt->execute();
    $counts = $pstmt->fetchColumn();
    echo "共有{$counts}条记录";
  }catch(Exception $e){
    echo $e->getMessage();
  }
?>
```

```
← → C ⌂ ⓘ localhost/10/test_fetchColumn.php
共有3条记录
```

图 10-9　PHP 程序 test_fetchColumn.php 的代码及执行结果

10.5　PDO 对象的 lastInsertId 方法

PDO 对象的 lastInsertId 方法

PDO 对象的 lastInsertId 方法用于获取上一条 insert 语句产生的自增型字段值。例如，PHP 程序 test_insert_id.php 的代码、第 1 次执行以及第 2 次执行的结果如图 10-10 所示。

```
<?php
    include_once(__DIR__ . "/dbcon.php");
    $sql = "insert into users values(null, ?, ?, ?, ?, ?, ?, ?, ?, ?, default, default)";
    $user = [
        'user4', 'user4', '01234567894', 'user4@myblog.com', 'beijing', 'female', 'shopping;', 'user4.jpg', '备注',
    ];
    try{
        $pdo = get_pdo();
        $pstmt = $pdo->prepare($sql);
        $pstmt->execute($user);
        $count = $pstmt->rowCount();
        echo "插入{$count}条记录<br/>";
        $userid = $pdo->lastInsertId();
        echo "本次插入的userid值是{$userid}<br/>";
    }catch(Exception $e){
        echo $e->getMessage();
    }
?>
```

localhost/10/test_insert_id.php

插入1条记录
本次插入的userid值是8

localhost/10/test_insert_id.php

SQLSTATE[23000]: Integrity constraint violation: 1062 Duplicate entry 'user4' for key 'users.username'

图 10-10　PHP 程序 test_insert_id.php 的代码、第 1 次执行以及第 2 次执行的结果

上机实践　用户注册和用户登录功能的实现

功能描述：用户注册和用户登录是 Web 应用程序最常用的功能。浏览器用户先打开注册页面，填写个人信息，单击注册按钮后，自动将用户息插入用户表 users 表中。浏览器用户打开登录页面，填写用户名和密码信息，单击登录按钮后，提示登录是否成功。

（1）在“D:\wamp\www\”目录下创建 user 目录，在该目录创建 functions 目录和 uploads 目录，functions 目录用于存放用户自定义函数，uploads 目录用于存放上传文件。

（2）将本章的 PHP 程序 dbcon.php 复制到 functions 目录；将第 7 章的 PHP 程序 file_fun.php 复制到 functions 目录；将第 9 章的 db.sql 脚本文件复制到 user 目录；将第 6 章的 form.html 复制到 user 目录，此时的目录结构如图 10-11 所示。

```
www
└─user
    ├─functions
    │   ├─dbcon.php
    │   └─file_fun.php
    ├─uploads
    ├─db.sql
    └─form.html
```

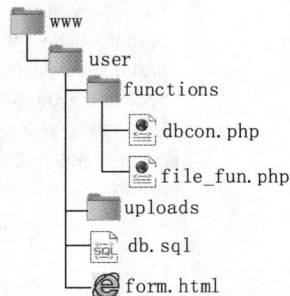

图 10-11　步骤（2）的目录结构

（3）在 MySQL 客户机中输入下面的 MySQL 命令，执行 db.sql 脚本文件中的所有命令，重新创建 myblog 数据库和 users 数据库表。

```
source D:/wamp/www/user/db.sql
```

（4）在 user 目录下创建 PHP 程序 form.php 作为注册表单的处理程序，该程序的代码如图 10-12 所示。该程序的功能是将注册表单中的数据插入 users 表中，具体功能如下。

① 导入其他 PHP 程序时，避免出现警告信息。

② 避免浏览器用户直接访问本程序；避免浏览器用户上传的文件过大。

③ 确保密码和确认密码信息一致。

④ 确保用户名、手机号、邮箱没有被占用。

⑤ 如果存在上传文件，则确保文件上传成功后，才将用户信息注册到 users 表。

⑥ 将兴趣爱好数组转换为以“;”分隔的字符串。

⑦ 如果浏览器用户没有选择上传文件，则上传文件的文件名赋值为"default.jpg"。

⑧ 将密码使用 md5 函数，加密（PHP 也内置了 md5 函数）。

⑨ 将用户信息添加到用户表 users 表。

```
<?php
  include_once(__DIR__ . "/functions/file_fun.php");
  include_once(__DIR__ . "/functions/dbcon.php");
  ob_clean();
  if(empty($_POST) || !isset($_POST["register"])){
    exit("1.上传文件不能太大。2.必须通过表单，不能使用GET请求直接访问本程序。");
  }
  if($_POST['password'] !== $_POST['confirmation']){
    exit("密码和确认密码不相等");
  }
  $sql = "select count(userid) from users where username=? or telephone=? or email=?";
  $unique = [$_POST['username'], $_POST['telephone'], $_POST['email']];
  $pdo = get_pdo();
  $pstmt = $pdo->prepare($sql);
  $pstmt->execute($unique);
  if($pstmt->fetchColumn()){
    exit("用户名、手机号、邮箱已经被占用");
  }
  $code = upload_fun($_FILES['picture'], "uploads");
  if($code===-1){
    exit("文件上传失败");
  }
  $hobbies = $_POST['hobby'] ?? [];
  $hobby = implode(";",$hobbies);
  $picture = $_FILES['picture']['name'] ?? "default.jpg";
  $sql = "insert into users values(null, ?, ?, ?, ?, ?, ?, ?, ?, ?, default, default)";
  $user = [
    $_POST['username'],
    md5(md5($_POST['password'])),
    $_POST['telephone'],
    $_POST['email'],
    $_POST['address'],
    $_POST['sex'],
    $hobby,
    $picture,
    $_POST['remark']
  ];
  try{
    $pstmt = $pdo->prepare($sql);
    $pstmt->execute($user);
    $count = $pstmt->rowCount();
    echo "插入{$count}条记录<br/>";
  }catch(Exception $e){
    echo $e->getMessage();
  }
?>
```

图 10-12　PHP 程序 form.php 的代码

（5）在 user 目录下创建 HTML 程序 login.html 作为登录页面，该程序的代码及执行结果如图 10-13 所示。

```
<form action="login.php" method="post">
  <fieldset style="width:200px">
    <legend>登录表单</legend>
    <input type="text" name="username" placeholder="用户名" required/><br/>
    <input type="password" name="password" placeholder="密码" required/><br/>
    <input type="submit" name="register" value="登录"/>
    <input type="reset" name="reset" value="重置"/>
  </fieldset>
</form>
```

← → C ⌂ ⓘ localhost/user/login.html

登录表单
用户名
密码
登录 重置

图 10-13　HTML 程序 login.html 的代码及执行结果

（6）在 user 目录下创建 PHP 程序 login.php 作为登录页面的处理程序，该程序的代码及可能的执行结果如图 10-14 所示。

```
<?php
  include_once(__DIR__ . "/functions/dbcon.php");
  if(empty($_POST) || !isset($_POST["login"])){
    exit("必须通过登录表单，不能使用GET请求直接访问本程序。");
  }
  $sql = "select * from users where username=? and password=?";
  $check = [$_POST['username'], md5(md5($_POST['password']))];
  $pdo = get_pdo();
  $pstmt = $pdo->prepare($sql);
  $pstmt->execute($check);
  if($user = $pstmt->fetch(PDO::FETCH_ASSOC)){
    echo "登录成功<br/>";
    echo "用户名：{$user['username']}，是不是博主：{$user['blogger']}";
  } else {
    echo "登录失败";
  }
?>
```

localhost/user/login.php
必须通过登录表单，不能使用GET请求直接访问本程序。
localhost/user/login.php
登录成功
用户名：admin，是不是博主：Y
localhost/user/login.php
登录失败

图 10-14　PHP 程序 login.php 的代码及可能的执行结果

至此，一个包含用户注册功能和用户登录功能的简单 Web 应用程序开发完毕。但该 Web 应用程序存在如下几个致命的漏洞。

（1）没有对上传文件的类型进行限制，浏览器用户可以上传任意类型的文件。

（2）真正的用户登录需要借助 Session 才能实现，本上机实践仅仅实现了伪登录功能。

（3）用户名过长（或者手机号过长、邮箱过长）会导致文件上传成功，但用户信息没有被添加到用户表 users 表中。

第 1 个漏洞的解决方案：通过$_FILES['picture']['type']获取上传文件的 MIME 类型，根据上传文件的 MIME 类型决定是否上传文件。由于篇幅所限，这里不再赘述。

第 2 个漏洞的解决方案：引入 Session 会话机制。

第 3 个漏洞的解决方案是：修改业务逻辑，将 insert 操作和文件上传操作分为两个步骤。用户注册时，只进行 insert 操作，注册处理程序根据性别为浏览器用户配置一个默认头像；浏览器用户成功登录后，上传头像，修改个人头像。

习题

有一张表 menu(mainmenu,submenu,url)，请用递归法编写一个树形菜单，将所有 menu 列出来。

第11章 个人博客系统的设计与开发

本章综合应用前面所学知识，以个人博客系统为例，详细介绍该系统的设计流程与开发流程，帮助读者快速构建Web开发知识体系。通过本章的学习，读者将具备复杂Web应用程序的设计与开发能力。

11.1 个人博客系统的开发流程

个人博客系统的开发流程

博客（Blogger）也叫作网络日记，是一种由个人不定期张贴文章、管理文章的网站。相较于传统日记，博客内容更容易编辑、分类、分享、查阅，博客内容可以包含图片、视频、音频等媒体资源；内容更加丰富，并能够让读者以互动的方式留下意见。

个人博客系统是一种小型的管理信息系统（Management Information System，MIS），其开发流程遵循MIS系统的开发生命周期（Software Development Life Cycle，SDLC），需要经历系统规划、系统分析、系统设计、系统实施（编码）、系统测试、运行和维护6个阶段。由于个人博客系统代码规模较小，所以本章采用结构化方法开发个人博客系统。

11.2 个人博客系统的系统规划

个人博客系统的系统规划

系统规划的任务是定义目标、确认项目可行性、制定项目进度以及人员分工。

1．个人博客系统的目标

定义目标的目的是准确定义要解决的商业问题，它是项目最重要的活动之一。个人博客系统的目标是减轻信息更新、维护的工作量，通过引入数据库，将网站的更新、维护工作简化到只需录入文字和上传图片等操作，使博客、评论等信息的更新速度提高，从而加快信息的传播速度，保持个人博客系统的活力和影响力。

2．个人博客系统的可行性分析

确认项目可行性的目的是决定开发的项目是否存在合理的成功机会，在项目开发之前，可以从技术可行性、经济可行性和法律可行性3个角度分析项目的可行性。

（1）技术可行性。个人博客系统功能简单，开发该系统所需的硬件设备（如计算机、网络资源）机房、实验室均有提供。开发该系统所需的软件均为免费软件（如MySQL、Apache）。开发该系统使用的PHP语言在其他Web应用程序已被大量应用，技术较为成熟。总之，个人博客系统在技术上是可行的。

（2）经济可行性。个人博客系统功能简单，开发周期较短，开发过程中所需的硬件设备和软件资源等所投资金较少。系统开发成功后，可以加快博客内容的分享速度，从社会效益、资金投入以及社会回报等方面考虑，经济上是可行的。

（3）法律可行性。评论需经管理员审核才能显示，有效避免了非法信息的散发，从法律上看，该系统可行。

3．个人博客系统的项目进度

个人博客系统功能简单，可以使用瀑布模型作为本项目的开发进度，严格按照 MIS 系统的开发生命周期开发个人博客系统，只有当前阶段所有任务完成后，才能进行下一阶段的任务，直到整个项目完成为止。

4．个人博客系统的人员分工

以 3～4 人为一组，每组指定一名组长统筹项目开发过程中遇到的所有问题。将小组的一名成员虚拟为一个用户。该虚拟用户上网收集个人博客系统的功能需求等信息。组长分别指定一名界面开发人员、一名软件开发人员和一名数据库维护人员，形成一个软件开发小组，共同参与个人博客系统的开发。

11.3 个人博客系统的系统分析

个人博客系统的系统分析

系统分析的任务是了解用户需求、确定系统需求，系统分析解决了“系统做什么”的问题。系统分析也叫需求分析，分为功能需求分析和非功能需求分析（如性能需求分析、UI 界面需求分析），本章主要讨论功能需求分析。

1．功能需求分析

功能需求分析定义了系统必须完成的功能，个人博客系统主要为游客、注册用户以及博主提供服务，因此可以从游客、注册用户以及博主的角度分析个人博客系统的功能需求。

（1）游客。游客可以查看博客列表和博客内容，可以输入关键字对博客内容进行模糊查询，可以按照标签名称查看博客列表。

（2）注册用户。游客可以注册为注册用户；注册用户成功登录后，可以对博客进行评论；可以修改个人信息（如重置密码、修改个人头像）。

（3）博主。博主是个人博客系统的超级管理员，拥有个人博客系统至高无上的权限，游客可以注册为注册用户，但不可以注册为博主。换句话说，Web 开发人员需要手动执行 insert 语句添加博主信息。博主成功登录后，可以发布、修改、删除博客，还可以审核和删除评论，以及修改博客的标签名。

个人博客系统的功能清单如图 11-1 所示。

图 11-1　个人博客系统的功能清单

说明 1：博主拥有的功能包含了为注册用户拥有的功能，注册用户拥有的功能包含了游客拥有的功能。

说明 2：为了确保数据的安全性，密码经过 md5 加密算法加密后，才能存储到数据库表。

说明 3：个人博客系统提供附件上传和附件下载功能，以及分页功能。

2．E-R 图

功能需求分析结束后，根据功能需求分析的结果，可以分析得出该系统需要管理的事物以及事物之间的关系。以个人博客系统为例，该系统需要管理的事物包括用户、博客、博客标签、评论等。事物之间的关系包括：一条评论只能属于某个注册用户，一个注册用户可以发表多条评论；一篇博客对应多个博客标签，一个博客标签包含多篇博客……

这些事物以及事物之间的关系可以使用 E-R 图描述。E-R 图也称为实体-关系图

（Entity-Relationship Diagram），E-R 图中的实体用于描述客观存在并可相互区别的事物，E-R 图中的关系用于描述事物之间的关系。

对于个人博客系统而言，博主可以发表多篇博客，一篇博客只能属于一个博主；一个博客标签可以包含多篇博客，一篇博客对应多个博客标签；一条博客可以有多条评论，一条评论只能属于一篇博客；一个注册用户可以发表多条评论，一条评论只能属于一个注册用户。个人博客系统的 E-R 图如图 11-2 所示。

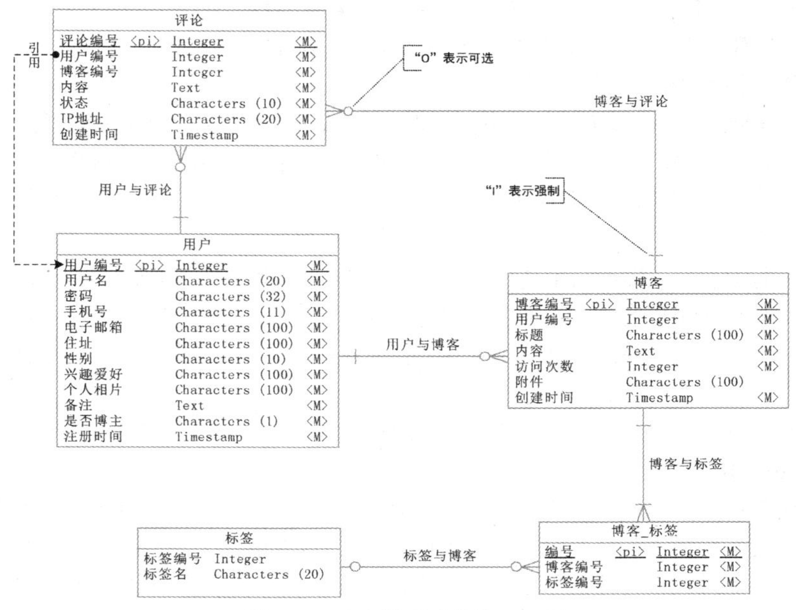

图 11-2　个人博客系统的 E-R 图

11.4 个人博客系统的 E-R 图

个人博客系统的 E-R 图

管理信息系统的核心是信息，大多数时候，信息对应 E-R 图中的实体，实体对应数据库中的表结构。E-R 图设计的质量决定了表结构设计的质量，表结构设计的质量决定了管理信息系统的质量。初学者通常会存在这样的误区：重开发，轻设计，设计出来的表结构往往成了倒立的金字塔，头重脚轻。真正的管理信息系统开发强调的是表结构的设计，强调的是 E-R 图的设计。E-R 图如此重要，我们有必要单独讲解。

E-R 图由实体和属性、标识符和主标识符、关系和引用、基数、强制和可选等要素构成。本节以用户实体、评论实体以及它们之间的关系为例，讲解这些基本概念，如图 11-3 所示。

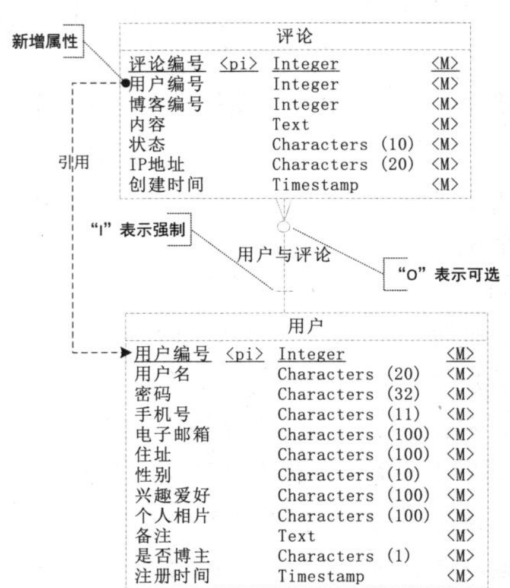

图 11-3　用户实体、评论实体以及它们之间的关系

1. 实体和属性

E-R 图中的实体用于表示现实世界中具有相同属性的事物集合，属性用于表示实体的某种特征。E-R 图通常包含多个实体，每个实体由实体名唯一标记，实体通常使用矩形表示；实体包含多个属性，每个属性由属性名唯一标记，实体的所有属性画在实体矩形的内部。

说明 1：确定实体属性时，通常会给属性选择一个合适的数据类型。E-R 图中常用的数据类型包括整数（integer）、小数（float）、短字符串（characters）、长字符串（text）、日期时间（timestamp）等。

说明 2：E-R 图中的实体对应数据库中的表结构，实体名对应表名。

说明 3：E-R 图中的属性对应数据库表的字段，属性名对应字段名。

2. 标识符和主标识符

标识符（identifier）是指能够唯一标记实体的属性或属性集合。标识符的取值不能重复，不能是 null 值，通常实体的标识符不止一个。例如，用户实体中存在用户编号属性（取值不能重复，不能是 null 值）和用户名属性（取值不能重复，不能是 null 值），它们都可以作为用户实体的标识符。

确定实体的标识符后，需要从中选择一个作为实体的主标识符（Primary Identifier，PI）。对于一个实体而言，标识符可以有多个，但主标识符有且仅有一个。以用户实体为例，将用户编号选作用户实体的主标识符，不会将用户名选作主标识符，这是为了满足功能需求：注册用户可以更换用户名。

说明：实体的标识符对应数据库表的唯一性约束；实体的主标识符对应数据库表中的主键。

3. 关系和引用

E-R 图中的关系（relationship）表示实体间存在的联系，实体间的关系使用一条线段表示。需要注意的是，关系是双向的，例如，在用户实体和评论实体之间的双向关系中，“一个用户可以发表多条评论”描述的是“用户→评论”之间的“单向”关系，“一条评论只能属于一个用户”描述的是“评论→用户”之间的“单向”关系。两个“单向”关系共同构成了用户实体与评论实体之间的双向关系。

理解关系的双向性至关重要，因为设计表结构时，有时“从一个方向记录关系”比“从另一个方向记录关系”容易得多。在现实生活中，一个校长管理多名学生，一个学生只能被一个校长管理，“让学生记住校长姓名，远比校长记住所有学生姓名容易得多”。在记录实体间关系时，通常让“多方”记住“一方”，向“多方”添加“一方”的主标识符，让“多方”记住“一方”，“多方”的新增属性“一方的主标识符”就是引用（reference）。

在现实生活中，向学生实体中添加“校长姓名”，让学生持有“校长姓名”的引用，继而让学生记住校长，学生实体中的“校长姓名”就是引用。在个人博客系统的 E-R 图中，向评论实体添加引用“用户编号”，目的是让评论记住发表它的用户。总之，实体之间的关系是通过引用记录的。

说明 1：E-R 图中的引用对应数据库中的外键。在数据库中，通常使用子表和父表描述外键（也叫引用），外键字段所在的表称为子表，主键字段所在的表称为父表。子表与父表之间存在外键约束。例如，在个人博客系统的数据库中，评论表的用户编号引用了用户表的用户编号，评论表的用户编号是外键，评论表是子表，用户表是父表，评论表与用户表之间存在外键约束。

说明 2：如果表 A 中的一个字段 a 对应表 B 的主键 b，则字段 a 称为表 A 的外键（foreign key）。存储在表 A 中字段 a 的值要么是 null，要么是来自表 B 主键 b 的值。

说明 3：外键约束主要用于约束外键的取值，有些资料将外键约束称为参照完整性约束。以用户表和评论表为例，用户编号是 100 的用户发表了多条评论，该用户被删除时，该用户发表的所有评论也应该自动删除；该用户的编号修改为 200 时，评论表中的用户编号也应该自动修改为 200；向评论表新增记录时，评论表的用户编号必须来自用户表的用户编号。

4．基数

在 E-R 图中，“多方”或“一方”是通过基数描述的。基数表示一个实体到另一个实体之间关联的数目，是针对关系之间的某个方向提出的概念，基数可以是一个取值范围，也可以是某个具体数值。

基数>=0 时，表示“多方”。例如，在“用户→评论”关系中，评论实体的基数是基数>=0，表示一个用户可以发表多条评论，评论属于“多方”。

1>=基数>=0 时，表示“一方”。例如，在“评论→用户”关系中，用户实体的基数是 1>=基数>=0，表示一条评论只能属于一个用户，用户属于“一方”。

5．强制和可选

基数的最小值是 1 时，表示强制。例如，在“评论→用户”关系中，用户实体的基数是 1，表示一条评论“至少”属于一个用户。

基数的最小值是 0 时，表示可选。例如，在“用户→评论”关系中，评论实体的基数是基数 >=0，表示一个用户可以发表评论，也可以不发表评论，评论是可选的。

说明：强制对应数据库表的非空约束。例如，一条评论“至少”属于一个用户，评论实体中的“用户编号”属性满足非空约束（not null）。

11.5 个人博客系统的系统设计

个人博客系统的系统设计

系统分析解决“系统做什么”的问题，而系统设计解决“怎么做”的问题。例如，在系统分析阶段，我们设计了个人博客系统的 E-R 图；在系统设计阶段，我们需要根据 E-R 图确定个人博客系统的表结构。

个人博客系统的 E-R 图一共包含 5 个实体，实体名及其属性名如下。

用户（<u>用户编号</u>，用户名，密码，手机号，邮箱，地址，性别，兴趣爱好，个人相片，备注，是否博主，创建时间）
博客（<u>博客编号</u>，用户编号，标题，内容，访问次数，附件，创建时间）
标签（<u>标签编号</u>，标签名）
博客_标签（编号，博客编号，标签编号）
评论（<u>评论编号</u>，用户编号，博客编号，用户名，内容，状态，IP 地址，创建时间）

说明 1：下划线的属性表示实体的主标识符，对应数据库表的主键。

说明 2：灰色底纹的属性是引用，对应数据库表的“外键”。

将实体名转换为表名，将属性转换为表的字段，将主标识符转换为表的主键，将引用转换为表的外键。使用语义化英语的方式重命名表和字段。个人博客系统的数据库表、表名及字段名如下。

```
users (userid, username, password, telephone, email, address, sex, hobby, picture, remark, blogger, createtime)
blog (blog_id, userid, title, content, clicked, attachment, createtime)
tag (tag_id, tag_name)
tag_blog (id, tag_id, blog_id)
comment (comment_id, userid, blog_id, content, status, ip, createtime)
```

说明 1：为表或者字段命名时，不建议使用数据库管理系统的关键字，例如，用户表不建议使用 user 作为表名，可以使用 users，这是因为 user 是 MySQL 的关键字。

说明 2：每个表的第一个字段是主键。

说明 3：个人博客系统子表与父表之间的外键约束关系如图 11-4 所示。创建数据库表时，先创建父表，再创建子表。添加测试数据时，先添加父表的测试数据，再添加子表的测试数据。

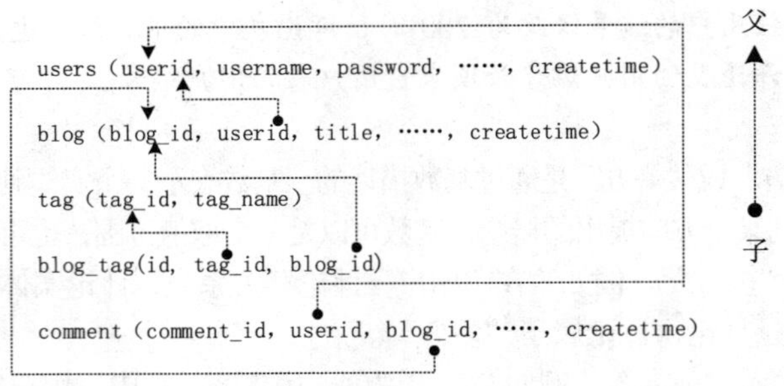

图 11-4　个人博客系统子表与父表之间的外键约束关系

11.6 个人博客系统的系统实施

个人博客系统的系统实施

系统设计结束后，将系统移交给用户前的一系列活动叫作系统实施。个人博客系统涉及博客管理、评论管理、标签管理和用户管理等功能，本章剩余的篇幅将以博客管理、评论管理为例，介绍系统实施过程。

上机实践 1　创建个人博客系统的目录结构

知识提示：为了方便收纳衣柜里的衣服，我们通常按照季节、归属（自己的、家人的）或穿着的场合（工作服、家居服、运动装）对衣服进行分类。同样的道理，为了便于管理 PHP 程序，Web 开发人员通常会将 PHP 程序分门别类存放在不同的目录中。

（1）在 D:\wamp\www 目录下创建 myblog 目录。

▶ 注意：为了简化程序，个人博客系统使用了诸如“/myblog/functions/dbcon.php”的 server-relative 路径定位资源。为了确保个人博客系统成功执行，务必确保 myblog 目录位于 Apache 的根目录，以及 Web 应用程序的根目录是 myblog。

（2）在 myblog 目录创建 blog、comment、tag 和 user 目录，分别存储博客管理的 PHP 程序、评论管理的 PHP 程序、标签管理的 PHP 程序和用户管理的 PHP 程序。

（3）在 myblog 目录创建 functions 目录存储数据库连接、文件上传和下载、分页等相关函数。将第 7 章的 PHP 程序 file_fun.php 和第 10 章的 PHP 程序 dbcon.php 复制到 functions 目录。

（4）在 myblog 目录创建 uploads 目录存储上传文件。个人博客系统的目录结构如图 11-5 所示。

说明：page.php、db.sql、data.sql 和 index.php 脚本文件稍后介绍。

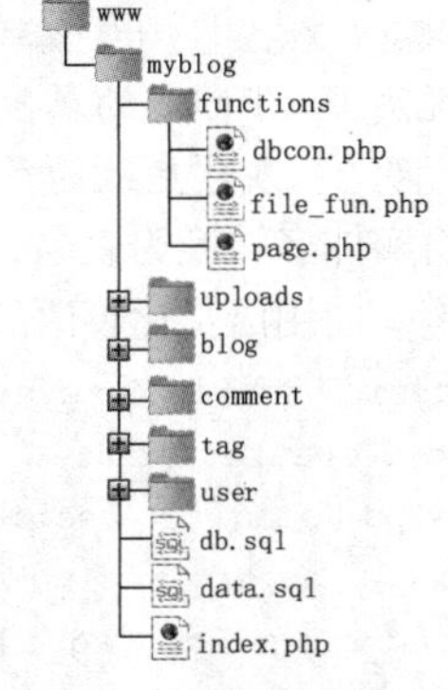

图 11-5　个人博客系统的目录结构

上机实践 2　创建个人博客系统的表结构

知识提示 1：在 MySQL 中定义外键约束关系的语法格式如下。外键约束名可以是任意标识符，但不能重名，通常以“fk_”作为前缀。

```
constraint 外键约束名 foreign key (外键) references 父表(父表的主键)
```

知识提示 2：创建数据库表时，先创建父表，再创建子表，即创建 users 表→创建 blog 表→创建 tag 表→创建 comment 表。

（1）在 myblog 目录创建 db.sql 脚本文件，blog.sql 脚本文件中的 SQL 代码如图 11-6 所示，图中的箭头表示外键约束。该 SQL 代码首先创建 myblog 数据库，接着创建 users 表、blog 表、tag 表和 comment 表。

```
drop database if exists myblog;
create database if not exists myblog charset=utf8mb4;
use myblog;

create table if not exists users(
    userid int auto_increment primary key,
    username char(20) unique not null,
    password char(32) not null,
    telephone char(11) unique not null,
    email char(100) unique not null,
    address char(100) not null,
    sex char(10) not null default 'male',
    hobby char(100) not null,
    picture char(100) not null,
    remark char(24) not null,
    blogger char(1) not null default 'N',
    createtime timestamp not null default current_timestamp
)auto_increment=1 charset=utf8mb4 engine=InnoDB;

create table if not exists blog(
    blog_id int auto_increment primary key,
    userid int not null,
    title char(100) not null,
    content text not null,
    clicked int default 0,
    attachment char(100),
    createtime timestamp not null default current_timestamp,
    constraint fk_blog_user foreign key (userid) references users(userid)
)auto_increment=1 charset=utf8mb4 engine=InnoDB;

create table if not exists tag(
    tag_id int auto_increment primary key,
    tag_name char(20) unique not null default '默认'
)auto_increment=1 charset=utf8mb4 engine=InnoDB;

create table if not exists tag_blog(
    id int auto_increment primary key,
    tag_id int not null,
    blog_id int not null,
    constraint fk_tag foreign key (tag_id) references tag(tag_id),
    constraint fk_blog foreign key (blog_id) references blog(blog_id)
)auto_increment=1 charset=utf8mb4 engine=InnoDB;

create table if not exists comment(
    comment_id int auto_increment primary key,
    userid int not null,
    blog_id int not null,
    content text not null,
    status char(10) default '未审核',
    ip char(20) not null,
    createtime timestamp not null default current_timestamp,
    constraint fk_comment_user foreign key (userid) references users(userid),
    constraint fk_comment_blog foreign key (blog_id) references blog(blog_id)
)auto_increment=1 charset=utf8mb4 engine=InnoDB;
```

图 11-6 blog.sql 脚本文件中的 SQL 代码

（2）在 MySQL 客户机中输入下面的 MySQL 命令，执行 db.sql 脚本文件中的所有命令。

```
source D:\wamp\www\myblog\db.sql
```

▶注意：当 SQL 脚本文件含有中文字符时，为了确保 SQL 脚本文件中的命令成功执行，务必将 SQL 脚本文件的字符编码设置为 ANSI（简体中文版 Windows 操作系统中的 ANSI 等效于 GBK）。

上机实践 3　添加测试数据

知识提示 1：添加测试数据时，先添加父表的测试数据，再添加子表的测试数据，即添加 users 表的测试数据→添加 blog 表的测试数据→添加 tag 表的测试数据→添加 comment 表的测试数据。

知识提示 2：admin 账户是博主，该账户的密码是 admin。其他账户都是普通注册账户。

知识提示 3：每个账户的密码使用 md5 函数加密两次。

知识提示 4：为了简化程序，admin 账户的 userid 必须设置为 1，tag 表中“默认”标签的 tag_id 必须设置为 1。

（1）在 myblog 目录创建 data.sql 脚本文件，依次向 users 表、blog 表、tag 表和 comment 表添加测试数据。data.sql 脚本文件中的 SQL 代码如图 11-7 所示。

```
use myblog;
insert into users values(1, 'admin', md5(md5("admin")), '01234567890', 'admin@myblog.com',
'beijing', default, 'shopping;', 'admin.jpg', '备注', 'Y', default);
insert into users values(null, 'user1', md5(md5('user1')), '01234567891', 'user1@myblog.com',
'beijing', default, 'shopping;', 'user1.jpg', '备注', default, default);
insert into users values(null, 'user2', md5(md5('user2')), '01234567892', 'user2@myblog.com',
'beijing', default, 'shopping;', 'user2.jpg', '备注', default, default);
insert into blog values(1, 1, '标题1', '内容1', default, null, default);
insert into blog values(2, 1, '标题2', '内容2', default, null, default);
insert into blog values(3, 1, '标题3', '内容3', default, null, default);
insert into tag values(1, default);
insert into tag values(2, 'PHP');
insert into tag values(3, 'MySQL');
insert into tag values(4, 'Web');
insert into tag values(5, 'Python');
insert into tag_blog values(1, 1, 1);
insert into tag_blog values(2, 2, 1);
insert into tag_blog values(3, 3, 1);
insert into tag_blog values(4, 4, 2);
insert into tag_blog values(5, 5, 3);
insert into comment values(1, 2, 1, '评论1', '未审核', '192.168.0.1', default);
insert into comment values(2, 2, 1, '评论2', '已审核', '192.168.0.1', default);
insert into comment values(3, 2, 1, '评论3', '已审核', '192.168.0.1', default);
select * from users;
select * from blog;
select * from tag;
select * from tag_blog;
select * from comment;
select * from comment;
```

图 11-7　data.sql 脚本文件中的 SQL 代码

（2）在 MySQL 客户机中输入下面的 MySQL 命令，执行 data.sql 脚本文件中的所有命令。

```
source D:\wamp\www\myblog\data.sql
```

▶注意：当 SQL 脚本文件含有中文字符时，为了确保 SQL 脚本文件中的命令成功执行，务必将 SQL 脚本文件的字符编码设置为 ANSI（简体中文版 Windows 操作系统中的 ANSI 等效于 GBK）。

上机实践 4　博客管理功能的实现

知识提示：本上机实践涉及的 PHP 程序（file_fun.php 程序除外）都保存在 blog 目录下。

场景 1　博客模糊查询功能的实现

在 blog 目录下创建博客模糊查询功能的 PHP 程序 list_blog.php。该程序实现的功能依次为：①初始化模糊查询关键字；②构造模糊查询 SQL 语句，按照关键字查询所有博客（按照 blog_id 降序排序）；③执行模糊查询 SQL 语句；④提供一个模糊查询的 FORM 表单，需要注意的是，为了配合实现分页功能，FORM 表单的提交方式必须设置为 GET，搜索关键字必须设置为 kw；⑤遍历查询结果集，并为每篇博客提供查看、编辑和删除的超链接。该程序的代码及执行结果如图 11-8 所示。

```
<?php
  include_once(__DIR__ . "/../functions/dbcon.php");
  $sql = "select * from blog where title like ? or content like ? order by blog_id desc";
  $kw = $_GET["kw"] ?? "";
  $params = ["%$kw%", "%$kw%"];
  $pdo = get_pdo();
  $pstmt = $pdo->prepare($sql);
  $pstmt->execute($params);
  $rows = $pstmt->fetchall(PDO::FETCH_ASSOC);
?>
<form action="/myblog/blog/list_blog.php" method="get">
  <fieldset style="width:300px">
    <legend>标题和内容模糊查询</legend>
    <input type="text" name="kw" value="<?=$kw?>" placeholder="请输入关键字">
    <input type="submit" value="模糊查询">
  </fieldset>
</form>
<br/>
<table>
<?php
  if(empty($rows)){
    exit("暂无记录");
  }
  foreach($rows as $row){
?>
    <tr><td>
    <a href="/myblog/blog/get_blog_detail.php?blog_id=<?=$row['blog_id']?>"><?=$row ['title']?></a>
    </td><td>
    <a href="/myblog/blog/edit_blog.php?blog_id=<?=$row['blog_id']?>">编辑</a>
    </td><td>
    <a href="/myblog/blog/delete_blog.php?blog_id=<?=$row['blog_id']?>">删除</a>
    </td></tr>
<?php
  }
?>
</table>
```

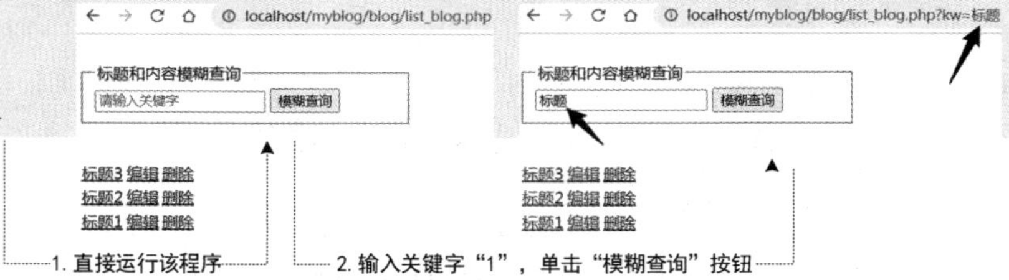

图 11-8　PHP 程序 list_blog.php 的代码及执行结果

说明 1：单击博客标题超链接时触发 PHP 程序 get_blog_detail.php 运行；单击“编辑”超链接时触发 PHP 程序 edit_blog.php 运行；单击“删除”超链接时触发 PHP 程序 delete_blog.php 运行。

说明 2：单击“模糊查询”按钮时触发 PHP 程序 list_blog.php 运行，即触发自己运行。需要注意的是，为了配合实现分页功能，务必将模糊查询 FORM 表单的提交方式设置为 GET。

场景 2 添加博客 FORM 表单和保存博客功能的实现

（1）在 blog 目录下创建添加博客 FORM 表单的 PHP 程序 add_blog.php。该程序实现的功能依次是：①从标签 tag 表中查询所有标签，查询结果集保存到$rows 数组中；②提供一个添加博客的 FORM 表单。该程序的代码如图 11-9 所示，执行结果如图 11-10 所示。

```
<?php
  include_once(__DIR__ . "/../functions/dbcon.php");
  $pdo = get_pdo();
  $pstmt = $pdo->prepare("select * from tag");
  $pstmt->execute();
  $rows = $pstmt->fetchall(PDO::FETCH_ASSOC);
?>
<form action="/myblog/blog/save_blog.php" method="post" enctype="multipart/form-data">
  <fieldset style="width:500px">
    <legend>添加博客文章</legend>
    <input type="text" name="title" placeholder="博客标题" required size="60"/><br/>
    <textarea name="content" cols="60" rows="16" placeholder="博客内容"></textarea><br/>
    标签：
    <?php
      foreach($rows as $row){
    ?>
    <input type="checkbox" name="tag_id[]" value="<?=$row['tag_id']?>"><?=$row['tag_name']?>
    <?php
      }
    ?>
    </select><br/>
    附件：<input type="file" name="attachment"><br/>
    <input type="submit" name="save_blog" value="保存"/>
    <input type="reset" name="reset" value="重置"/>
</form>
```

图 11-9　PHP 程序 add_blog.php 的代码

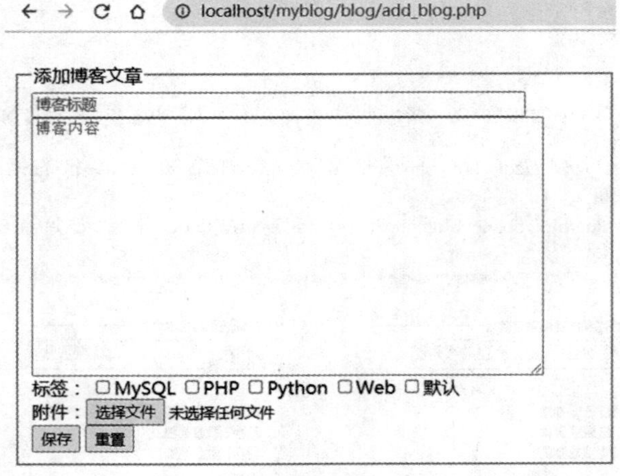

图 11-10　PHP 程序 add_blog.php 的执行结果

说明 1：方框中的代码遍历$rows 数组，并创建标签复选框。需要注意的是，由于一篇博客可能存在多个标签，所以务必将标签复选框的 name 设置为数组形式。

说明 2：单击保存按钮将触发 PHP 程序 save_blog.php 运行。

（2）在 blog 目录下创建保存博客的 PHP 程序 save_blog.php。该程序实现的功能依次为：①将附件上传到 uploads 目录；②收集添加到博客 FORM 表单中的信息，将访问次数设置为 0，将 userid 设置为 1（博主），将博客信息添加到博客表；③将博客的标签添加到 tag_blog 表；④将页面重定向到/myblog/blog/list_blog.php。PHP 程序 save_blog.php 的代码如图 11-11 所示。

```
<?php
  include_once(__DIR__ . "/../functions/file_fun.php");
  include_once(__DIR__ . "/../functions/dbcon.php");
  if(empty($_POST) || !isset($_POST["save_blog"])){
    exit("1.上传文件不能太大。2.必须通过表单，不能使用GET请求直接访问本程序。");
  }
  $code = upload_fun($_FILES['attachment'], "uploads");
  if($code==-1){
    exit("文件上传失败");
  }
  $sql = "insert into blog values(null, ?, ?, ?, ?, ?, default)";
  $blog = [
    1,
    $_POST['title'],
    $_POST['content'],
    0,
    $_FILES['attachment']['name'] ?? "",
  ];
  $pdo = get_pdo();
  $pstmt = $pdo->prepare($sql);
  $pstmt->execute($blog);
  $count = $pstmt->rowCount();
  if($count){
    $blog_id = $pdo->lastInsertId();
    $tag_ids = $_POST['tag_id'] ?? [1];
    foreach($tag_ids as $tag_id){
      $sql = "insert into tag_blog values(null, ?, ?)";
      $pstmt = $pdo->prepare($sql);
      $tag_blog = [$tag_id, $blog_id];
      $pstmt->execute($tag_blog);
    }
  }
  header("Location:/myblog/blog/list_blog.php");
  return;
?>
```

图 11-11　PHP 程序 save_blog.php 的代码

说明 1：为了简化程序，本程序假设博主的 userid 为 1，“默认”标签的 tag_id 为 1。

说明 2：博主保存博客时，如果忘记选择标签，则代码“$tag_ids = $_POST['tag_id'] ?? [1]”可以确保博客的标签为“默认”标签（tag_id 等于 1 的标签是默认标签）。

说明 3：header("Location:URL")的功能是重定向，为了防止重定向后的代码继续执行，通常情况下，header("Location:URL")后紧跟 exit 语句或者 return 语句。例如，代码“header("Location:/myblog/blog/list_blog.php")”的功能是将程序的执行结果重定向到 PHP 程序/myblog/blog/list_blog.php，该代码紧跟 return 防止重定向后的语句继续执行。

说明 4：如果 return 语句后没有其他代码，则 return 语句可以省略（不建议）。

场景 3　编辑博客 FORM 表单和修改博客功能的实现

知识提示：PHP 程序 list_blog.php 提供了“编辑”超链接，单击“编辑”超链接时触发 PHP 程序 edit_blog.php 运行。

（1）在 blog 目录下创建编辑博客 FORM 表单的 PHP 程序 edit_blog.php。该程序实现的功能依次是：①从 blog 表中查询指定的博客信息，从 tag 表中查询所有标签，从 tag_blog 表中查询指定博客的所有 tag_id；②将查询到的博客内容填入编辑博客 FORM 表单。该程序的代码如图 11-12 所示，执行结果如图 11-13 所示。

```
<?php
  include_once(__DIR__ . "/../functions/dbcon.php");
  $blog_id = $_GET["blog_id"] ?? 0;
  $pdo = get_pdo();
  $blog_sql = "select * from blog where blog_id=?";
  $blog_pstmt = $pdo->prepare($blog_sql);
  $blog_pstmt->execute([$blog_id]);
  $blog = $blog_pstmt->fetch(PDO::FETCH_ASSOC);
  if(!$blog){
    exit("暂无记录");
  }
  $tag_sql = "select * from tag";
  $tag_pstmt = $pdo->prepare($tag_sql);
  $tag_pstmt->execute();
  $tag_rows = $tag_pstmt->fetchall(PDO::FETCH_ASSOC);
  $tag_blog_sql = "select tag_id from tag_blog where blog_id=?";
  $tag_blog_pstmt = $pdo->prepare($tag_blog_sql);
  $tag_blog_pstmt->execute([$blog_id]);
  $tag_blog = $tag_blog_pstmt->fetchall(PDO::FETCH_COLUMN);
?>
<form action="/myblog/blog/update_blog.php" method="post" enctype="multipart/form-data">
  <fieldset style="width:500px">
    <legend>编辑博客文章</legend>
    <input type="text" name="title" value=<?=$blog["title"]?> required size="60"/><br/>
    <textarea name="content" cols="60" rows="16"><?=$blog["title"]?></textarea><br/>
    标签:
    <?php
      foreach($tag_rows as $row){
        $checked = in_array($row['tag_id'],$tag_blog) ? "checked" : "";
    ?>
    <input type="checkbox" name="tag_id[]" value="<?=$row['tag_id']?>" <?=$checked?>><?=$row['tag_name']?>
    <?php
      }
    ?>
    </select><br/>
    <input type="hidden" name="blog_id" value="<?=$blog_id?>">
    <input type="submit" name="update_blog" value="修改"/>
    <input type="reset" name="reset" value="重置"/>
</form>
```

图 11-12　PHP 程序 edit_blog.php 的代码

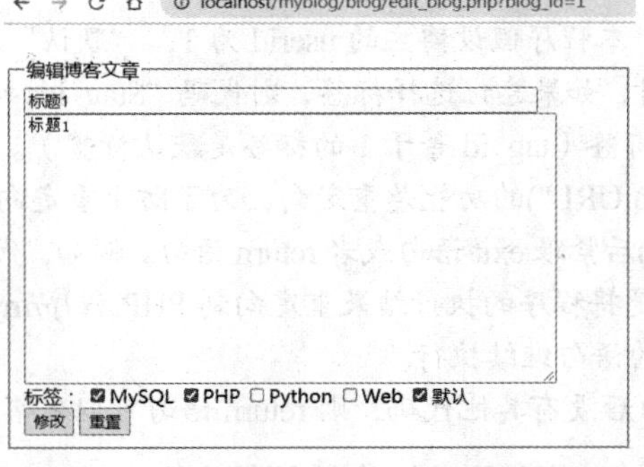

图 11-13　PHP 程序 edit_blog.php 的执行结果

说明 1：本程序的难点在于在遍历所有标签的过程中，将博客原有标签的复选框修改为“选中”状态，方框中的代码实现了该功能。

说明 2：单击“修改”按钮，触发 PHP 程序 update_blog.php 运行。

（2）在 blog 目录下创建 PHP 程序 update_blog.php。该程序实现的功能依次是：①收集编辑博客 FORM 表单中的信息，并修改博客信息；②从 tag_blog 表中删除该博客的标签记录；③将博客的标签添加到 tag_blog 表；④将页面重定向到/myblog/blog/list_blog.php。该程序的代码如图 11-14 所示。

说明 1：为了简化程序，本程序假设博主的 userid 为 1，“默认”标签的 tag_id 为 1。

说明 2：为了简化程序，修改 blog 表的标签信息时，先从 tag_blog 表删除指定博客的原有标签，再向 tag_blog 表添加指定博客的新标签。

场景 4 删除博客功能的实现

知识提示 1：PHP 程序 list_blog.php 提供了“删除”超链接，单击“删除”超链接时触发 PHP 程序 delete_blog.php 运行。

知识提示 2：blog 表既是 tag_blog 表的父表，又是 comment 表的父表。删除父表的记录前，应该先删除子表的相关记录。

在 blog 目录下创建 PHP 程序 delete_blog.php。该程序实现的功能依次是：①从 comment 表中输出指定博客的所有评论；②从 tag_blog 表中删除指定博客的所有标签；③从 blog 表中删除指定博客；④将页面重定向到/myblog/blog/list_blog.php。PHP 程序 delete_save.php 的代码如图 11-15 所示。

```
<?php
    include_once(__DIR__ . "/../functions/dbcon.php");
    $blog_sql = "update blog set userid=?,title=?,content=? where blog_id=?";
    $blog = [
        1,
        $_POST['title'],
        $_POST['content'],
        $_POST['blog_id'],
    ];
    $pdo = get_pdo();
    $blog_pstmt = $pdo->prepare($blog_sql);
    $blog_pstmt->execute($blog);
    $tag_blog = "delete from tag_blog where blog_id=?";
    $tag_blog_pstmt = $pdo->prepare($tag_blog);
    $tag_blog_pstmt->execute([$_POST['blog_id']]);
    $tag_ids = $_POST['tag_id'] ?? [1];
    foreach($tag_ids as $tag_id){
        $sql = "insert into tag_blog values(null, ?, ?)";
        $pstmt = $pdo->prepare($sql);
        $tag_blog = [$tag_id, $_POST['blog_id']];
        $pstmt->execute($tag_blog);
    }
    header("Location:/myblog/blog/list_blog.php");
    return;
?>
```

图 11-14 PHP 程序 update_blog.php 的代码

```
<?php
    include_once(__DIR__ . "/../functions/dbcon.php");
    $pdo = get_pdo();
    $comment_sql = "delete from comment where blog_id=?";
    $comment_pstmt = $pdo->prepare($comment_sql);
    $comment_pstmt->execute([$_GET['blog_id'] ?? 0]);
    $tag_blog_sql = "delete from tag_blog where blog_id=?";
    $tag_blog_pstmt = $pdo->prepare($tag_blog_sql);
    $tag_blog_pstmt->execute([$_GET['blog_id'] ?? 0]);
    $blog_sql = "delete from blog where blog_id=?";
    $blog_pstmt = $pdo->prepare($blog_sql);
    $blog_pstmt->execute([$_GET['blog_id'] ?? 0]);
    header("Location:/myblog/blog/list_blog.php");
    return;
?>
```

图 11-15 PHP 程序 delete_save.php 的代码

场景 5 查看博客详情功能的实现

知识提示：单击 PHP 程序 list_blog.php 的博客标题超链接时，触发 PHP 程序 get_blog_detail.php 运行。

在 blog 目录下创建 PHP 程序 get_blog_detail.php。该程序实现的功能依次是：①将指定博客的访问次数加 1；②获取指定博客的已审核评论；③获取指定博客的标签名；④将指定博客的详情以表格形式列出，同时遍历博客的标签名；⑤遍历已审核评论；⑥提供添加评论的 FORM 表单。PHP 程序 get_blog_detail.php 的代码如图 11-16 所示，执行结果如图 11-17 所示。

```
<?php
    include_once(__DIR__ . "/../functions/dbcon.php");
    $pdo = get_pdo();
    $blog_id = $_GET["blog_id"] ?? 0;
    $blog_sql = "select * from blog where blog_id=?";
    $blog_pstmt = $pdo->prepare($blog_sql);
    $blog_pstmt->execute([$blog_id]);
    $blog = $blog_pstmt->fetch();
    if(!$blog){
        exit("该博客不存在或已被删除");
    }
    $attachment = $blog['attachment'];
    $clicked_sql = "update blog set clicked=clicked+1 where blog_id=?";
    $clicked_pstmt = $pdo->prepare($clicked_sql);
    $clicked_pstmt->execute([$blog_id]);
    $user_sql = "select * from users where userid=?";
    $user_pstmt = $pdo->prepare($user_sql);
    $user_pstmt->execute([$blog["userid"]]);
    $user = $user_pstmt->fetch();
    $comment_sql = "select * from comment where blog_id=? and status='已审核'";
    $comment_pstmt = $pdo->prepare($comment_sql);
    $comment_pstmt->execute([$blog_id]);
    $comment_rows = $comment_pstmt->fetchall(PDO::FETCH_ASSOC);
    $tag_name_sql = "select tag_name from tag_blog,tag where tag_blog.tag_id=tag.tag_id and blog_id=?";
    $tag_name_pstmt = $pdo->prepare($tag_name_sql);
    $tag_name_pstmt->execute([$blog_id]);
    $tag_name_rows = $tag_name_pstmt->fetchall(PDO::FETCH_COLUMN);
?>
<table>
<tr><td width="80">标题：</td><td><?=$blog['title']?></td></tr>
<tr><td width="80">发布者：</td><td><?=$user['username']?></td></tr>
<tr><td width="80">内容：</td><td><?=$blog['content']?></td></tr>
<tr><td width="80">附件：</td><td>
<a href="/myblog/blog/download.php?attachment=<?=$attachment?>"><?=$attachment?></a></td></tr>
<tr><td width="80">标签：</td><td>
<?php
    foreach($tag_name_rows as $tag_name){
        echo $tag_name . "     ";
    }
?>
</td></tr>
<tr><td width="80">发布时间：</td><td><?=$blog['createtime']?></td></tr>
<tr><td width="80">点击次数：</td><td><?=$blog['clicked']?></td></tr>
</table>
<?php
    if($comment_rows){
        echo "共有".count($comment_rows)."条评论<br/>";
        echo "<table>";
        foreach($comment_rows as $row){
            echo "<tr>";
            echo "<td>{$row['content']}</td><td>{$row['createtime']}</td><td>{$row['ip']}</td>";
            echo "</tr>";
        }
        echo "</table>";
    }else{
        echo "该博客暂无评论！<br/>";
    }
?>
<br/>
<form action="/myblog/comment/save_comment.php" method="post">
<textarea name="content" cols="50" rows="5" placeholder="添加评论内容" required></textarea><br/>
<input type="hidden" name="blog_id" value="<?= $blog['blog_id'];?>">
<input type="submit" value="评论">
</form>
```

图 11-16　PHP 程序 get_blog_detail.php 的代码

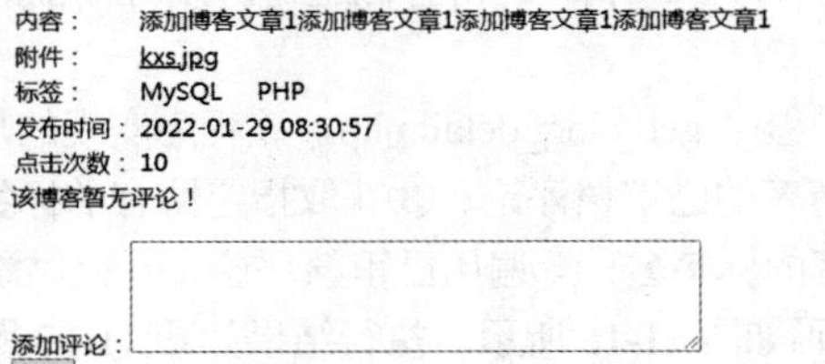

localhost/myblog/blog/get_blog_detail.php?blog_id=7

标题：　添加博客文章1
发布者：　admin
内容：　添加博客文章1添加博客文章1添加博客文章1添加博客文章1
附件：　kxs.jpg
标签：　MySQL　PHP
发布时间：　2022-01-29 08:30:57
点击次数：　10
该博客暂无评论！

添加评论：
评论

图 11-17　PHP 程序 get_blog_detail.php 的执行结果

说明：单击附件超链接时，将触发 PHP 程序 download.php 运行；单击“评论”按钮时，将触发 PHP 程序 save_comment.php 运行。

场景 6 下载博客附件功能的实现

知识提示 1：单击 PHP 程序 get_blog_detal.php 的附件超链接时，触发 PHP 程序 download.php 运行。

知识提示 2：由于文件下载是 Web 应用程序较为常用的功能，所以有必要将文件下载的 PHP 代码封装成函数。

（1）打开 functions 目录的 PHP 程序 file_fun.php，向该程序末尾添加 download 函数的定义。该函数实现的功能是下载$file_path 目录中的$file_name 文件。

（2）在 blog 目录下创建 PHP 程序 download.php。该程序实现的功能是调用 download 函数。PHP 程序 file_fun.php 中 download 函数的代码以及 PHP 程序 download.php 的代码如图 11-18 所示。

程序file_fun.php的download函数

```
function download($file_path,$file_name){
  $destination = __DIR__ . "/../" . $file_path . "/" . $file_name;
  if (!file_exists($destination)){
    exit("文件不存在或已删除");
  } else {
    $file = fopen($destination,"r");
    header("Content-Disposition: attachment;filename=".$file_name);
    echo fread($file,filesize($destination));
    fclose($file);
    exit;
  }
}
```

程序download.php

```
<?php
  include_once(__DIR__ . "/../functions/file_fun.php");
  ob_clean();
  $file_name = $_GET["attachment"];
  download("uploads", $file_name);
?>
```

图 11-18 download 函数和 download.php 程序的代码

说明：PHP 程序 download.php 中代码“ob_clean()”的功能是下载附件时，防止向附件添加 BOM 等不可见字符。

上机实践 5 评论管理功能的实现

知识提示：本上机实践涉及的 PHP 程序全部保存在 comment 目录下。

场景 1 保存评论功能的实现

知识提示：单击 PHP 程序 get_blog_detail.php 提供的“评论”按钮时，将触发 PHP 程序 save_comment.php 运行。

在 comment 目录下创建保存评论功能的 PHP 程序 save_comment.php。该程序实现的功能依次是：①将指定博客的评论添加到 comment 表；②将页面重定向到/myblog/blog/get_blog_detail.php。PHP 程序 save_comment.php 的代码如图 11-19 所示。

```
<?php
  include_once(__DIR__ . "/../functions/dbcon.php");
  $sql = "insert into comment values(null, ?, ?, ?, default, ?, default)";
  $comment = [
    1,
    $_POST['blog_id'],
    $_POST['content'],
    $_SERVER["REMOTE_ADDR"]
  ];
  $pdo = get_pdo();
  $pstmt = $pdo->prepare($sql);
  $pstmt->execute($comment);
  header("Location:/myblog/blog/get_blog_detail.php?blog_id={$_POST['blog_id']}");
  return;
?>
```

图 11-19 PHP 程序 save_comment.php 的代码

说明：为了简化程序，将评论的 userid 设置为 1。

场景 2 查看所有评论功能的实现

在 comment 目录下创建查看所有评论功能的 PHP 程序 list_comment.php。该程序实现的功能依次是：①从 comment 表查询所有评论数据（按 comment_id 降序排序）；②为“未审核”的评论提供“审核”超链接；③为评论提供“删除”超链接。PHP 程序 list_comment.php 的代码如图 11-20 所示，执行结果如图 11-21 所示。

```
<?php
  include_once(__DIR__ . "/../functions/dbcon.php");
  $sql = "select * from comment order by comment_id desc";
  $pdo = get_pdo();
  $pstmt = $pdo->prepare($sql);
  $pstmt->execute();
  $rows = $pstmt->fetchall(PDO::FETCH_ASSOC);
  if(empty($rows)){
    exit("暂无记录");
  }
?>
  <table><tr><td>内容</td><td>IP地址</td><td>时间</td><td>状态</td><td>删除</td>
    </tr>
<?php
  foreach($rows as $row){
  if($row["status"]=="未审核"){
    $status = "<a href='/myblog/comment/check_comment.php?comment_id=".$row["comment_id"]."'>审核</a>";
  }else{
    $status = "已审核";
  }
?>
    <tr>
    <td><?=$row['content']?></td>
    <td><?=$row['ip']?></td>
    <td><?=$row['createtime']?></td>
    <td><?=$status?></td>
    <td><a href='/myblog/comment/delete_comment.php?comment_id=<?=$row['comment_id']?>'>删除</a></td>
    </tr>
<?php
  }
?>
</table>
```

图 11-20 PHP 程序 list_comment.php 的代码

图 11-21 PHP 程序 list_comment.php 的执行结果

场景 3 审核评论和删除评论功能的实现

知识提示：单击 PHP 程序 list_comment.php 提供的“审核”超链接，触发 PHP 程序 check_comment.php 运行。单击 PHP 程序 list_comment.php 提供的“删除”超链接，触发 PHP 程序 delete_comment.php 运行。

在 comment 目录下创建 PHP 程序 check_comment.php 和 delete_comment.php。这两个程序实现的功能分别是将指定评论的状态修改为“已审核”、删除指定的评论，最后这两个程序将页面重定向到/myblog/comment/list_comment.php。PHP 程序 check_comment.php 和 delete_comment.php 的代码如图 11-22 所示。

程序check_comment.php

```
<?php
  include_once(__DIR__ . "/../functions/dbcon.php");
  $comment_id = $_GET['comment_id'] ?? 0;
  $sql = "update comment set status='已审核' where comment_id=?";
  $pdo = get_pdo();
  $pstmt = $pdo->prepare($sql);
  $pstmt->execute([ $comment_id]);
  header("Location:/myblog/comment/list_comment.php");
  return;
?>
```

程序delete_comment.php

```
<?php
  include_once(__DIR__ . "/../functions/dbcon.php");
  $comment_id = $_GET['comment_id'] ?? 0;
  $sql = "delete from comment where comment_id=?";
  $pdo = get_pdo();
  $pstmt = $pdo->prepare($sql);
  $pstmt->execute([ $comment_id]);
  header("Location:/myblog/comment/list_comment.php");
  return;
?>
```

图 11-22　PHP 程序 check_comment.php 和 delete_comment.php 的代码

至此，个人博客系统有关博客管理和评论管理的基本功能已经实现。

11.7 分页技术

分页技术是一种将信息分段展示给浏览器用户的技术。浏览器用户每次看到的不是全部信息，而是其中的一部分信息，如果没有找到自己想要的内容，则通过指定页码或翻页的方式转换可见内容，直到找到自己想要的内容为止。

11.7.1 分页技术的实现方法

分页技术的实现方法

在 B/S 三层架构中，浏览器请求查询数据、Web 服务器返回信息列表的整个过程如图 11-23 所示，从图 11-23 中可以得知，基于 B/S 三层架构的分页技术可以分别在浏览器、Web 服务器和数据库服务器实现。

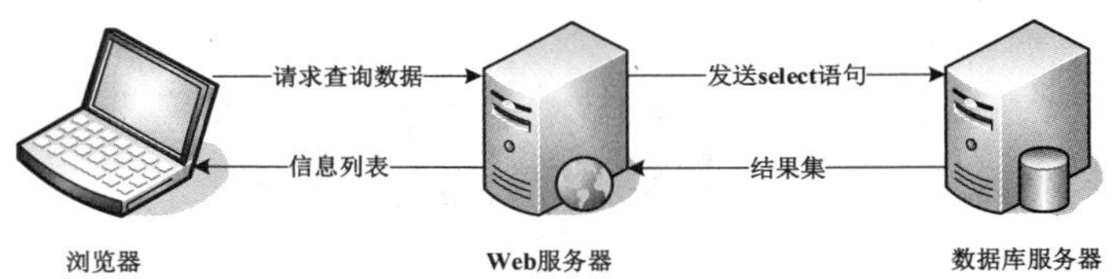

图 11-23　B/S 三层架构

1．在浏览器端实现分页

浏览器可以使用 JavaScript 代码实现分页功能，但前提是浏览器端必须从数据库中获取满足条件的所有记录。数据库服务器将结果集先发送到 Web 服务器，Web 服务器将结果集以信息列表的方式发送给浏览器，最后由浏览器的 JavaScript 代码对信息列表分页。

该分页方法的特点是效率最低，消耗大量服务器资源和网络资源，本书不使用该方法。

2．在 Web 服务器端实现分页

Web 服务器端可以使用应用程序（如 PHP 程序）实现分页功能，但前提是 PHP 程序必须从数据库中获取满足条件的所有记录。数据库服务器将结果集先发送到 Web 服务器，Web 服务器的 PHP 程序对结果集进行分页，筛选出浏览器用户需要的“结果集”再发送到浏览器。

该分页方法的特点是效率较低，消耗一定的服务器资源和网络资源，本书不使用该方法。

3．在数据库服务器端实现分页

数据库服务器端可以使用 SQL 语句实现分页功能，直接将浏览器用户所需的结果集发送给 Web 服务器，再由 Web 服务器发送给浏览器端。

该分页方法的特点是效率最高，消耗最少的服务器资源和网络资源。本书使用该方法实现分页技术。

11.7.2 分页技术的简单实现

分页技术的简单实现

实现分页技术时，务必指定如下几个参数。

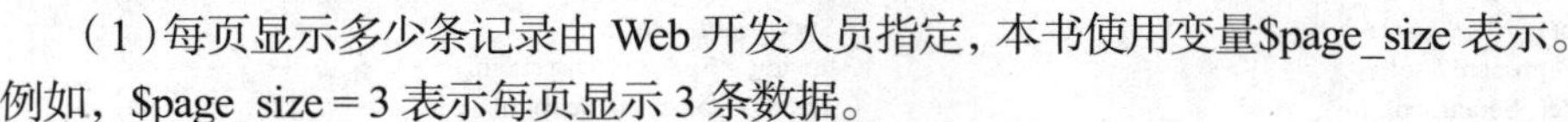

（1）每页显示多少条记录由 Web 开发人员指定，本书使用变量$page_size 表示。例如，$page_size = 3 表示每页显示 3 条数据。

（2）要返回第几页的数据，即当前页是第几页，本书使用变量$current_page 表示。通常查询字符串提供了该信息，例如，list_blog.php?current_page=2 表示当前页是第 2 页。

MySQL 提供的关键词 limit 专门用于分页，其语法格式如下。

```
limit [start,]length
```

其中，length 的值等于$page_size 变量的值，start 的值可由$current_page 和$page_size 两个变量计算得出，start 的值是($current_page-1)*$page_size。

11.7.3 分页导航的实现

分页导航的实现

上一节提供了分页技术的简单实现方法，使用该方法实现的分页技术，浏览器用户查看指定页码的数据时，需要手动在 URL 网址中修改页码，用户体验较差，有必要为浏览器用户提供分页导航。

分页导航主要有 4 个作用：①告诉浏览器用户要浏览的信息量；②让浏览器用户快速跳过一些不想看的信息；③便于浏览器用户定位和查找信息；④减少页面大小，提高加载速度。此外，分页导航还为浏览器用户制造一定的停顿，减少浏览器用户浏览网页的疲劳感。

为了提升用户体验，方便浏览器用户更好地使用分页功能，个人博客系统提供的分页导航如图 11-24 所示，该分页导航包含了以下信息。

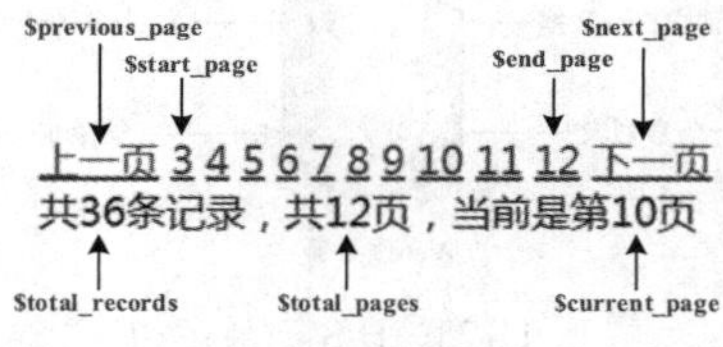

图 11-24　个人博客系统的分页导航

（1）共多少条记录（$total_records），执行 select 语句可以得出。

（2）共多少页（$total_pages），可由下面的代码计算得出。

```
$total_pages = ceil($total_records/$page_size);
```

说明 1：$page_size 表示每页显示多少条记录，由 Web 开发人员指定。

说明 2：ceil 函数的语法格式如下，功能是向上舍入为最接近的整数。

```
ceil(float $num) : float
```

（3）当前页是第几页（$current_page），例如，list_blog.php?current_page=2 表示当前页是第 2 页。

（4）上一页（$previous_page），可由下面的代码计算得出。

```
$previous_page = ($current_page<=1) ? 1 : $current_page-1;
```

（5）下一页（$next_page），可由下面的代码计算得出。

```
$next_page = ($current_page>=$total_pages) ? $total_pages : $current_page+1;
$next_page = ($next_page==0) ? 1 : $next_page;
```

（6）分页导航的起始页（$start_page）和结束页（$end_page），它们之间相互影响，可由下面的代码计算得出。

```
$start_page = ($current_page-5>0) ? $current_page-5 : 0;
$end_page = ($start_page+10<$total_pages) ? $start_page+10 : $total_pages;
$start_page = $end_page-10;
if($start_page<0) $start_page = 0;
```

分页导航本质是一个字符串，假设变量$navigator 是分页导航字符串，有了上述数据，就可以计算出分页导航字符串$navigator 的值。

上机实践 分页技术的实现

场景 1 分页技术的简单实现

（1）将 PHP 程序 list_blog.php 复制一份，命名为 list_blog_0.php（表示 list_blog.php 程序的第 0 个版本），以备将来使用。保持 PHP 程序 list_blog.php 是最新版本。

（2）修改 PHP 程序 list_blog.php 的代码，修改后的代码、访问该程序的 URL 网址以及执行结果如图 11-25 所示（修改方框中的代码，其他代码不变）。

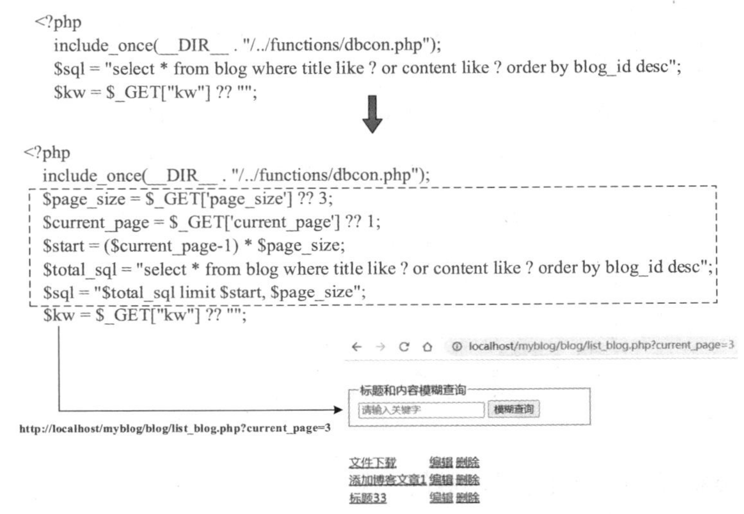

图 11-25 list_blog.php 修改后的代码、访问该程序的 URL 网址以及执行结果

说明 1：修改浏览器地址栏中查询字符串 current_page 的值可以显示该页的数据。

说明 2：为了简化程序，这里将变量$page_size 的值设置为 3。

说明 3：MySQL 使用关键字 limit 实现分页功能，下面两行代码使用字符串拼接的方式初始化关键字 limit 的参数。

```
    $total_sql = "select * from blog where title like ? or content like ? order by blog_id
desc";
    $sql = "$total_sql limit $start, $page_size";
```

▶注意：不能使用诸如$sql = "$total_sql limit ?, ?"的代码为关键字 limit 的参数赋值，除非执行下面的代码，将 PDO 的属性设置为 PDO::ATTR_EMULATE_PREPARES。

```
$pdo->setAttribute(PDO::ATTR_EMULATE_PREPARES, false);
```

场景 2 分页导航的实现

（1）将 PHP 程序 list_blog.php 复制一份，命名为 list_blog_1.php（表示 list_blog.php 程序的第 1 个版本），以备将来使用。保持 PHP 程序 list_blog.php 是最新版本。

（2）在 PHP 程序 list_blog.php 代码的末尾添加图 11-26 所示的代码，其他代码不变（虚线框中的代码用于计算分页导航字符串$navigator 的值）。修改后的程序执行结果如图 11-27 所示。

```
<?php
    $total_pstmt = $pdo->prepare($total_sql);
    $total_pstmt->execute($params);
    $total_rows = $total_pstmt->fetchall();
    $total_records = count($total_rows);
    $total_pages = ceil($total_records/$page_size);
    $previous_page = ($current_page<=1) ? 1 : $current_page-1;
    $next_page = ($current_page>=$total_pages) ? $total_pages : $current_page+1;
    $next_page = ($next_page==0) ? 1 : $next_page;
    $start_page = ($current_page-5>0) ? $current_page-5 : 0;
    $end_page = ($start_page+10<$total_pages) ? $start_page+10 : $total_pages;
    $start_page = $end_page-10;
    if($start_page<0) $start_page = 0;
    $url = "/myblog/blog/list_blog.php";
    $navigator = "<a href={$url}?current_page={$previous_page}>上一页</a> ";
    for($i=$start_page; $i<$end_page; $i++){
        $j = $i + 1;
        $navigator .= "<a href='{$url}?current_page={$j}'>{$j}</a> ";
    }
    $navigator .= "<a href={$url}?current_page={$next_page}>下一页</a><br/>";
    $navigator .= "共{$total_records}条记录，共{$total_pages}页，当前是第{$current_page}页";
    echo $navigator;
?>
```

图 11-26　修改后的 PHP 程序 list_blog.php 的代码

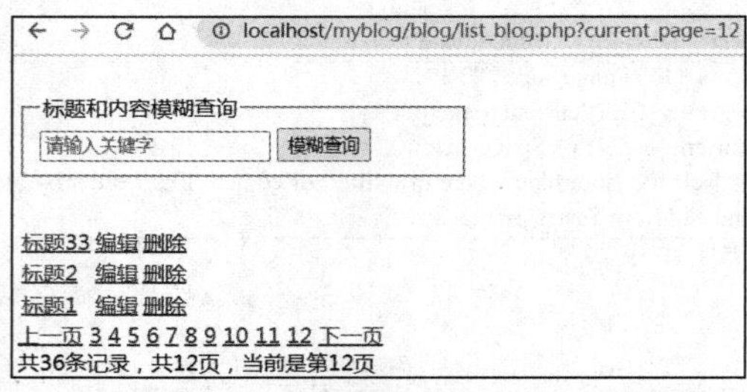

图 11-27　修改后的 PHP 程序 list_blog.php 的执行结果

场景 3　带有模糊查询的分页导航函数的实现

知识提示：将显示分页导航的代码制作成函数不仅便于代码维护和重用，还可以大大减少分页功能的代码量。

（1）在 functions 目录下创建 PHP 程序 page.php，该程序定义了 page 函数，打印带有模糊查询的分页导航字符串，该程序的代码如图 11-28 所示。

```
<?php
  function page($total_records,$page_size,$current_page,$url,$kw=""){
    $total_pages = ceil($total_records/$page_size);
    $previous_page = ($current_page<=1) ? 1 : $current_page-1;
    $next_page = ($current_page>=$total_pages) ? $total_pages : $current_page+1;
    $next_page = ($next_page==0) ? 1 : $next_page;
    $start_page = ($current_page-5>0) ? $current_page-5 : 0;
    $end_page = ($start_page+10<$total_pages) ? $start_page+10 : $total_pages;
    $start_page = $end_page-10;
    if($start_page<0) $start_page = 0;
    $url = "{$url}?kw={$kw}";
    $navigator = "<a href={$url}&current_page={$previous_page}>上一页</a> ";
    for($i=$start_page; $i<$end_page; $i++){
      $j = $i + 1;
      $navigator .= "<a href='{$url}&current_page={$j}'>{$j}</a> ";
    }
    $navigator .= "<a href={$url}&current_page={$next_page}>下一页</a><br/>";
    $navigator .= "共{$total_records}条记录，共{$total_pages}页，当前是第{$current_page}页";
    echo $navigator;
  }
?>
```

图 11-28　PHP 程序 page.php 的代码

说明：分页导航字符串提供的超链接中携带了模糊查询的关键字 kw，page 函数的$kw 参数的默认值是空字符串。

（2）将 PHP 程序 list_blog.php 复制一份，命名为 list_blog_2.php（表示 list_blog.php 程序的第 2 个版本），以备将来使用。保持 PHP 程序 list_blog.php 是最新版本。

（3）将 PHP 程序 list_blog.php 最后有关分页导航的代码修改为如图 11-29 所示，其他代码不变。

```
<?php
   $total_pstmt = $pdo->prepare($total_sql);
   $total_pstmt->execute($params);
   $total_rows = $total_pstmt->fetchall();
   $total_records = count($total_rows);
   include_once(__DIR__ . "/../functions/page.php");
   page($total_records,$page_size,$current_page,"/myblog/blog/list_blog.php",$kw);
?>
```

图 11-29　修改后的 list_blog.php 有关分页导航的代码

11.8 个人博客系统的系统测试

个人博客系统的系统测试

在系统实施过程中甚至是系统开发初期，往往要伴随着系统测试同时进行。这是由于随着开发阶段的向前推进，纠错的开销越来越大。这里以功能测试为例，功能测试的关键是如何确定测试用例，而这个过程是一段枯燥而且耗时的过程。

测试用例（test case）是可以独立执行的一个过程，这个过程是一个最小的测试实体，不能再被分解。测试用例是为了某个测试点设计的测试操作过程序列、条件、期望结果及其相关数据的一个特定集合。

目前，个人博客系统中博客管理以及评论管理的相关功能模块已经开发完毕，但某些功能模块存在 bug，应该尽早发现这些 bug，以便减少纠错的开销。以个人博客系统为例，博主发表博客时，上传附件的文件名中不能含有“+”，否则下载该附件时将提示“文件不存在或已删除”信息。可以对“文件下载”功能模块测试用例进行如下描述。

【示例：书写规范的测试用例】

ID：100610003

用例名称：验证博客附件是否可以成功进行文件下载

测试项：博客附件的文件名是 a+b.txt

环境要求：Windows 7 和 Chrome

参考文档：需求文档

优先级：高

依赖的测试用例：100610001（保存博客的测试用例）、100610002（查看博客详情的测试用例）

步骤：

（1）打开 Chrome 浏览器。

（2）在浏览器地址栏中输入 http://localhost/myblog/blog/get_blog_detail.php?blog_id=9。

（3）单击附件 a+b.txt 超链接。

期望结果：文件成功下载

实际运行结果：提示“文件不存在或已删除”

从测试用例 100610003 可以看出，由于期望结果与实际运行结果不符，从而判断附件下载功能的代码存在 bug，该 bug 的解决方法将在“第 13 章　字符串处理”中讲解。

使用同样的方法可以对个人博客系统中的其他功能模块进行功能测试。

个人博客系统的运行和维护

11.9 个人博客系统的运行和维护

系统投入使用后涉及的活动为运行和维护。运行和维护的主要任务是完善系统文档，编写用户文档，并组织用户培训。由于个人博客系统功能较为简单，且界面单一、容易使用，所以运行和维护阶段不再阐述。

至此，个人博客系统的主要功能开发完毕，其他功能模块的开发相信读者可以自行完成。

习题

在某内容管理系统中，信息表 message 有如下字段。

id　　　　文章 ID
title　　　文章标题
content　　文章内容
category_id　文章分类 ID
clicked　　点击量

任务 1：写出创建信息表 message 的 SQL 语句。

任务 2：comment 表记录用户回复每条信息的评论内容，字段如下。

comment_id　　　评论 ID
id　　　　　　　文章 ID，关联 message 表中的 ID
comment_content　评论的内容

查询数据库需要得到以下格式的文章标题列，并按照回复数量排序，回复数量最高的排在最前面。

文章 ID　文章标题　点击量　评论数量

用一个 SQL 语句完成上述查询，如果文章没有评论，则评论数量显示为 0。

任务 3：上述内容管理系统中的 category 表保存分类信息，字段如下。

category_id　　　博客的标签 ID
categroy_name　　博客的标签名称

用户输入文章时，通过下拉菜单选择文章分类。编写实现这个下拉菜单的函数。

第12章 会话控制技术：Cookie 与 Session

本章讲解如何使用 Cookie 和 Session 跟踪用户，主要内容包括 Cookie 和 Session 的工作原理和生命周期，Cookie 和 Session 的典型应用，Cookie 和 Session 之间的关系，Cookie 和 Session 在个人博客系统中的应用，以及 header 函数的作用。通过本章的学习，读者将具备在浏览器端保持会话以及在 Web 服务器端保持会话的能力。

会话控制技术概述

12.1 会话控制技术概述

HTTP 是无状态的。同一个浏览器用户接连向同一个网站发出两次 HTTP 请求，网站会认为：这两次请求是两个不同用户发出的独立请求，两次请求互不关联，没有任何关系。这会导致两种乱象。

乱象 1：浏览器无法实现“记住密码”和“自动登录”功能。每次登录一个网站都需要重填用户名和密码。

乱象 2：刚成功登录了一个网站，下一秒访问该网站的其他页面时，居然让我们重新登录。

上述两种乱象都与“HTTP 的无状态特性”有关，这两种乱象都会阻碍互联网的发展。

为了解决这两种乱象，亟需引入新的技术跟踪用户，这就是会话控制技术。简单来讲，在浏览器与 Web 服务器多次请求/响应的过程中，会话控制技术实现了跟踪用户的功能。Web 开发中的会话控制技术有 Cookie 会话控制技术和 Session 会话控制技术两种。

Cookie 是一种浏览器端的会话控制技术，Cookie 保存在浏览器端，目的是让浏览器拥有记忆能力，主要解决乱象 1；Session 是一种 Web 服务器端的会话控制技术，Session 保存在 Web 服务器端，目的是让 Web 服务器拥有记忆能力，主要解决乱象 2。

12.2 Cookie 会话技术

Cookie 的工作原理和生命周期

Cookie 的本质是：Set-Cookie 响应头 ＋ 开启了 Cookie 功能的浏览器 ＋Cookie 请求头。

12.2.1 Cookie 的工作原理和生命周期

Cookie 的工作原理如图 12-1 所示，图中最粗的线条记录了 Cookie 的生命周期。

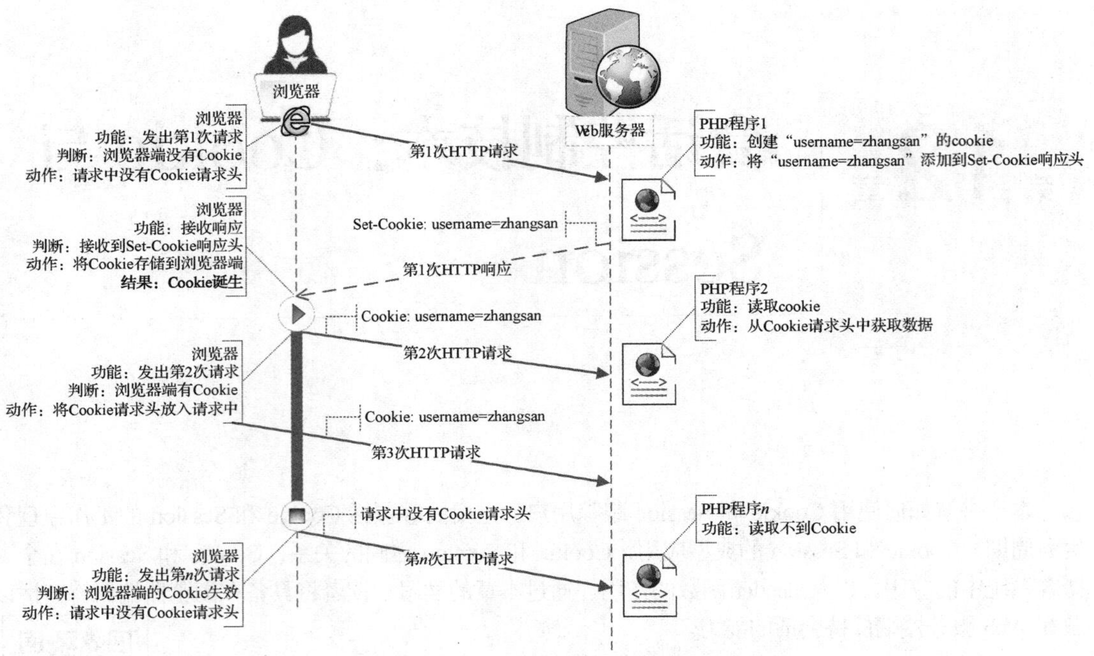

图 12-1　Cookie 的工作原理和生命周期

重要的时间节点说明如下。

1．创建 Cookie→诞生 Cookie

（1）浏览器发出第 1 次 HTTP 请求：由于浏览器端没有有效的 Cookie，因此此次 HTTP 请求中没有 Cookie 请求头。

（2）第 1 次 HTTP 请求触发 PHP 程序 1 运行：PHP 程序 1 调用 setcookie 函数创建诸如"username=zhangsan"的 Cookie，将诸如"Set-Cookie:username=zhangsan"的 Set-Cookie 响应头添加到响应中。

（3）PHP 程序 1 运行结束后返回响应：此时的响应头包含 Set-Cookie 响应头。

（4）浏览器接收到 PHP 程序 1 的响应：由于响应中包含 Set-Cookie 响应头，所以浏览器自动将"username=zhangsan"以"键值对"的方式存储到浏览器端（或在浏览器端主机内存，或在浏览器端主机外存），Cookie 就此诞生。

> ▶注意：名称为 username、值为 zhangsan 的 Cookie 由 PHP 程序 1 创建，由于该 Cookie 在浏览器端诞生，并存储于浏览器端，所以在此时间节点内，PHP 程序 1 不能使用 $_COOKIE 访问名称为 username 的 Cookie。

2．Cookie 会话

从 Cookie 诞生到失效的这段时间，浏览器与 Web 服务器之间的多次请求/响应称作一次 Cookie 会话。一次 Cookie 会话通常包含多次请求/响应，在 Cookie 会话期间：

（1）浏览器向 PHP 程序 2，3，…，*n*-1 发出 HTTP 请求时，浏览器自动向 HTTP 请求中添加诸如"Cookie:username=zhangsan"的 Cookie 请求头（Cookie 请求头和值之间使用":"隔开）。

（2）PHP 程序 2，3，…，*n*-1 通过预定义变量$_COOKIE 从 Cookie 请求头中获取 Cookie 信息，这些 PHP 程序就可以获取 PHP 程序 1 设置的 Cookie 信息了。

3．Cookie 失效

Cookie 失效后，浏览器再次发出 HTTP 请求时，HTTP 请求中没有该 Cookie 请求头。

按照 Cookie 失效时机的不同，可以将 Cookie 分为会话 Cookie 和持久 Cookie。

（1）会话 Cookie 是指 Cookie 信息保存在浏览器端内存中，关闭浏览器，Cookie 即刻失效。

说明：如果 PHP 程序 1 没有为 Cookie 设置到期时间（或将到期时间设置为 0），该 Cookie 就是会话 Cookie。

（2）持久 Cookie 是指 Cookie 信息保存在浏览器端主机的外存，关闭浏览器后，Cookie 是否失效取决于 Cookie 的到期时间（以秒为单位）。

说明 1：如果 PHP 程序 1 为 Cookie 设置的到期时间是未来的某个时间点，该 Cookie 就是持久 Cookie。

说明 2：即便关闭浏览器，只要在有效期内，持久 Cookie 就依然有效。

12.2.2 Cookie 的目的和典型应用

Cookie 的目的和典型应用

Cookie 的会话顺序是：PHP 程序 1 将 Set-Cookie 响应头添加到响应中→浏览器诞生 Cookie→浏览器发出第二次 HTTP 请求时，请求中包含 Cookie 请求头→其他 PHP 程序通过预定义变量$_COOKIE 获取 PHP 程序 1 设置的 Cookie 信息。

Cookie 的目的：其他 PHP 程序获取 PHP 程序 1 设置的 Cookie 信息。也就是说，Cookie 的目的是借用浏览器端技术实现 Cookie 会话期间，多次请求/响应之间的数据共享。

> ▶注意：默认情况下，浏览器都是开启 Cookie 的。当然，浏览器用户可以手动关闭 Cookie（虽然不建议）。

Cookie 分为会话 Cookie 和持久 Cookie。会话 Cookie 的典型应用是实现 Session 会话技术；持久 Cookie 的典型应用是实现 Web 应用程序的免密登录功能，如图 12-2 所示。

图 12-2　Cookie 分为会话 Cookie 和持久 Cookie

以持久 Cookie 的免密登录功能为例，登录页面通常是 Web 应用程序的入口程序，浏览器用户为了享受 Web 应用程序的更多服务，需要每次打开登录页面，并且需要登录成功。为了便于浏览器用户下次登录，可以为登录页面提供“记住密码”功能，成功登录后，下次再访问该 Web 应用程序的登录页面时，用户名和密码会自动填入。

> ▶注意：Cookie 是浏览器端的会话控制技术，Cookie 信息保存于浏览器端计算机主机的外存或内存。

12.2.3 使用 setcookie 函数创建 Cookie

使用 setcookie 函数创建 Cookie

向响应中添加 Set-Cookie 响应头即可创建 Cookie，调用 header 函数和调用 setcookie 函数都可以创建 Cookie，本书主要讲解如何使用 setcookie 函数创建 Cookie。

setcookie 函数的语法格式如下。

```
setcookie(string $name,string $value = "",int $expires_or_options = 0,string $path = "",string $domain = "",bool $secure = false,bool $httponly = false) : bool
```

▶注意：本质上，setcookie 函数向响应添加 Set-Cookie 响应头。HTTP 规定响应头应该比响应体先到达浏览器，因此在调用 setcookie 函数前不要有任何输出（包括空格和空行）。在调用 setcookie 函数之前如果存在输出，则 setcookie 函数因无法创建 Cookie 而返回 false。如果 setcookie 成功执行，则 setcookie 函数返回 true。

setcookie 函数的参数说明如下。

（1）$name：设置 Cookie 名。

（2）$value：设置 Cookie 值。假设 PHP 程序 1 将 Cookie 的名称设置为'cookiename'，则其他 PHP 程序可以通过$_COOKIE['cookiename']获取该 Cookie 的值，实现 PHP 程序 1 向其他 PHP 程序传递参数的目的。

▶注意 1：Cookie 的值最终存储在浏览器端主机上，不要存储敏感信息，尤其是在一台计算机多个用户使用的场合下，容易将个人信息暴露给其他用户。

▶注意 2：Cookie 信息是通过 HTTP 响应头“Set-Cookie”和 HTTP 请求头“cookie”往返于 Web 服务器和浏览器之间的，HTTP 规定响应头和请求头必须是 ASCII 文本数据。这就意味着，Cookie 名和 Cookie 值不能包含中文字符，除非将中文字符进行字符编码。

（3）$expires_or_options：设置 Cookie 到期时间，单位是秒。例如，值为 time()+60*60*24*30 时，表示 Cookie 在 30 天内有效（持久 Cookie）。值为 0 或省略时（默认值是 0），关闭浏览器时 Cookie 失效（会话 Cookie）。

（4）$path：设置 Cookie 的有效路径。设置此值后，只有当浏览器访问有效路径下的 PHP 程序时，浏览器才向 HTTP 请求中加入 Cookie 请求头信息。

说明 1：设置 Cookie 的有效路径，可以实现同一个 Web 服务器下不同应用程序之间传递 Cookie 信息。例如，设置为“/”时，Cookie 在整个 Web 服务器中可用；设置为“/foo/”时，Cookie 仅在/foo/目录或者/foo/bar/等所有子目录中可用。

说明 2：$path 的默认值是调用 setcookie 函数时 PHP 程序所在的目录。

（5）domain：指定 Cookie 的有效域名。设置此值后，只有当浏览器访问该域名下的 PHP 程序时，浏览器才向 HTTP 请求中加入 Cookie 请求头信息。

说明：设置 Cookie 的有效域名，可以实现在不同 Web 服务器之间传递 Cookie 信息。例如，设置为“example.com”时，Cookie 在域名“www.example.com”或“w2.www.example.com”中可用。

（6）$secure：设置 Cookie 是通过 HTTP 还是 HTTPS 加入 Cookie 请求头中。默认值为 false，表示 Cookie 只有使用 HTTP 连接 Web 服务器时，才将 Cookie 信息加入 Cookie 请求头中；值为 true 时，表示 Cookie 只有使用 HTTPS 连接 Web 服务器时，才将 Cookie 信息加入 Cookie 请求头中。

（7）$httponly：设置 Cookie 的 httpOnly 后，JavaScript 脚本将无法读取到 Cookie 信息，这样能有效防止 XSS 攻击，让 Web 应用程序更加安全。

12.2.4 其他 PHP 程序读取 Cookie

其他 PHP 程序读取 Cookie

Cookie 在浏览器端诞生后，再次访问其他 PHP 程序时，浏览器自动将 Cookie

信息放入 HTTP 请求的 Cookie 请求头中，其他 PHP 程序就可以通过预定义变量$_COOKIE 读取 Cookie 请求头中的 Cookie 信息了。

假设 PHP 程序 1 将 Cookie 的名称设置为'cookiename'，其他 PHP 程序可以通过$_COOKIE['cookiename']获取该 Cookie 的值。

12.2.5 删除浏览器端的 Cookie

删除浏览器端的 Cookie

浏览器端的 Cookie 可由浏览器用户根据需要手动删除，这会给浏览器用户带来不好的用户体验。较好的做法是 Web 开发人员编写 PHP 程序，让浏览器用户以可视化的方式删除浏览器端的 Cookie。

PHP 程序删除浏览器端的 Cookie 主要有两种方法：一种是将 Cookie 的值设置为空，另一种是将 Cookie 的到期时间设为过去的时间。浏览器接收到这样的 Set-Cookie 响应头后都会自动删除 Cookie。

例如，代码 setcookie('name', 'value', 1)将名称为 name 的 Cookie 从浏览器端删除，这是因为 1 是过去的时间。读者务必区分时间 time() + 1 和时间 1，前者是未来的时间，后者是过去的时间。

> ▶注意：setcookie('name', 'value', 0)将名称为 name 的 Cookie 设置为会话 Cookie，并不是将名称为 name 的 Cookie 从浏览器端删除。

上机实践 Cookie 会话技术

场景 1 认识会话 Cookie 和持久 Cookie

在 D:/wamp/www/目录下创建“12”目录，在该目录分别创建 PHP 程序 setcookie.php、getcookie.php 和 destroycookie.php，它们的代码如图 12-3 所示。

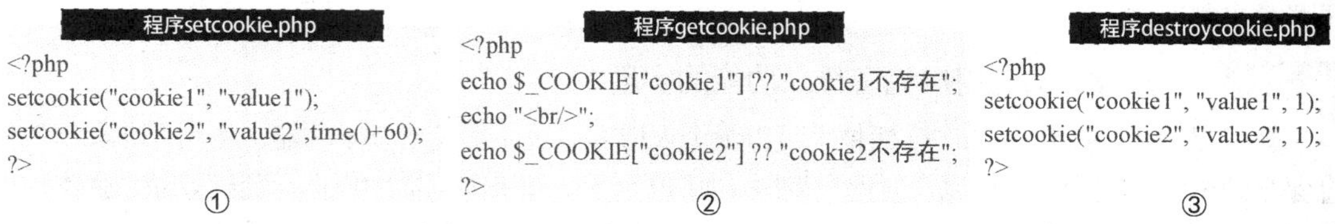

程序setcookie.php

```
<?php
setcookie("cookie1", "value1");
setcookie("cookie2", "value2",time()+60);
?>
```

①

程序getcookie.php

```
<?php
echo $_COOKIE["cookie1"] ?? "cookie1不存在";
echo "<br/>";
echo $_COOKIE["cookie2"] ?? "cookie2不存在";
?>
```

②

程序destroycookie.php

```
<?php
setcookie("cookie1", "value1", 1);
setcookie("cookie2", "value2", 1);
?>
```

③

图 12-3 PHP 程序 setcookie.php、getcookie.php 和 destroycookie.php 的代码

说明 1：为了便于描述，分别将这 3 个程序编号为①、②、③。程序①和程序③没有输出结果（空白页面），程序②有输出结果；程序①负责创建名称为 cookie1 和 cookie2 的两个 Cookie，cookie1 是会话 Cookie，cookie2 是持久 Cookie；程序②输出名称为 cookie1 和 cookie2 的两个 Cookie 的值（如果不存在，则输出不存在）；程序③删除名称为 cookie1 和 cookie2 的两个 Cookie。

说明 2：图 12-4 记录了执行程序①、程序②和程序③的步骤以及执行结果。

场景 2 认识 Cookie 的 path

在 D:/wamp/www/目录下创建 test_path 目录，在该目录创建 PHP 程序 getcookie.php；在 D:/wamp/www/12 目录下创建 PHP 程序 setcookie_path.php，两个程序所在的目录结构、代码、先执行 getcookie.php 再执行 setcookie_path.php 的执行结果如图 12-5 所示。

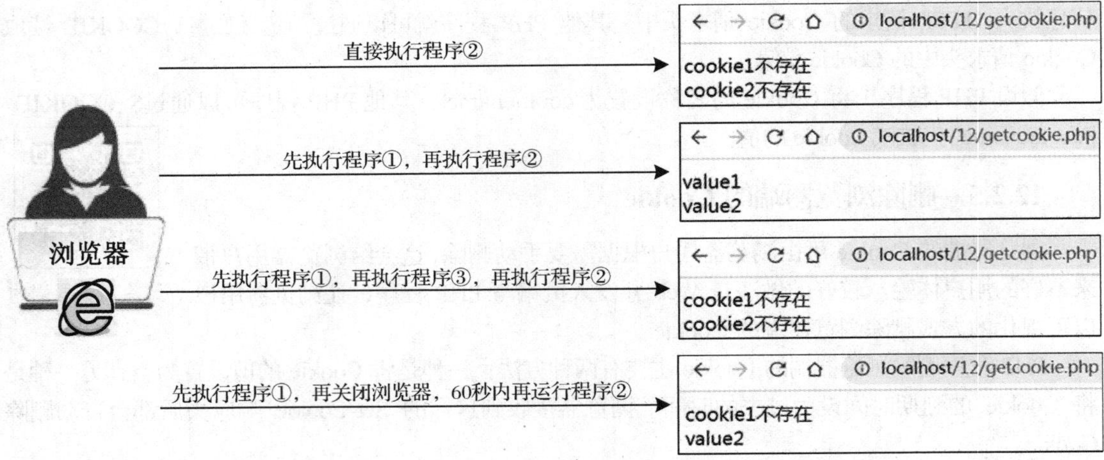

图 12-4　认识会话 Cookie 和持久 Cookie

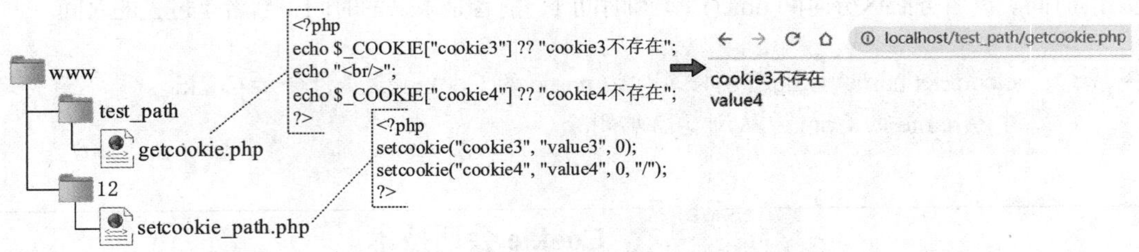

图 12-5　先执行 getcookie.php 再执行 setcookie_path.php 的执行结果

说明：PHP 程序 setcookie_path.php 创建名称为 cookie3 和 cookie4 的两个会话 Cookie。cookie3 的有效路径没有设置，因此是当前目录（即目录“12”），也就是说，cookie3 只在当前目录有效；cookie4 的有效路径是“/”（Web 服务器根目录），也就是说，cookie4 在当前 Web 服务器的所有应用程序中都有效。

场景 3　个人博客系统用户免密登录功能的实现

知识提示 1：使用 Cookie 会话技术可以为个人博客系统添加免密登录功能，将用户名和密码信息保存到浏览器端中，并可以设置保存期限（如 30 天）。如果浏览器用户选择免密登录，且本次登录成功，那么下次浏览器用户打开登录页面时，无需重新填入用户名和密码即可成功登录。

知识提示 2：Cookie 的值最终存储在浏览器端主机上，为了确保信息安全，存储在 Cookie 中的密码必须是密文，不能是明文。

（1）将 myblog 目录复制一份，命名为 myblog_0（表示 myblog 的第 0 个版本），以备将来使用。保持 myblog 是最新版本。

> ▶ 注意：myblog_0 目录中的程序无法正常执行，这是因为个人博客系统使用了诸如“/myblog/functions/dbcon.php”的 server-relative 路径定位资源。

（2）如果 D:\wamp\www\myblog 目录中不存在 user 目录，则创建 user 目录，在该目录创建 PHP 程序 login.php，该程序提供 FORM 登录表单，并自动将浏览器端的 Cookie 填入用户名文本框和密码密码框中。PHP 程序 login.php 的代码如图 12-6 所示。

```
<?php
$username = $_COOKIE['username'] ?? "";
$password = $_COOKIE['password'] ?? "";
?>
<form action="/myblog/user/login_process.php" method="post">
  <fieldset style="width:200px">
    <legend>登录表单</legend>
    <input type="text" name="username" placeholder="用户名" value="<?=$username?>" required/><br/>
    <input type="password" name="password" placeholder="密码" value="<?=$password?>" required/><br/>
    <input type="checkbox" name="remember" value="2592000" checked/>记住我（30天）<br/>
    <input type="submit" name="login" value="登录"/>
    <input type="reset" name="reset" value="重置"/>
  </fieldset>
</form>
```

图 12-6　PHP 程序 login.php 的代码

说明 1：单击“登录”按钮后，触发/myblog/user/login_process.php 程序执行。
说明 2：为了确保信息安全，保存在浏览器端 Cookie 中的密码是“一次”md5 加密后的密码。
说明 3：PHP 程序 login.php 的执行结果如图 12-7 所示。

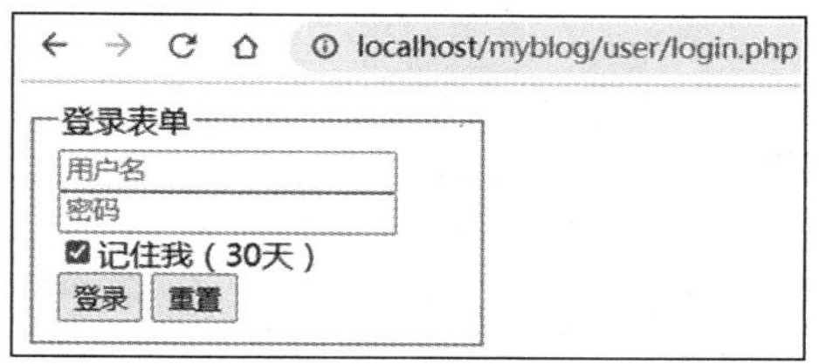

图 12-7　PHP 程序 login.php 的执行结果

（3）在 user 目录创建 PHP 程序 login_process.php，该程序的代码以及执行结果如图 12-8 所示。

```
<?php
  include_once(__DIR__ . "/../functions/dbcon.php");
  if(empty($_POST) || !isset($_POST["login"])){
    exit("必须通过登录表单，不能使用GET请求直接访问本程序。");
  }
  $password_1 = $_COOKIE["password"] ?? "";
  if (empty($password_1)) $password_1 = md5($_POST['password']);
  setcookie("username", "", 1, "/myblog");
  setcookie("password", "", 1, "/myblog");
  $sql = "select * from users where username=? and password=?";
  $check = [$_POST['username'], md5($password_1)];
  $pdo = get_pdo();
  $pstmt = $pdo->prepare($sql);
  $pstmt->execute($check);
  if($user = $pstmt->fetch(PDO::FETCH_ASSOC)){
    $remember = $_POST["remember"] ?? -1;
    setcookie("username" , $_POST['username'], time() + $remember, "/myblog");
    setcookie("password" , $password_1, time() + $remember, "/myblog");
    header("Location:/myblog/user/login.php");
  } else {
    echo "登录失败";
  }
?>
```

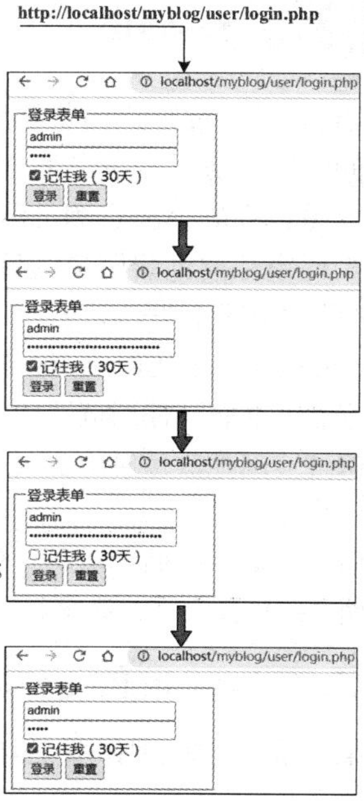

http://localhost/myblog/user/login.php

图 12-8　PHP 程序 login_process.php 的代码以及执行结果

该程序实现的功能如下。

① 从 Cookie 中获取“一次”md5 加密后的密码$password_1，如果获取不到，则从表单密码框中获取密码，并对该密码进行“一次”md5 加密。

② 删除浏览器端有效路径为“/myblog”的 Cookie。

③ 如果登录成功，则重新创建用户名和“一次”md5 加密后的密码的 Cookie，并将有效路径设置为“/myblog”。当浏览器用户选择“记住我（30 天）”时，将 Cookie 的有效期设置为 30 天；当浏览器用户没有选择“记住我（30 天）”时，将 Cookie 的有效期设置为过去的时间。

④ 将页面重定向到/myblog/user/login.php 登录页面。

▶注意：务必将 Cookie 的有效路径设置为“/myblog”。

至此，实现了个人博客系统的用户免密登录功能。

场景 4　Cookie 数组的使用

在 D:/wamp/www/12 目录下创建 PHP 程序 cookie_array.php 和 cookie_list.php，这两个程序的代码以及先执行 cookie_array.php 再执行 cookie_list.php 的执行结果如图 12-9 所示。

```
<?php
  $time = time() + 3600;
  setcookie("name['1']","name1",$time);
  setcookie("name['2']","name2",$time);
  setcookie("name['one']","name one",$time);
  setcookie("name['two']","name two",$time);
?>
```

```
<?php
  $cookie = $_COOKIE["name"] ?? [];
  foreach($cookie as $key => $value){
    echo "{$key}=>{$value}<br/>";
  }
?>
```

```
localhost/12/cookie_list.php
1=>name1
2=>name2
one=>name one
two=>name two
```

图 12-9　先执行 cookie_array.php 再执行 cookie_list.php 的执行结果

12.3 Session 会话技术

Session 会话技术

Session 是一种跟踪浏览器用户的技术。以“双十一”为例，在某个时刻，同时访问淘宝服务器的浏览器用户何止万千，淘宝服务器如何跟踪每个浏览器用户？最容易想到的办法是淘宝服务器为每个浏览器分配一个唯一标识，通过跟踪浏览器实现跟踪浏览器用户的目的，具体实现思路如下。

当浏览器用户打开浏览器第 1 次访问淘宝服务器时，淘宝服务器为浏览器创建一个会话唯一标识（session identifier，SID）。浏览器再次访问淘宝服务器时自动携带 SID，淘宝服务器可以通过 SID 识别浏览器，继而跟踪浏览器用户。

说明 1：浏览器访问淘宝服务器时，如果没有携带 SID，则淘宝服务器将为该浏览器分配一个 SID。

说明 2：Session 的本质是：创建 SID + 创建 Session 会话文件 + 重用 SID。

说明 3：严格地讲，这里提到的浏览器指的是浏览器进程。

12.3.1 Session 的工作原理和生命周期

Session 的工作原理和生命周期

Session 的工作原理如图 12-10 所示，图中最粗的线条记录了 Session 的生命周期。

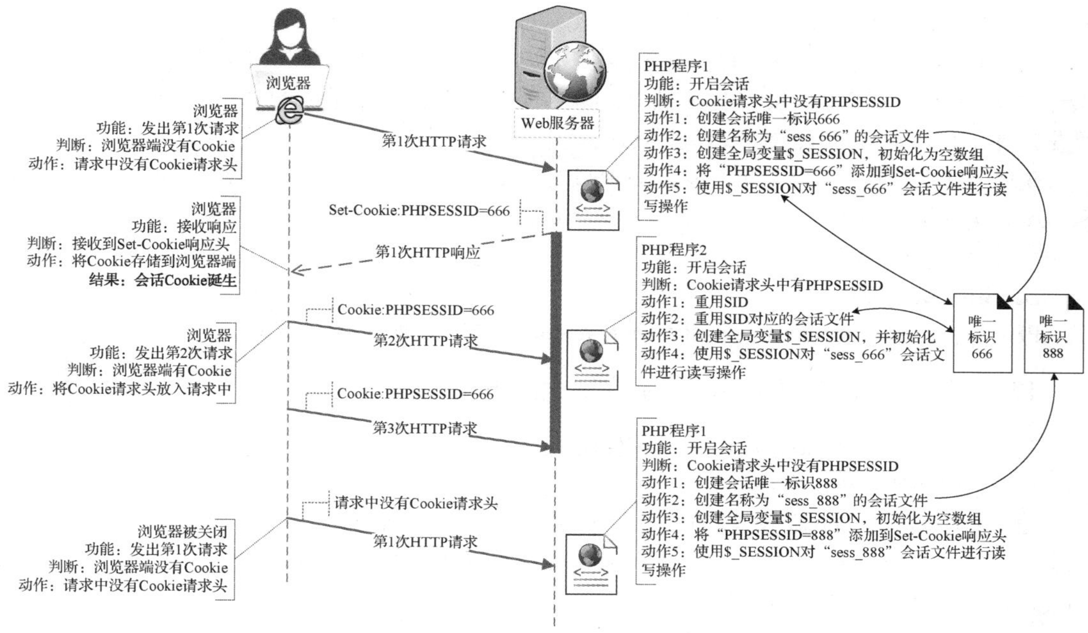

图 12-10　Session 的工作原理和生命周期

重要的时间节点说明如下。

1．开启 Session（创建 Session 即诞生 Session）→Session 会话

（1）浏览器发出第 1 次 HTTP 请求：由于浏览器端没有有效的 Cookie，因此此次 HTTP 请求中没有 Cookie 请求头。

（2）PHP 程序 1 调用 session_start 函数开启 Session，由于 Web 服务器无法从 GET 请求、POST 请求或 COOKIE 中获取 SID，所以判断此次请求是浏览器第一次访问 Web 服务器，session_start 函数的主要任务是创建 Session（创建 Session 即诞生 Session）。

说明 1：Session 诞生的时间早于 Cookie 诞生的时间。

说明 2：session_start 函数创建 Session 时伴随 4 个创建动作。

① 创建 SID（如“666”），用于跟踪该浏览器。

② 创建名称为“sess_666”的会话文件，以便同一 Session 会话内的不同 PHP 程序之间能够共享数据。

③ 创建全局变量$_SESSION，并将其初始化为空数组。

④ 创建诸如“PHPSESSID=666”的 Cookie，将诸如“Set-Cookie:PHPSESSID=666”的 Set-Cookie 响应头添加到响应中（PHPSESSID 是会话的名称，对应 php.ini 中 session.name 的参数值）。

说明 3：PHP 程序对同一个 Session 会话文件进行读写操作的过程称作一次 Session 会话。一次 Session 会话通常包含多次请求/响应。

说明 4：PHP 程序 1 开启 Session 后，就可以使用全局变量$_SESSION 对 Session 会话文件进行读写操作了（Session 会话）。Session 会话开始的时间早于 Cookie 会话开始的时间。

2．再次开启 Session（重用 Session）→继续 Session 会话

（1）PHP 程序 1 运行结束返回响应：此时的响应中包含 Set-Cookie 响应头。

（2）浏览器接收到 PHP 程序 1 的响应：响应中包含诸如 Set-Cookie 的响应头，浏览器自动将“PHPSESSID=666”以“键值对”的方式存储到浏览器端，Cookie 就此诞生。

（3）浏览器向 PHP 程序 2，3，…，n-1 发出 HTTP 请求时，浏览器自动向 HTTP 请求中添加诸

如“Cookie:PHPSESSID=666”的Cookie请求头。

（4）PHP程序2，3，…，n-1再次开启Session，从Cookie请求头中获取SID，重用对应的Session会话文件，创建全局变量$_SESSION数组，并将Session会话文件的内容加载到该数组，通过全局变量$_SESSION对Session会话文件进行读写操作。

说明：在本时间节点中，开启Session并没有伴随4个创建动作，而是重用了SID及其对应的Session会话文件，这是因为Web服务器可以从GET请求、POST请求或COOKIE中获取SID，并且与之对应的Session会话文件有效。

3．Session失效

PHP提供的session_unset函数和session_destroy函数可以使Session失效。

Cookie会话和Session会话之间的关系

12.3.2 Cookie会话和Session会话之间的关系

1．Cookie会话和Session会话的相同之处

（1）它们都是由PHP程序创建。

（2）在浏览器与Web服务器多次请求/响应的过程中，它们都是为了跟踪用户。

（3）一次Cookie会话中或者一次Session会话中都可以包含多次请求/响应，继而实现多个PHP程序之间的数据共享。

2．Cookie会话和Session会话的不同之处

Cookie会话和Session会话之间存在很多区别。

（1）功能不同。Cookie会话让浏览器具有记忆功能，Session会话让Web服务器具有记忆功能。

（2）数据存储的位置不同。Cookie会话是一种浏览器端的会话控制技术，Cookie保存在浏览器端。Session会话是Web服务器端的会话控制技术，Session会话文件保存在Web服务器端。

（3）共享数据的过程不同。在Cookie会话中，被共享的数据通过Set-Cookie响应头传递给浏览器，浏览器再将其封装到Cookie请求头传递给其他PHP程序。在Session会话中，被共享的数据没有随着响应头和请求头来回传递，而是永远存放在Session会话文件中。

（4）安全程度不同。Cookie不安全，这是因为：①Cookie存储在浏览器端；②Cookie是通过响应头和请求头完成数据传递，响应头和请求头的数据可以被非法用户截获。Session相对安全，这是因为：①Session存储在Web服务器；②Session是通过在响应头和请求头中传递SID识别浏览器用户，SID是一串经过Web服务器加密的随机字符串。

（5）共享数据的数据类型不同。Cookie是通过响应头和请求头完成数据传递，Cookie信息必须是字符串数据，并且不能包含中文字符。Session会话文件几乎可以存储任意数据类型的数据，如数组、对象、包含中文字符的字符串等。

（6）诞生时间和会话开始的时间不同。Cookie诞生的时间和会话开始的时间较晚：浏览器接收到Set-Cookie响应头后才诞生Cookie，因此浏览器发出第二次HTTP请求时，Cookie才可用（PHP程序1刚刚创建了Cookie，并不能使用$_COOKIE读取它）。Session会话诞生的时间较早：PHP程序1开启Session后，Session立即诞生，Session诞生后，即可使用全局变量$_SESSION对Session会话文件进行读写操作。

（7）用户体验不同。Cookie是浏览器端的会话控制技术，浏览器用户可以禁用Cookie。Session是Web服务器端的会话控制技术，即便浏览器用户禁用了Cookie，依然无法禁用Session。如果浏览器用户禁用了Cookie，则可以将SID添加到查询字符串中，实现浏览器向Web服务器传递SID，Web服务器跟踪浏览器的目的，总之，浏览器用户可以禁用Cookie，但无法禁用Session。

Cookie会话和Session会话之间存在一定的联系。前面曾经提到：为了实现Session会话，浏览

器第 1 次访问 Web 服务器时，Web 服务器为其创建 SID；浏览器再次访问 Web 服务器时自动携带 SID。借助 Cookie 可以让浏览器自动携带 SID。借助 Cookie，实现 Session 会话将变得更加容易。

Cookie 会话分为会话 Cookie 和持久 Cookie。Session 会话也分为会话 Session 和持久 Session。通过会话 Cookie 携带 SID 的 Session 称作会话 Session，通过持久 Cookie 携带 SID 的 Session 称作持久 Session。

12.3.3 php.ini 中有关 Session 的配置参数

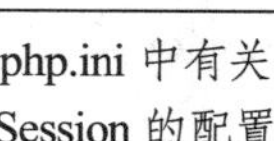

php.ini 中有关 Session 的配置参数

通过 php.ini 配置文件，可以设置 Session 会话文件的保存路径；如果借助 Cookie 实现 Session，则可以设置实现 Session 的 Cookie 的名称、到期时间、有效路径、有效域名。

（1）session.save_handler = files：采用文本文件的方式保存 Session 信息。

（2）session.save_path = "D:/wamp/tmp"：save_handler 设为 files 时，用于设置 Session 会话文件的路径。

（3）session.use_cookies = 1：通过 Cookie 携带 SID（推荐）。设置为 0 时，通过查询字符串携带 SID。

（4）session.auto_start = 0 ：PHP 程序不自动开启 Session（推荐）。

（5）session.name = PHPSESSID：设置会话的名称为“PHPSESSID”。需要注意的是，无论是使用 Cookie 传递 SID，还是使用查询字符串传递 SID，都需要设置 SID 的名称。

（6）session.cookie_lifetime = 0：设置名称为 PHPSESSID 的 Cookie 的到期时间。默认值为 0，这意味着一旦关闭浏览器，Cookie 立即失效（会话 Session）。

（7）session.cookie_path = / ：设置名称为 PHPSESSID 的 Cookie 的有效路径，默认为“/”，表示 Session 在整个 Web 服务器有效。

（8）session.cookie_domain =：设置名称为 PHPSESSID 的 Cookie 的有效域名，默认为空。

12.3.4 session_start 函数

session_start 函数

session_start 函数的功能是开启 Session，其语法格式如下。session_start 函数成功开启 Session 时返回 true；否则返回 false，并且不再初始化$_SESSION。

```
session_start(array $options = []) : bool
```

session_start 函数的执行流程是：从 GET 请求、POST 请求或 COOKIE 中获取 SID，①若获取不到 SID，则创建 Session；②若获取到 SID，但 SID 对应的 Session 会话文件失效，则创建 Session；③若获取到 SID，并且 SID 对应的 Session 会话文件有效，则重用已有的 Session。

> ▶注意：如果借助 Cookie 携带 SID 实现 Session，则在调用 session_start 函数创建 Session 前，不能向浏览器输出任何内容（包括空格、空行）。建议将开启 Session 的代码放在所有代码之前（包括 include_once 代码之前）。

12.3.5 全局变量$_SESSION

全局变量 $_SESSION

全局变量$_SESSION 的功能是对 Session 会话文件进行读写操作。创建 Session 时，全局变量$_SESSION 被初始化为空数组；重用已有的 Session 时，Session 会话文件中的全部内容放入$_SESSION 数组中。

说明 1：使用$_SESSION 操作 Session 会话文件前，必须先调用 session_start

函数开启 Session，这是因为 session_start 函数可以决定是创建 Session 还是重用已有的 Session。

说明 2：向$_SESSION 数组添加元素或修改元素时，Web 服务器将这些元素以“键|值类型:长度:值”的格式序列化到 Session 会话文件中。需要注意的是，resource 变量或者有循环引用的对象不能被序列化。

说明 3：使用 unset 函数可以删除$_SESSION 数组中的元素，Sessions 会话文件中的对应内容也将被删除。需要注意的是，unset 函数可以删除 Session 会话文件的内容，却无法删除 Session 会话文件。

说明 4：要清除$_SESSION 数组中的所有元素，可以使用代码“$_SESSION = []”实现。不能使用代码“unset($_SESSION)”删除全局变量$_SESSION 的定义，否则不能通过$_SESSION 维护 Session 会话文件。

12.3.6　有关 Session 的常用函数

有关 Session 的常用函数

1．session_unset 函数的语法格式

```
session_unset( ) : bool
```

session_unset 函数删除$_SESSION 数组中的所有元素以及 Session 会话文件中的所有内容，并不会删除 Session 会话文件，也不会重置 SID。session_unset 函数的功能等效于代码“$_SESSION = []”。

2．session_destroy 函数的语法格式

```
session_destroy( ) : bool
```

session_destroy 函数用于删除$_SESSION 数组中的所有元素以及 Session 会话文件中的所有内容，删除 Session 会话文件，并将 SID 重置为 0。

3．session_name 函数的语法格式

```
session_name( ) : string
```

session_name 函数返回当前会话的名称，默认是 php.ini 中 session.name 的参数值“PHPSESSID”。

▶注意 1：调用 session_start 函数开启 Session 前，可以调用 session_name 函数获取 php.ini 中 session.name 的参数值“PHPSESSID”。

▶注意 2：session_name 函数可以更改当前会话的名称。但是本书不建议使用 session_name 函数修改会话名称，建议设置 php.ini 中 session.name 的参数值修改会话名称。

4．session_id 函数的语法格式

```
session_id( ) : string
```

如果没有调用 session_start 函数开启 Session，则 session_id 函数返回空字符串；如果已经调用 session_start 函数开启会话，则 session_id 函数返回当前会话的 SID。

说明：判断 session_id 函数的返回值是否为空字符串，可以判断当前 PHP 程序是否开启 Session。

上机实践　Session 会话技术

场景 1　理解 session_start 函数创建 Session 和重用已有的 Session

在 D:/wamp/www/12 目录下创建 PHP 程序 session_start.php，该程序的代码、程序的第 1 次执行结果以及刷新页面再次执行该程序的执行结果如图 12-11 所示。

PHP 程序 session_start.php 的执行过程分析如下。

（1）第一次执行 PHP 程序 session_start.php 时。调用 session_start 函数开启 Session 前，全局变量$_SESSION 数组未定义，session_id 函数的返回值是空字符串，session_name 函数的返回值

是字符串“PHPSESSID”。调用 session_start 函数开启 Session 后，创建 SID，创建全局变量$_SESSION 数组，并初始化为空数组，在“C:/Users/Administrator/AppData/Local/Temp”目录下创建文件名为“sess_”+ SID 的 Session 会话文件（初始化大小为 0KB），向响应中添加诸如“Set-Cookie: PHPSESSID=97hs0fqd6v7336ek37mrgilb8l; path=/”的响应头（有效路径为“/”，因此该 Session 在 Web 服务器内可用），session_id 函数的返回值是 SID（不再是空字符串），session_name 函数的返回值依然是字符串“PHPSESSID”。最后一行代码向 Session 会话文件中添加内容，开始 Session 会话。

<?php
var_dump($_SESSION);
echo "<hr/>";
var_dump(session_id());
echo "<hr/>";
var_dump(session_name());
echo "<hr/>";
session_start();
var_dump($_SESSION);
echo "<hr/>";
var_dump(session_id());
echo "<hr/>";
var_dump(session_name());
echo "<hr/>";
$_SESSION['test'] = "测试";
?>
localhost/12/session_start.php
Warning: Undefined global variable $_SESSION in D:\wamp\www\12\session_start.php on line 2
NULL
string(0) ""
string(9) "PHPSESSID"
array(0) { }
string(26) "97hs0fqd6v7336ek37mrgilb8l"
string(9) "PHPSESSID"
localhost/12/session_start.php
Warning: Undefined global variable $_SESSION in D:\wamp\www\12\session_start.php on line 2
NULL
string(0) ""
string(9) "PHPSESSID"
array(1) { ["test"]=> string(6) "测试" }
string(26) "97hs0fqd6v7336ek37mrgilb8l"
string(9) "PHPSESSID"

图 12-11　PHP 程序 session_start.php 的代码、程序的第 1 次执行结果以及刷新页面再次执行该程序的执行结果

说明：php.ini 中 session.save_path 的参数配置了 Session 会话文件的路径。如果没有配置该参数，那么 Session 会话文件存储在“C:/Users/Administrator/AppData/Local/Temp”目录下，并且文件名为“sess_”+ SID。

（2）刷新页面再次执行 PHP 程序 session_start.php 时。请求中包含诸如“Cookie: PHPSESSID=97hs0fqd6v7336ek37mrgilb8l”的请求头。调用 session_start 函数开启 Session 前，全局变量$_SESSION 数组未定义，session_id 函数的返回值是空字符串，session_name 函数的返回值是字符串“PHPSESSID”。调用 session_start 函数开启 Session 后，由于请求中包含 SID 并且与之对应的 Session 会话文件有效，所以不再创建 SID 而是重用 SID，不再创建 Session 会话文件而是重用 Session 会话文件，不再创建 Set-Cookie 响应头，创建全局变量$_SESSION 数组，并将 Session 会话文件的全部内容放入该数组，session_id 函数的返回值是 SID（不再是空字符串），session_name 函数的返回值依然字符串“PHPSESSID”。最后一行代码修改了 Session 会话文件中的内容，继续 Session 会话。

场景 2　使用会话 Session 模拟购物车功能

知识提示 1：Session 会话文件可以充当购物车，使用全局变量$_SESSION 可以对 Session 会话文件进行读写操作，继而可以利用 Session 模拟购物车功能。例如，将商品添加到购物车、从购物车中删除商品、清空购物车中的所有商品等。

知识提示 2：Session 会话文件几乎可以存储任意数据类型的数据，如数组、对象、包含中文字符的字符串等。

知识提示 3：本场景将浏览器用户选择的商品放入数组$products 中，然后将数组$products 中的商品序列化到 Session 会话文件中，利用会话 Session 模拟实现购物车功能。

（1）在 D:/wamp/www/12 目录下创建 cart0 目录，在该目录分别创建 PHP 程序 cart.php、add.php、remove.php、clear.php 和 destroy.php，目录结构如图 12-12 所示。

```
www
└─12
  └─cart0
    ├─cart.php
    ├─add.php
    ├─remove.php
    ├─clear.php
    └─destroy.php
```

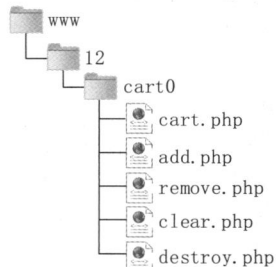

图 12-12　步骤（1）的目录结构

（2）PHP 程序 cart.php 首先提供“清空购物车”“删除 Session 会话文件和携带 SID 的 Cookie”超链接，然后罗列商品信息，并为每个商品提供一个“添加到购物车”超链接，接着将当前购物车中的所有商品信息罗列出来，并为购物车中的每个商品提供一个“移出购物车”超链接。PHP 程序 cart.php 的代码及执行结果如图 12-13 所示。

```
<?php
if(session_id() == ""){
   session_start();
}
?>
<a href="clear.php">清空购物车</a><br/>
<a href="destroy.php">删除Session会话文件和携带SID的Cookie</a><br/>
<hr/>
商品清单如下：<br/>
将商品1<a href="add.php?pid=1">添加到购物车</a><br/>
将商品2<a href="add.php?pid=2">添加到购物车</a><br/>
将商品3<a href="add.php?pid=3">添加到购物车</a><br/>
<hr>
购物车清单如下：<br/>
<?php
$products = $_SESSION["products"] ?? [];
foreach($products as $key=>$value){
   echo "将商品{$value}<a href='remove.php?pid=$key'>移出购物车</a><br/>";
}
?>
```

localhost/12/cart0/cart.php
清空购物车
删除Session会话文件和携带SID的Cookie
商品清单如下：
将商品1添加到购物车
将商品2添加到购物车
将商品3添加到购物车
购物车清单如下：

图 12-13　PHP 程序 cart.php 的代码及执行结果

（3）PHP 程序 add.php、remove.php 和 clear.php 的代码如图 12-14 所示，3 个程序都将页面重定向到 PHP 程序 cart.php。

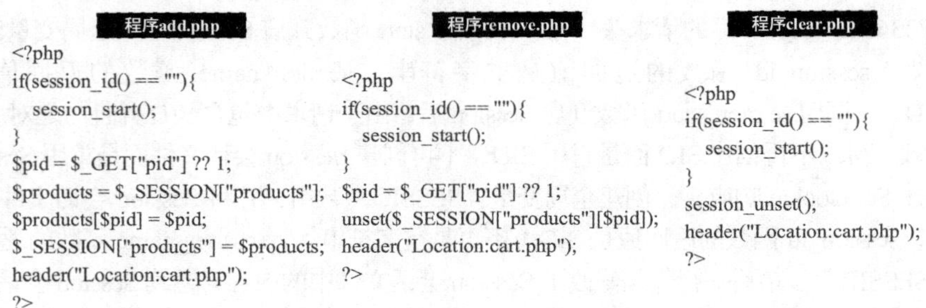

程序add.php

```
<?php
if(session_id() == ""){
   session_start();
}
$pid = $_GET["pid"] ?? 1;
$products = $_SESSION["products"];
$products[$pid] = $pid;
$_SESSION["products"] = $products;
header("Location:cart.php");
?>
```

程序remove.php

```
<?php
if(session_id() == ""){
   session_start();
}
$pid = $_GET["pid"] ?? 1;
unset($_SESSION["products"][$pid]);
header("Location:cart.php");
?>
```

程序clear.php

```
<?php
if(session_id() == ""){
   session_start();
}
session_unset();
header("Location:cart.php");
?>
```

图 12-14　PHP 程序 add.php、remove.php 和 clear.php 的代码

（4）单击 PHP 程序 cart.php 的“添加到购物车”“移出购物车”“清空购物车”超链接，PHP 程序 cart.php 某个时刻的执行结果以及对应 Session 会话文件中的内容如图 12-15 所示。

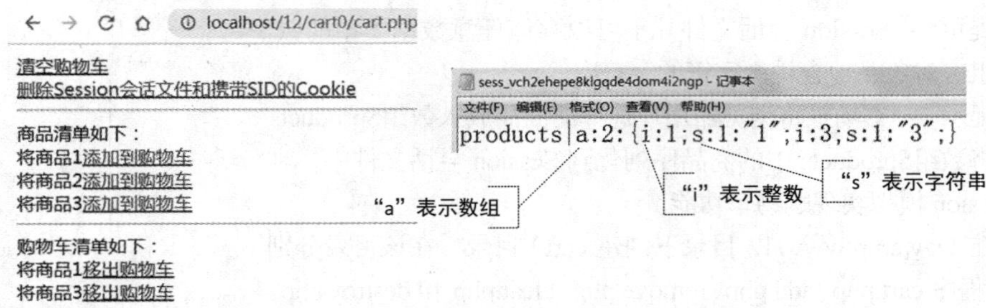

图 12-15　PHP 程序 cart.php 某个时刻的执行结果以及对应 Session 会话文件中的内容

说明 1：Session 会话文件本质是一个文本文件，因此可以使用记事本程序打开该文件查看其中的内容。

说明 2：使用会话 Session 模拟购物车功能时，如果关闭浏览器，则重新执行 PHP 程序 cart.php，Web 服务器为浏览器重新分配 SID，导致无法找到原有购物车中的商品。通过持久 Session 可以解决该问题。

（5）PHP 程序 destroy.php 的代码如图 12-16 所示。单击 PHP 程序 cart.php 的“删除 Session 会话文件和携带 SID 的 Cookie”超链接，Session 会话文件被删除。

```
<?php
if(session_id() == ""){
    session_start();
}
session_destroy();
setcookie(session_name(),"",1);
?>
```

图 12-16　PHP 程序 destroy.php 的代码

说明 1：session_destroy 函数可以删除 Session 会话文件并将 SID 重置为 0，但要彻底删除 Session 的所有资源，还需清除浏览器端有关 SID 的 Cookie 信息。

说明 2：为了演示删除 Session 会话文件，PHP 程序 destroy.php 没有将页面重定向到 PHP 程序 cart.php。

场景 3　使用持久 Session 模拟购物车功能

（1）将 cart0 目录复制一份，命名为 cart1 目录。

（2）将 cart1 目录 PHP 程序 cart.php、add.php、remove.php、clear.php 和 destroy.php 中的代码“session_start()”修改为“session_start(['cookie_lifetime' => 180])”。

说明 1：也可以设置 php.ini 中 session.cookie_lifetime 的参数值，将会话 Session 修改为持久 Session（不建议）。

说明 2：php.ini 中的参数 session.gc_maxlifetime（默认为 1440 秒，即 24 分钟）设置了 Session 会话文件的到期时间，在 24 分钟内，如果浏览器没有访问 Session 会话文件，则 Session 会话文件将过期。

（3）向购物车添加商品后，关闭浏览器，在 3 分钟内重新打开浏览器执行 PHP 程序 cart.php，可以看到原购物车中的商品没有消失。

场景 4　个人博客系统用户登录和注销功能的实现

知识提示：使用 Session 会话技术实现个人博客系统的用户登录和注销功能，跟踪浏览器用户。

（1）将 myblog 目录复制一份，命名为 myblog_cookie（表示 myblog 的 Cookie 会话版本），以备将来使用。保持 myblog 是最新版本。

> ▶注意：myblog_cookie 目录中的程序无法正常执行，这是因为个人博客系统使用了诸如“/myblog/functions/dbcon.php”的 server-relative 路径定位资源。

（2）将 PHP 程序 login_process.php 的代码修改为图 12-17 所示。粗体字代码是代码改动部分，其他部分代码不变。

```
<?php
    if(session_id()=="") session_start();
    include_once(__DIR__ . "/../functions/dbcon.php");
    if(empty($_POST) || !isset($_POST["login"])){
      exit("必须通过登录表单，不能使用GET请求直接访问本程序。");
    }
    $password_1 = $_COOKIE["password"] ?? "";
    if (empty($password_1)) $password_1 = md5($_POST['password']);
    setcookie("username", "", 1, "/myblog");
    setcookie("password", "", 1, "/myblog");
    $sql = "select * from users where username=? and password=?";
    $check = [$_POST['username'], md5($password_1)];
    $pdo = get_pdo();
    $pstmt = $pdo->prepare($sql);
    $pstmt->execute($check);
    if($user = $pstmt->fetch(PDO::FETCH_ASSOC)){
      $remember = $_POST["remember"] ?? -1;
      setcookie("username" , $_POST['username'], time() + $remember, "/myblog");
      setcookie("password" , $password_1, time() + $remember, "/myblog");
      $_SESSION["user"] = $user;
      $_SESSION["msg"] = "登录成功";
      header("Location:/myblog/user/login.php");
      return;
    } else {
      $_SESSION["msg"] = "登录失败";
      header("Location:/myblog/user/login.php");
      return;
    }
?>
```

图 12-17　修改后的 PHP 程序 login_process.php 的代码

（3）将 PHP 程序 login.php 的代码修改为图 12-18 所示。粗体字代码是代码改动部分，其他部分代码不变。

```
<?php
  if(session_id()=="") session_start();
  $username = $_COOKIE['username'] ?? "";
  $password = $_COOKIE['password'] ?? "";
  $msg = $_SESSION["msg"] ?? "";
  echo $msg . "<br/>";
  unset($_SESSION["msg"]);
  if(isset($_SESSION["user"])){
    echo "当前用户名：{$_SESSION["user"]["username"]}<br/>";
    echo "<a href='/myblog/user/logout.php'>注销</a><br/>";
    return;
  }
?>
<form action="/myblog/user/login_process.php" method="post">
  <fieldset style="width:200px">
    <legend>登录表单</legend>
    <input type="text" name="username" placeholder="用户名" value="<?=$username?>" required/><br/>
    <input type="password" name="password" placeholder="密码" value="<?=$password?>" required/><br/>
    <input type="checkbox" name="remember" value="2592000" checked/>记住我（30天）<br/>
    <input type="submit" name="login" value="登录"/>
    <input type="reset" name="reset" value="重置"/>
  </fieldset>
</form>
```

图 12-18　修改后的 PHP 程序 login.php 的代码

说明 1：PHP 程序 login_process.php 使用 Session 记录登录成功或登录失败的消息。PHP 程序 login.php 显示消息后，从 Session 中删除该消息。

说明 2：为了便于 PHP 程序之间的请求包含，PHP 程序 login.php 使用 return 语句而没有使用 exit 语句退出程序的运行。这是由于 exit 会结束所有 PHP 程序的运行，而 return 只结束当前 PHP 程序的运行。

（4）在 D:\wamp\www\myblog\user 目录下创建 PHP 程序 logout.php，该程序删除 Session 会话文件，清除浏览器端有关 SID 的 Cookie 信息。PHP 程序 logout.php 的代码如图 12-19 所示。

```
<?php
  if(session_id()=="") session_start();
  session_destroy();
  setcookie(session_name(),"",1);
  header("Location:/myblog/user/login.php");
  return;
?>
```

图 12-19　PHP 程序 logout.php 的代码

场景 5　个人博客系统权限控制的实现

知识提示 1：个人博客系统存在 3 种角色：浏览器用户、普通注册用户和博主。

知识提示 2：实现个人博客系统的用户登录功能后，即可使用 Session 跟踪登录用户的角色，实现权限控制，防止非法用户执行某些 PHP 程序。

（1）修改新闻添加页面程序 add_blog.php 的代码，只有博主才可以执行该程序。修改后的 PHP 程序的代码如图 12-20 所示（粗体字代码为代码改动部分，其他部分代码不变）。

```
<?php
  if(session_id()=="") session_start();
  if(!isset($_SESSION["user"]) || $_SESSION["user"]["blogger"]=="N"){
    echo "无权操作";
    return;
  }
  include_once(__DIR__ . "/../functions/dbcon.php");
  $pdo = get_pdo();
  $pstmt = $pdo->prepare("select * from tag");
  $pstmt->execute();
  ……
```

图 12-20　修改后的 PHP 程序 add_blog.php 的代码

（2）使用同样的方法修改 delete_blog.php、edit_blog.php、save_blog.php、update_blog.php、list_comment.php、delete_comment.php 和 check_comment.php 程序的代码，只有博主才有资格执行这些 PHP 程序，具体实现过程不再赘述。

（3）修改 PHP 程序 list_blog.php 的代码，只有博主才可以看到“编辑”和“删除”超链接，普通登录用户无法看到，避免普通登录用户误操作。修改后的 PHP 程序 list_blog.php 的代码如图 12-21 所示（粗体字代码为代码改动部分，其他部分代码不变）。

```
<?php
  if(session_id()=="") session_start();
  include_once(__DIR__ . "/../functions/dbcon.php");
  $page_size = $_GET['page_size'] ?? 3;
  ……
        <tr><td>
    <a href="/myblog/blog/get_blog_detail.php?blog_id=<?=$row['blog_id']?>"><?=$row ['title']?></a>
    </td><?php if(isset($_SESSION["user"]) && $_SESSION["user"]["blogger"]=="Y"){ ?><td>
    <a href="/myblog/blog/edit_blog.php?blog_id=<?=$row['blog_id']?>">编辑</a>
    </td><td>
    <a href="/myblog/blog/delete_blog.php?blog_id=<?=$row['blog_id']?>">删除</a>
    </td><?php } ?> </tr>
<?php
  }
?>
</table>
  ……
```

图 12-21　修改后的 PHP 程序 list_blog.php 的代码

（4）修改 PHP 程序 get_blog_detail.php 的代码，只有登录用户才可以看到评论 FORM 表单。修改后的 PHP 程序 get_blog_detail.php 的代码如图 12-22 所示（粗体字代码为代码改动部分，其他部分代码不变）。

```
<?php
  if(session_id()=="") session_start();
  include_once(__DIR__ . "/../functions/dbcon.php");
  $pdo = get_pdo();
  ……
  <br/>
  <?php if(isset($_SESSION["user"])){ ?>
  <form action="/myblog/comment/save_comment.php" method="post">
  ……
  </form>
  <?php } ?>
```

图 12-22　修改后的 PHP 程序 get_blog_detail.php 的代码

（5）修改 PHP 程序 save_comment.php 的代码，只有登录用户才可以执行该程序，并对登录用户进行跟踪。修改后 PHP 程序 save_comment.php 的代码如图 12-23 所示（粗体字代码为代码改动部分，其他部分代码不变）。

```
<?php
  if(session_id()=="") session_start();
  if(!isset($_SESSION["user"])){
    echo "无权操作";
    return;
  }
  include_once(__DIR__ . "/../functions/dbcon.php");
  $sql = "insert into comment values(null, ?, ?, ?, default, ?, default)";
  $comment = [
    $_SESSION["user"]["userid"],
    $_POST['blog_id'],
    $_POST['content'],
    $_SERVER["REMOTE_ADDR"]
  ];
  ……
```

图 12-23　修改后 PHP 程序 save_comment.php 的代码

（6）修改 PHP 程序 save_blog.php 和 update_blog.php 的代码，对博主进行跟踪，修改后的 PHP 程序 save_blog.php（左边）和 update_blog.php（右边）的代码如图 12-24 所示（粗体字代码为代码改动部分，其他部分代码不变）。

```
……
$blog = [
  $_SESSION["user"]["userid"],
  $_POST['title'],
  $_POST['content'],
  0,
  $_FILES['attachment']['name'] ?? "",
];
$pdo = get_pdo();
……
```

```
……
$blog = [
  $_SESSION["user"]["userid"],
  $_POST['title'],
  $_POST['content'],
  $_POST['blog_id'],
];
……
```

图 12-24　修改后的 PHP 程序 save_blog.php 和 update_blog.php 的代码

12.4 header 函数的使用

header 函数的使用

Web 开发是一种基于 HTTP 请求/HTTP 响应的开发，浏览器向 Web 服务器发送 HTTP 请求数据，并触发 PHP 程序执行，PHP 程序的执行结果被封装成 HTTP 响应数据返回给浏览器。HTTP 响应数据包含 4 部分内容，分别是响应行、响应头、空行和响应体，如图 12-25 所示。本节主要介绍响应行和响应头的相关知识。

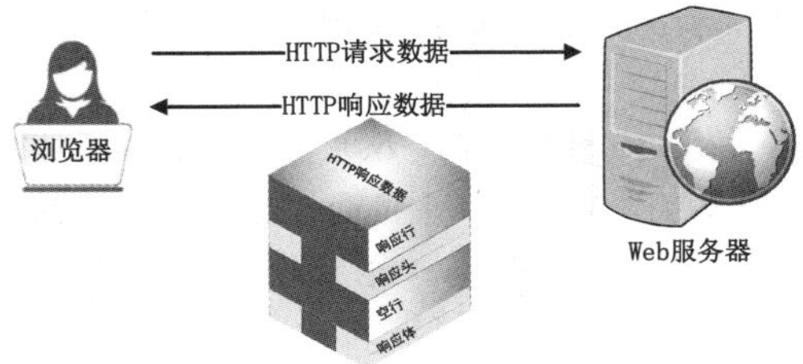

图 12-25 HTTP 响应数据包含 4 部分内容

12.4.1 响应行

响应行

响应行的格式形如：HTTP/1.1 200 OK

响应行由 3 部分构成，分别是 HTTP 版本（如 HTTP/1.1）、响应状态码（如 200）以及状态码对应的简要描述（如 OK），其中响应状态码格外重要。

响应状态码指的是，针对当前 HTTP 请求，Web 服务器通知浏览器处理当前 HTTP 请求的状态代码。响应状态码由 3 位数字构成，其中首位数字定义了状态码的类型。常见的响应状态码有 200 响应状态码（表示 Web 服务器通知浏览器响应成功）、302 响应状态码（表示 Web 服务器通知浏览器重定向）、404 响应状态码（表示 Web 服务器通知浏览器请求资源未找到）、500 响应状态码（表示 Web 服务器通知浏览器 Web 服务器发生内部错误）。

12.4.2 HTTP 响应头和 HTTP 响应头列表

HTTP 响应头和 HTTP 响应头列表

针对当前的 HTTP 请求，Web 服务器有义务通知浏览器：返回的响应体采用哪种内容格式（MIME 类型）；响应体如果是文本型数据，采用哪种字符编码；返回的响应体长度是多少字节。Web 服务器甚至有义务通知浏览器：返回的数据有没有必要缓存到浏览器主机、缓存多长时间，等等。这些通知信息全部封装在 HTTP 响应头中。

HTTP 响应头由“响应头:响应头值”组成（响应头大小写不敏感），一个 HTTP 响应可以包含多个 HTTP 响应头形成 HTTP 响应头列表，HTTP 响应头之间换行隔开。常见的 HTTP 响应头如下。

1. Content-Length: 80

Web 服务器通知浏览器：响应体的长度是多少字节。

说明 1：Content-Length 必须和响应体的真实长度保持一致。如果 Content-Length 设置过短，则会导致浏览器只接收响应体的部分数据，响应体被截断；如果过长，则会导致浏览器等待超时。

说明 2：Web 开发人员通常没有必要手动设置响应体的长度，Web 服务器会根据响应体的实际长度自动设置。

2. Content-Type:text/html;charset=UTF-8

Web 服务器通知浏览器：响应体的内容格式（MIME）是什么。示例代码将响应体的内容格式设置为HTML格式的文本型数据，并且文本型数据采用UTF-8字符编码。

说明：PHP程序如果没有设置响应体的内容格式，则浏览器自行决定响应体的内容格式和字符解码，浏览器显示中文字符时可能产生乱码问题。

3．Content-Disposition:attachment;filename=aaa. zip

Web服务器通知浏览器：以文件下载的方式下载响应体。示例代码将下载文件命名为aaa.zip。

4．Location:https://www. baidu. com

Web服务器通知浏览器：重定向到Location指定的网址。

说明：Location响应头需要和302响应状态码配合使用，才能实现重定向功能。

5．Refresh:10

Web服务器通知浏览器：每隔10秒，刷新一次页面（定时刷新功能）。

说明：Refresh响应头还提供了“类似于”重定向的功能，其语法格式如下。

```
Refresh:10;url=https://www.baidu.com
```

示例代码通知浏览器：10秒后打开百度首页。

6．Set-Cookie:cookie=value

Web服务器通知浏览器：将响应头中的Cookie信息保存到浏览器端。

说明：同一个PHP程序可以向响应中添加多个Set-Cookie响应头。

7．Connection:Keep-Alive

Web服务器通知浏览器：Web服务器和浏览器之间的连接状态。

说明：keep-alive表示保持连接，close表示连接关闭。

8．Date:Tue，31 Dec 2021 04:25:57 GMT

Web服务器通知浏览器：HTTP响应数据的生成时间。

说明：Date描述的时间表示世界标准时间，该时间和时区相关。

9．Content-Encoding:gzip

Web服务器通知浏览器：响应体数据的压缩类型。

10．Content-Language:zh-cn

Web服务器通知浏览器：响应体的语言选择。示例代码中的zh-cn表示简体中文。

12.4.3 header函数的使用

header函数的使用

header 函数向响应添加响应头，浏览器接收到响应头后会做出适当的反应，header函数的语法格式如下，功能是将$header作为响应头添加到响应中。

```
header(string $header) : void
```

说明：参数$header的格式是“header_name:header_value”。

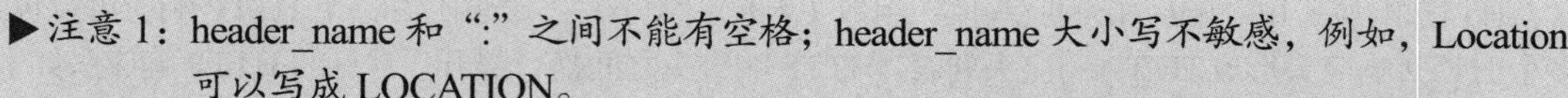

▶注意1：header_name和“:”之间不能有空格；header_name大小写不敏感，例如，Location可以写成LOCATION。

▶注意2：HTTP规定响应头应该比响应体先到达浏览器，也就是说，调用header函数之前，不能向浏览器输出任意字符（包括空格或空行）。

下面以重定向和定时刷新为例，讲解header函数的用法。

1．重定向

格式：Location:URL

功能：将Location响应头添加到响应中，并将响应状态码设置为302，浏览器接收到302状态码和该响应头后，将页面重定向到URL指定的页面。

▶注意 1：为了避免 header("Location:URL")后面的代码继续运行，通常紧跟 exit 语句或者 return 语句。

▶注意 2：HTTP/1.1 要求 URL 必须是一个绝对路径，但大部分浏览器都可以接受相对路径，这取决于浏览器。

2．定时刷新

格式：Refresh:N;url=URL

功能：将 Refresh 响应头添加到响应中，并将响应状态码设置为 200，浏览器接收到该响应头后，延迟 *N* 秒向 URL 发出请求。例如，PHP 程序 refresh.php 的代码如图 12-26 所示。

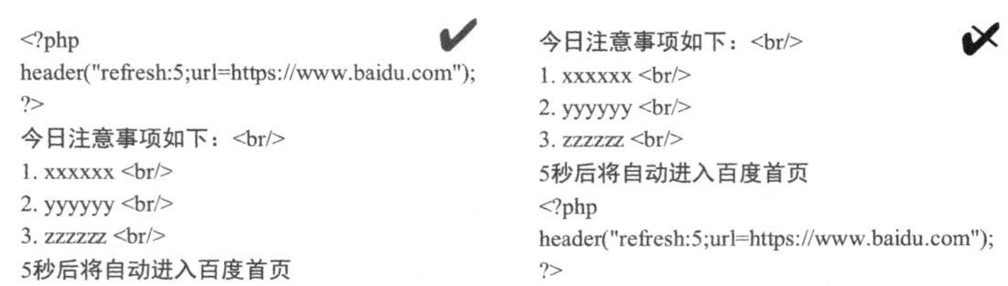

```
<?php
header("refresh:5;url=https://www.baidu.com");
?>
今日注意事项如下：<br/>
1. xxxxxx <br/>
2. yyyyyy <br/>
3. zzzzzz <br/>
5秒后将自动进入百度首页
```

```
今日注意事项如下：<br/>
1. xxxxxx <br/>
2. yyyyyy <br/>
3. zzzzzz <br/>
5秒后将自动进入百度首页
<?php
header("refresh:5;url=https://www.baidu.com");
?>
```

图 12-26　PHP 程序 refresh.php 的代码

说明 1：HTTP 规定响应头应该比响应体先到达浏览器，也就是说，调用 header 函数之前，不能向浏览器输出任意字符（包括空格或空行），因此本书推荐使用左边的代码。

说明 2：php.ini 中 output_buffering 参数的默认值是 4096，表示 PHP 默认开启了输出缓存，并且输出缓存的大小是 4KB，也就是说，默认情况下，右边的代码也能正常执行。如果将 output_buffering 的参数值设置为 0，那么右边的代码将抛出 Warning: Cannot modify header information - headers already sent by 异常。

上机实践　header 函数的使用

场景 1　控制响应体的内容格式（MIME 类型）

（1）在 D:/wamp/www/12 目录下创建 PHP 程序 content_type.php，该程序的代码以及执行结果如图 12-27 所示。FORM 表单的 action 设置为空字符串，表示将表单数据提交给自己处理。

```
<?php
  if(isset($_POST["content_type"])){
    $content_type = $_POST["content_type"];
    if($content_type=="HTML"){
      header("Content-Type:text/html;charset=UTF-8");
    }else if($content_type=="XML"){
      header("Content-Type:text/xml;charset=UTF-8");
      echo "<?xml version='1.0' encoding='UTF-8'?>";
    }else if($content_type=="TEXT"){
      header("Content-Type:text/plain;charset=UTF-8");
    }
}
?>
<form action="" method="post">
<select name="content_type">
<option value="HTML">HTML</option>
<option value="XML">XML</option>
<option value="TEXT">TEXT</option>
text/plain
</select>
<input type="submit" value="测试"/>
</form>
```

localhost/12/content_type.php

HTML　测试

HTML
XML
TEXL

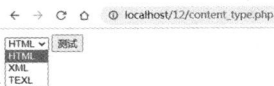

图 12-27　PHP 程序 content_type.php 的代码以及执行结果

（2）依次在下拉列表中选择“HTML”“TEXT”和“XML”，然后单击“测试”按钮，程序的执行结果如图 12-28 所示。

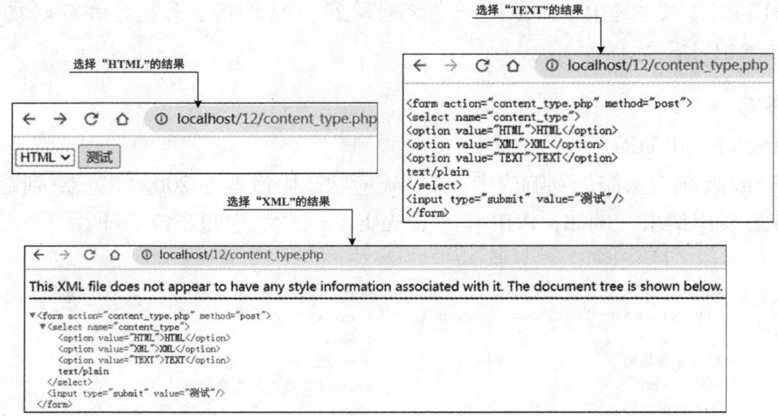

图 12-28　依次在下拉列表中选择“HTML”“TEXT”和“XML”的执行结果

说明：常见的 MIME 类型如下。

text/html;charset=utf-8：通知浏览器，响应体是 HTML 文本，字符编码是 UTF-8。

application/octet-stream：通知浏览器，响应体是二进制。

image/gif：通知浏览器，响应体是 GIF 图片。

application/pdf：通知浏览器，响应体是 PDF 文件。

text/plain：通知浏览器，响应体是纯文本。

image/jpeg：通知浏览器，响应体是 JPG 图片。

application/zip：通知浏览器，响应体是 ZIP 压缩文件。

audio/mpeg：通知浏览器，响应体是音频。

场景 2　以文件下载方式下载响应体

（1）复制 PHP 程序 content_type.php，将程序名改为 content_disposition.php，该程序的代码及执行结果如图 12-29 所示（粗体字代码为代码改动部分，其他部分代码不变）。

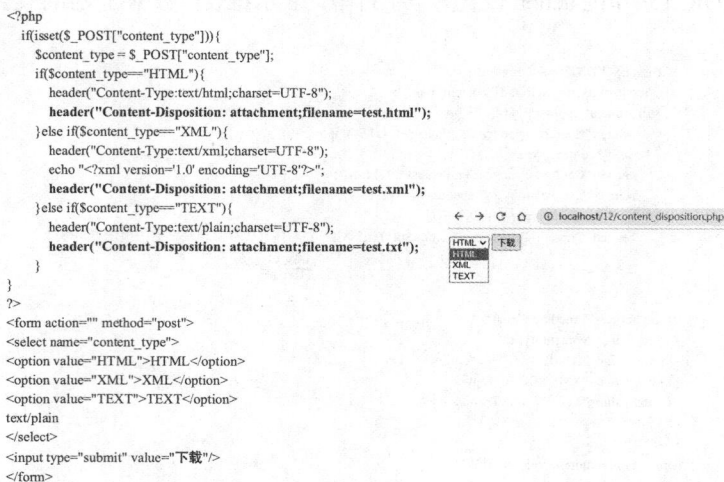

```
<?php
  if(isset($_POST["content_type"])){
    $content_type = $_POST["content_type"];
    if($content_type=="HTML"){
      header("Content-Type:text/html;charset=UTF-8");
      header("Content-Disposition: attachment;filename=test.html");
    }else if($content_type=="XML"){
      header("Content-Type:text/xml;charset=UTF-8");
      echo "<?xml version='1.0' encoding='UTF-8'?>";
      header("Content-Disposition: attachment;filename=test.xml");
    }else if($content_type=="TEXT"){
      header("Content-Type:text/plain;charset=UTF-8");
      header("Content-Disposition: attachment;filename=test.txt");
    }
  }
?>
<form action="" method="post">
<select name="content_type">
<option value="HTML">HTML</option>
<option value="XML">XML</option>
<option value="TEXT">TEXT</option>
text/plain
</select>
<input type="submit" value="下载"/>
</form>
```

localhost/12/content_disposition.php
HTML　下载
HTML
XML
TEXT

图 12-29　PHP 程序 content_disposition.php 的代码及执行结果

（2）依次在下拉列表中选择“HTML”“TEXT”和“XML”，然后单击“下载”按钮，分别下载 test.html、test.txt 和 test.xml 文件，这些文件的内容如图 12-30 所示。

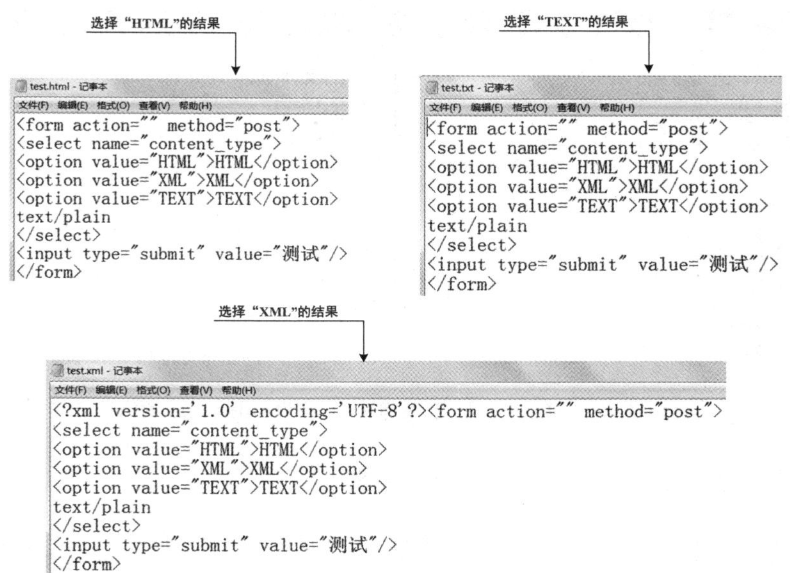

图 12-30　依次在下拉列表中选择“HTML”“TEXT”和“XML”，下载文件的内容

场景 3　完善个人博客系统的文件下载功能

（1）配置 PHP 扩展目录。打开 php.ini 配置文件，找到 extension_dir 的配置参数，去掉前面的“;”注释，修改为如下配置。

```
extension_dir = "D:/wamp/php-8.1.1-Win32-vs16-x64/ext"
```

（2）开启文件信息（fileinfo）扩展。打开 php.ini 配置文件，找到如下配置信息，去掉前面的“;”注释。

```
;extension=fileinfo
```

（3）修改 PHP 程序 file_fun.php 中 download 函数的代码，修改后的 PHP 程序 file_fun.php 的代码如图 12-31 所示（粗体字代码为代码改动部分，其他部分代码不变）。

```php
function download($file_path,$file_name){
  $destination = __DIR__ . "/../" . $file_path . "/" . $file_name;
  if (!file_exists($destination)){
    exit("文件不存在或已删除");
  } else {
    $file = fopen($destination,"r");
    $content_type = mime_content_type($destination);
    header("Content-Type:{$content_type}");
    header("Content-Disposition: attachment;filename=".$file_name);
    echo fread($file,filesize($destination));
    fclose($file);
    exit;
  }
}
```

图 12-31　修改后的 PHP 程序 file_fun.php 的代码

说明1：使用Firefox浏览器下载某个Excel表时，使用修改前的download函数下载该Excel表（左图）以及使用修改后的download函数（右图）下载该Excel表弹出的对话框如图12-32所示。

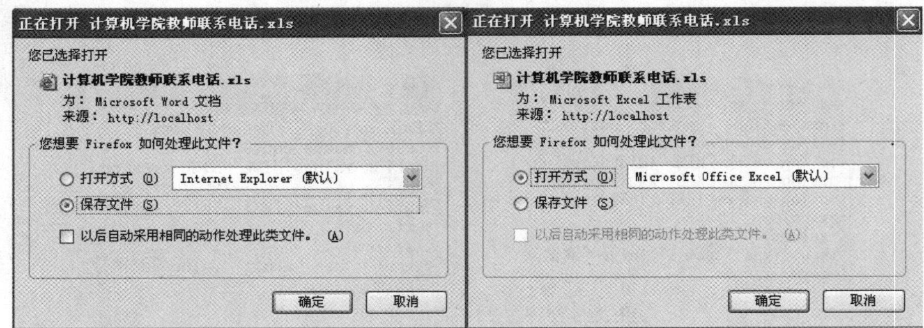

图12-32 使用修改前的download函数以及修改后的download函数下载Excel文件

说明2：mime_content_type函数的功能是返回文件名为$filename的MIME类型，其语法格式如下。

```
mime_content_type(string $filename) : string
```

▶注意1：mime_content_type函数在文件信息（fileinfo）扩展中定义，因此必须开启文件信息（fileinfo）扩展，才能使用mime_content_type函数。

▶注意2：文件名$filename必须在Web服务器硬盘中真实存在。

习题

一、选择题

1. 下面关于Session和Cookie的区别，说法错误的是（　　）。
   A. Session和Cookie都可以记录数据状态
   B. 在设置Session和Cookie之前不能有输出
   C. 在使用Cookie前要使用cookie_start函数
   D. Cookie是浏览器技术，Session是Web服务器端技术
2. 使用浏览器查看网页时出现404错误可能的原因是（　　）。
   A. 页面源代码错误　　B. 文件不存在
   C. 与数据库连接错误　　D. 权限不足
3. 在忽略浏览器bug的情况下，如何用一个与先前设置的域名不同的新域名来访问某个Cookie?（　　）
   A. 通过HTTP_REMOTE_COOKIE访问
   B. 不可能
   C. 调用setcookie()时设置一个不同的域名
   D. 向浏览器发送额外的请求
   E. 使用JavaScript把Cookie包含在URL中发送
4. 不为Cookie设置过期时间会怎么样?（　　）
   A. 立刻过期　　B. 永不过期
   C. Cookie无法设置　　D. 在浏览器会话结束时过期

E. 只在脚本没有产生服务器端 Session 的情况下过期

5. 默认情况下，PHP 把会话（Session）数据存储在（　　）中。

A. 文件系统　　B. 数据库　　C. 虚拟内容

D. 共享内存　　E. 以上都不是

6. 你在向某台特定的计算机中写入带有效期的 Cookie 时总失败，而在其他计算机上都正常。在检查客户端操作系统传回的时间后，你发现这台计算机上的时间和 Web 服务器上的时间基本相同，而且这台计算机在访问大部分其他网站时都没有问题。请问这是什么原因导致的？（多选）（　　）

A. 浏览器的程序出问题了

B. 客户端的时区设置不正确

C. 用户的杀毒软件阻止了所有安全的 Cookie

D. 浏览器被设置为阻止任何 Cookie

E. Cookie 使用了非法的字符

7. 假设浏览器没有重启，那么在最后一次访问后的多久，会话（Session）才会过期并被回收？（　　）

A. 1440s 后

B. 在 session.gc_maxlifetime 设置的时间过了之后

C. 除非手动删除，否则永不过期

D. 除非浏览器重启，否则永不过期

E. 以上都不对

二、问答题

1. 哪些函数能让服务器输出响应头信息 Set-Cookie:foo=bar?

2. 在 HTTP/1.0 中，响应状态码 302 的含义是什么，如果返回“找不到文件”的提示，则可用哪条 PHP 语句?

3. Session 与 Cookie 的区别有哪些? Cookie 的运行原理是什么? Session 的运行原理是什么?

4. 创建 Session 时，是否会在浏览器端记录一个 Cookie? Cookie 的内容是什么? 禁用 Cookie 后 Session 还能用吗?

5. 多台 Web 服务器如何共享 Session?

6. 如何解决 HTTP 的无状态本质?

三、编程题

使用 Cookie 会话技术编写 PHP 程序显示上次登录时间。

第13章 字符串处理

本章介绍指定字符串的另外两种方法，讲解 PHP 常用的字符串处理函数，并利用字符串处理函数修改个人博客系统的几处 bug。

13.1 指定字符串的方法

指定字符串的方法有 4 种，分别是使用单引号（'）、使用双引号（"）、heredoc 语法以及 nowdoc 语法，本节主要介绍后两种方法。

使用单引号或双引号指定字符串

13.1.1 使用单引号或双引号指定字符串

使用单引号指定字符串时，除了两个特殊字符序列（\\和\'）外，字符串的内容被逐字符处理。使用双引号指定字符串时，字符序列（\'）被逐字符处理。

例如，PHP 程序 string.php 的代码及执行结果如图 13-1 所示。

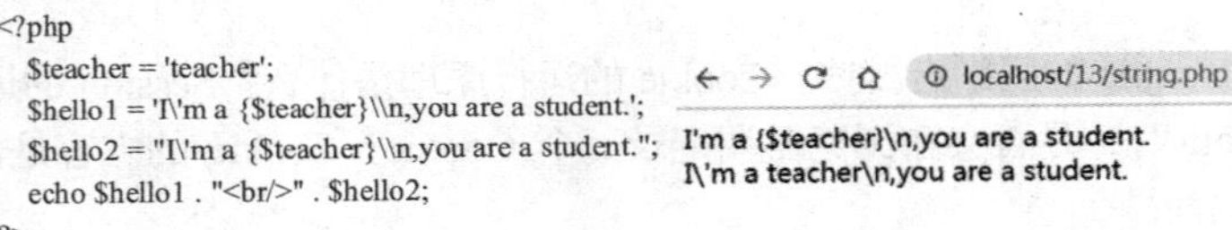

```
<?php
    $teacher = 'teacher';
    $hello1 = 'I\'m a {$teacher}\\n,you are a student.';
    $hello2 = "I\'m a {$teacher}\\n,you are a student.";
    echo $hello1 . "<br/>" . $hello2;
?>
```

localhost/13/string.php
I'm a {$teacher}\n,you are a student.
I\'m a teacher\n,you are a student.

图 13-1 PHP 程序 string.php 的代码及执行结果

使用 heredoc 语法指定字符串

13.1.2 使用 heredoc 语法指定字符串

利用定界符 heredoc 语法可以指定字符串，当一个文本块中包含大量 HTML 代码时，使用 heredoc 语法指定字符串非常便利。例如，PHP 程序 heredoc.php 的代码及执行结果如图 13-2 所示。

```
<?php
    $name_value = "张三";
    $submit_value = "提交";
    $my_form = <<< "form"
        <form>
        用户名：<input type="text" name="name" value="{$name_value}"><br/>
        密 码 ：<input type="password" name="password"><br/>
        <input type="submit" value="{$submit_value}"><br/>
        </form>
    form;
    echo $my_form;
?>
```

localhost/13/heredoc.php
用户名：张三
密 码：
提交

图 13-2 PHP 程序 heredoc.php 的代码及执行结果

说明 1：使用 heredoc 语法必须以 3 个左尖括号“<<<”开头，后面紧跟开始标识符（开始标识符使用双引号引起来，双引号可以省略），开始标识符的命名规则遵循标识符的命名规则。示例程序的开始标识符是“form”。

▶注意：“<<< "form"”后面不能有空格字符，否则会出现错误。

说明 2：结束标识符必须和开始标识符相同，结束标识符不能使用双引号引起来。

说明 3：开始标识符和结束标识符中间的内容为文本块，heredoc 语法中文本块的内容将被预处理，且处理方式和使用双引号指定的字符串的处理方式相同。

▶注意：与使用双引号指定的字符串不同，使用 heredoc 语法指定的字符串允许包含双引号。

13.1.3 使用 nowdoc 语法指定字符串

使用 nowdoc 语法指定字符串

定界符 nowdoc 语法和 heredoc 语法非常相似，不同之处在于开始标识符使用单引号引起来，单引号不可以省略。例如，PHP 程序 nowdoc.php 的代码及执行结果如图 13-3 所示。

```
<?php
  $name_value = "张三";
  $submit_value = "提交";
  $my_form = <<<'form'
    <form>
    用户名：<input type="text" name="name" value="{$name_value}"><br/>
    密 码 ：<input type="password" name="password"><br/>
    <input type="submit" value="{$submit_value}"><br/>
    </form>
  form;
  echo $my_form;
?>
```

localhost/13/nowdoc.php

用户名：{$name_value}

密 码 ：

{$submit_value}

图 13-3 PHP 程序 nowdoc.php 的代码及执行结果

说明：开始标识符和结束标识符中间的内容为文本块，nowdoc 语法中文本块的内容将不被预处理。

13.2 常用的字符串处理函数

常用的字符串处理函数

PHP 提供了百余个字符串处理函数，本书主要介绍 mb_*函数、拼接和裁剪函数、特殊字符处理函数、URL 字符串处理函数。这些函数的共同特征是：至少需要一个字符串类型的数据作为函数的参数，并且原字符串的内容不会发生变化。

13.2.1 mb_*函数

mb_*函数

“mb”表示“multi-byte safe”（多字节安全）。mb_*函数在 mbstring 扩展中定义，因此必须开启 mbstring 扩展，才能使用 mb_*函数。方法是：打开 php.ini 配置文件，找到如下配置信息，去掉前面的“;”注释。

```
extension=mbstring
```

1．strlen 函数和 mb_strlen 函数

字符串的本质是字节数组，这是 PHP 没有提供字节数据类型的主要原因。

（1）strlen 函数用于统计字符串的长度，本质是统计“字节”数。例如，PHP 程序 strlen.php 分别采用 UTF-8 编码和 GBK 编码的执行结果如图 13-4 所示。

图 13-4　PHP 程序 strlen.php 分别采用 UTF-8 编码和 GBK 编码的执行结果

从执行结果可以看到：①如果 PHP 程序使用 UTF-8 编码编写，则字符串也使用 UTF-8 编码；如果 PHP 程序使用 GBK 编码编写，则字符串也使用 GBK 编码。②strlen 函数将 UTF-8 编码的中文字符计为 3，将 GBK 编码的中文字符计为 2。

（2）mb_strlen 函数用于统计字符串的长度，本质是统计“字符”数。mb_strlen 函数的语法格式如下，其中参数$encoding 用于设置字符编码。

```
mb_strlen(string $string, string $encoding = null) : int
```

例如，PHP 程序 mb_strlen.php 分别采用 UTF-8 编码和 GBK 编码的执行结果如图 13-5 所示。从执行结果可以看到：mb_strlen 函数将多字节字符计为 1。

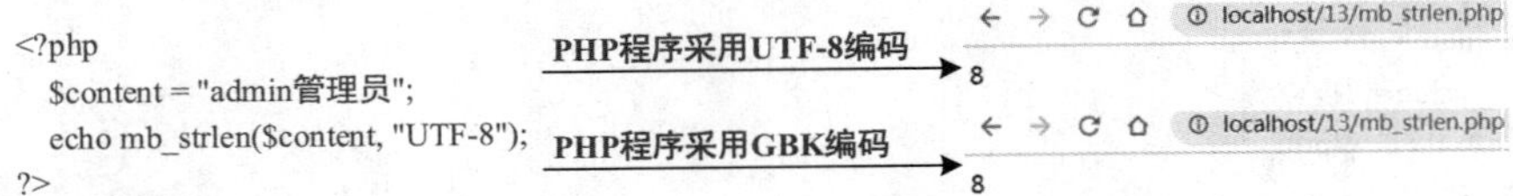

图 13-5　PHP 程序 mb_strlen.php 分别采用 UTF-8 编码和 GBK 编码的执行结果

字符串是字节数组，可以通过索引（index）检索字符串中的单个字节（索引从 0 开始计数）。例如，PHP 程序 string_index.php 的代码及执行结果如图 13-6 所示。

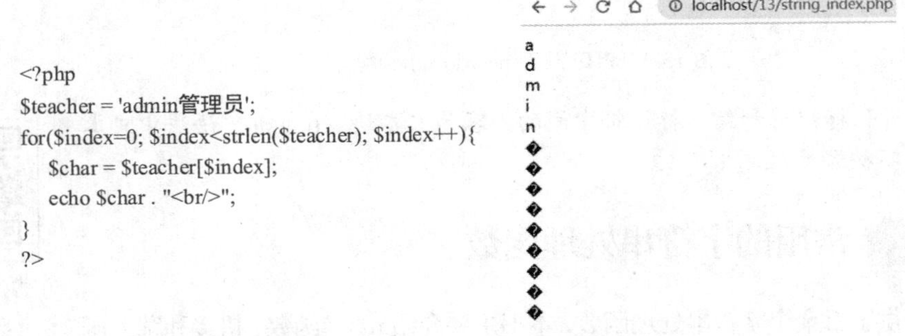

图 13-6　PHP 程序 string_index.php 的代码及执行结果

▶注意：使用“[i]”索引方式获取的是字符串中索引 i 对应的单个字节。由于一个中文字符占用多个字节，所以采用“[i]”索引方式可能会产生中文字符乱码问题。

2．mb_substr 函数

mb_substr 函数用于截取子字符串，其语法格式如下。mb_substr 函数返回字符串$string 中从$start 索引开始、长度为$length 的子字符串。若没有指定参数$length，则返回字符串末尾的子字符串。

```
mb_substr(string $string, int $start, int $length = null, string $encoding = null) : string
```

例如，PHP 程序 mb_substr.php 的代码及执行结果如图 13-7 所示。

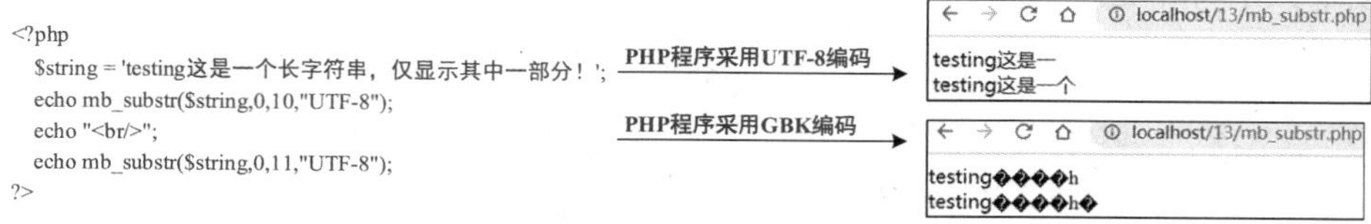

图 13-7　PHP 程序 mb_substr.php 的代码及执行结果

技巧：开发中文网站时，采用统一且规范的文件编码方式是避免中文字符乱码问题最基本的解决方案，建议 PHP 程序统一采用 UTF-8 编码方式。若不做特殊说明，本书涉及的 PHP 程序均采用 UTF-8 编码。

3．mb_strcut 函数

mb_strcut 函数用于截取子字符串，其语法格式如下。

```
mb_strcut(string $string, int $start, int $length = null, string $encoding = null) : string
```

mb_strcut 函数和 mb_substr 函数的功能大致相同。不同之处在于：mb_substr 函数以字符为单位，将多字节字符计为 1；mb_strcut 函数以字节为单位，对于占用多个字节的中文字符，截取时多余的字节将舍去，从而避免中文字符乱码问题。例如，PHP 程序 mb_strcut.php 的代码及执行结果如图 13-8 所示。

```
<?php
  $string = 'testing这是一个长字符串，仅显示其中一部分！';
  echo mb_strcut($string,0,10,"UTF-8");
  echo "<br/>";
  echo mb_strcut($string,0,11,"UTF-8");
?>
```

PHP程序采用UTF-8编码 → localhost/13/mb_strcut.php

testing这
testing这

图 13-8　PHP 程序 mb_strcut.php 的代码及执行结果

说明：在个人博客系统中，博客列表一般仅显示博客的标题，为了提升页面的美观程度，标题过长时，可以使用 mb_strcut 函数只显示标题的前半部分内容。

4．mb_strpos 函数和 mb_strrpos 函数

（1）mb_strpos 函数用于查找子字符串第一次出现时的索引，其语法格式如下。mb_strpos 函数在字符串$haystack 中查找字符串$needle 第一次出现时的索引，若查找不到则返回 FALSE，可选参数$offset 用于指定从哪个索引开始查找。

```
mb_strpos(string $haystack, string $needle, int $offset = 0, string $encoding = null) : int|false
```

（2）mb_strrpos 函数用于从右边开始查找子字符串第一次出现时的索引。

例如，PHP 程序 mb_strpos.php 的代码及执行结果如图 13-9 所示。

```
<?php
  $test = "testing这是一个长字符串，仅显示其中一部分！";
  echo mb_strpos($test, "一");
  echo "<br/>";
  echo mb_strrpos($test, "一");
?>
```

PHP程序采用UTF-8编码 → localhost/13/mb_strpos.php

9
21

图 13-9　PHP 程序 mb_strpos.php 的代码及执行结果

13.2.2　拼接和裁剪函数

1．implode 函数

implode 函数的语法格式如下，implode 函数使用字符串$separator 将数组$array 中的元素连接成

一个新字符串。implode 函数是 explode 函数的反函数。

```
implode(string $separator, array $array) : string
```

例如，PHP 程序 implode.php 的代码及执行结果如图 13-10 所示。

```php
<?php
    $ip = array('192','168','0','1');
    $ip_str = implode(".", $ip);
    echo $ip_str;
?>
```

localhost/13/implode.php

192.168.0.1

图 13-10　PHP 程序 implode.php 的代码及执行结果

2．trim 函数、rtrim 函数和 ltrim 函数

（1）trim 函数用于删除字符串两边的空格（如 Tab、回车、换行、空格等字符）。

（2）rtrim 函数和 ltrim 函数分别用于删除字符串右边和左边的空格。

说明：按某个关键字模糊查询博客内容时，可以使用 trim 函数将关键字两边的空格剔除；在用户注册或用户登录系统中，可以使用 trim 函数将用户名两边的空格删除。

特殊字符处理函数

13.2.3　特殊字符处理函数

1．nl2br 函数

nl2br 函数的语法格式如下，其功能是将字符串$string 中的换行符“\n”“\r”“\r\n”替换成 HTML 换行符“
”。

```
nl2br(string $string): string
```

网页中的换行符是“
”，文本文件中的换行符通常是“\n”“\r”或者“\r\n”，这些换行符在网页中不起作用。例如，PHP 程序 nl2br.php 的代码及执行结果如图 13-11 所示。

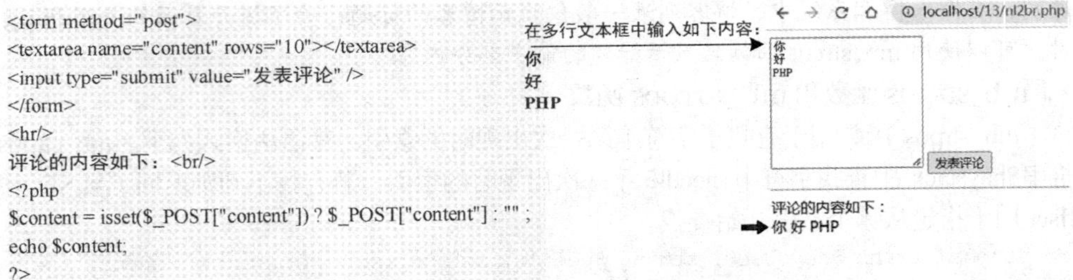
<form method="post">
<textarea name="content" rows="10"></textarea>
<input type="submit" value="发表评论" />
</form>
<hr/>
评论的内容如下：
<?php
$content = isset($_POST["content"]) ? $_POST["content"] : "" ;
echo $content;
?>
localhost/13/nl2br.php
在多行文本框中输入如下内容：
你
好
PHP
发表评论
评论的内容如下：
你 好 PHP

图 13-11　文本文件中的换行符在网页中不起作用

例如，修改 PHP 程序 nl2br.php 的代码，将字符串中的换行符替换成“
”，修改后的代码及执行结果如图 13-12 所示。

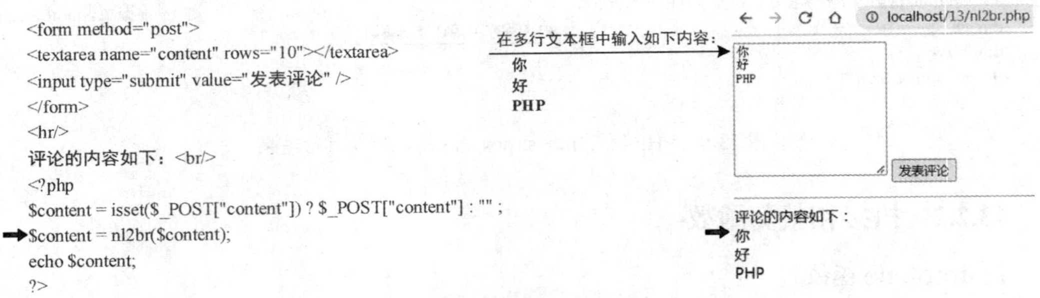
<form method="post">
<textarea name="content" rows="10"></textarea>
<input type="submit" value="发表评论" />
</form>
<hr/>
评论的内容如下：
<?php
$content = isset($_POST["content"]) ? $_POST["content"] : "" ;
$content = nl2br($content);
echo $content;
?>
localhost/13/nl2br.php
在多行文本框中输入如下内容：
你
好
PHP
发表评论
评论的内容如下：
你
好
PHP

图 13-12　网页中的换行符是“
”

2．addslashes 函数和 stripslashes 函数

（1）addslashes 函数的语法格式如下，其功能是将字符串$string 中的单引号“'”、双引号“"”和反斜线“\”分别替换成“\'”、双引号“\"”和反斜线“\\”。addslashes 函数通常用于防止 SQL 注入。

```
addslashes(string $string): string
```

例如，PHP 程序 addslashes.php 的代码及执行结果如图 13-13 所示。

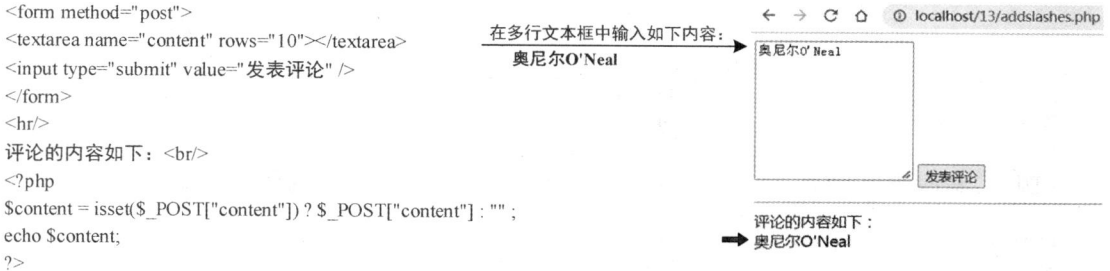

```
<form method="post">
<textarea name="content" rows="10"></textarea>
<input type="submit" value="发表评论" />
</form>
<hr/>
评论的内容如下：<br/>
<?php
$content = isset($_POST["content"]) ? $_POST["content"] : "" ;
echo $content;
?>
```

在多行文本框中输入如下内容：奥尼尔O'Neal

localhost/13/addslashes.php

奥尼尔O' Neal

发表评论

评论的内容如下：

奥尼尔O'Neal

图 13-13　字符串中的单引号“'”按原样输出

例如，修改 PHP 程序 addslashes.php 的代码，将字符串中的“'”替换成“\'”，修改后的代码及执行结果如图 13-14 所示。

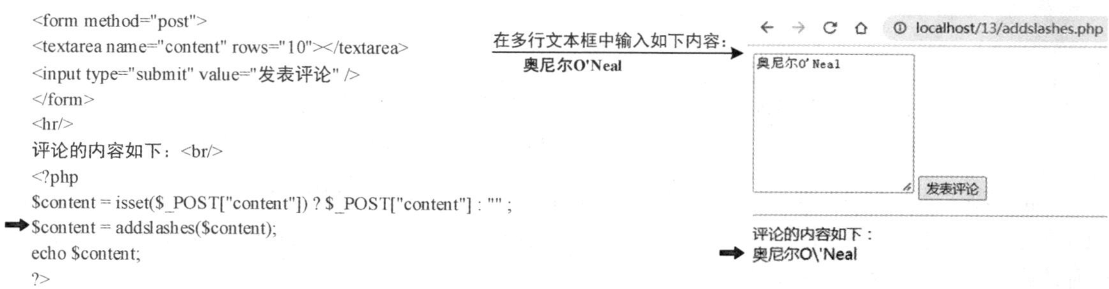
<form method="post">
<textarea name="content" rows="10"></textarea>
<input type="submit" value="发表评论" />
</form>
<hr/>
评论的内容如下：
<?php
$content = isset($_POST["content"]) ? $_POST["content"] : "" ;
$content = addslashes($content);
echo $content;
?>
在多行文本框中输入如下内容：
奥尼尔O'Neal
localhost/13/addslashes.php
奥尼尔O' Neal
发表评论
评论的内容如下：
奥尼尔O\'Neal

图 13-14　字符串中的“'”被替换成“\'”

（2）stripslashes 函数是 addslashes 函数的反函数。

3．htmlspecialchars 函数

htmlspecialchars 函数将字符串中的“<”“>”“&”“"”“'”分别替换成“<”“>”“&”“"”“'”或“&apos”。

说明：显示 GET 或 POST 提交的字符串数据时，为了防止用户提交 HTML 代码或 JavaScript 代码破坏系统，可以使用 htmlspecialchars 函数替换字符串中的“<”“>”“&”“"”“'”字符。

例如，PHP 程序 htmlspecialchars.php 的代码及执行结果如图 13-15 所示，浏览器解析执行 JavaScript 代码时将页面重定向到百度首页，继而无法看到评论的内容，有些资料将这种行为称作跨站脚本攻击（Cross Site Scripting）。跨站脚本攻击是指恶意攻击者向 Web 页面插入恶意 JavaScript 代码，当用户浏览该 Web 页面时，嵌入其中的 JavaScript 代码被执行，从而达到恶意攻击用户的目的。

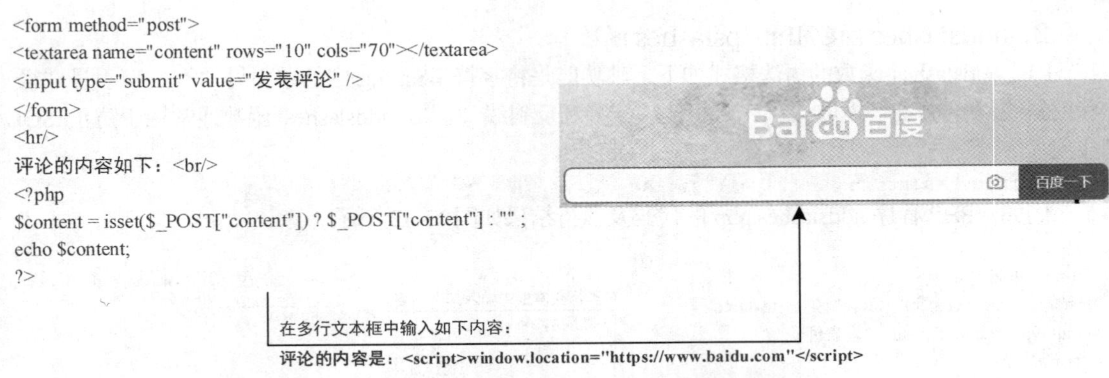

图 13-15　字符串中的 JavaScript 脚本被浏览器解析执行

例如，修改 PHP 程序 htmlspecialchars.php 的代码，修改后的代码及执行结果如图 13-16 所示。

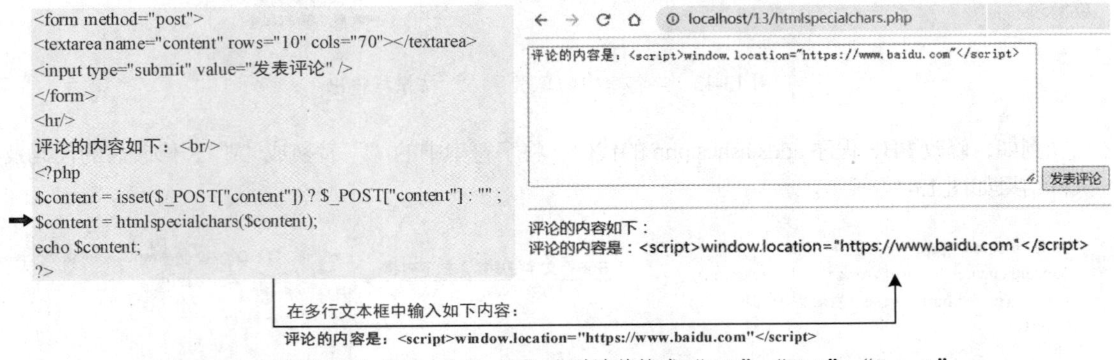

<form method="post">
<textarea name="content" rows="10" cols="70"></textarea>
<input type="submit" value="发表评论" />
</form>
<hr/>
评论的内容如下：
<?php
$content = isset($_POST["content"]) ? $_POST["content"] : "" ;
$content = htmlspecialchars($content);
echo $content;
?>
localhost/13/htmlspecialchars.php
评论的内容是：<script>window.location="https://www.baidu.com"</script>
发表评论
评论的内容如下：
评论的内容是：<script>window.location="https://www.baidu.com"</script>
在多行文本框中输入如下内容：
评论的内容是：<script>window.location="https://www.baidu.com"</script>

图 13-16　字符串中的"<"">"""" 分别被替换成"<"">""""

通过浏览器的 HTTP 抓包工具可以看到 HTTP 响应的全部内容，如图 13-17 所示。htmlspecialchars 函数将字符串中的"<"替换成"<"，">"替换成">"，"""替换成"""，既不影响显示效果，又避免了跨站脚本攻击。

```
<form method="post">
<textarea name="content" rows="10" cols="70"></textarea>
<input type="submit" value="发表评论" />
</form>
<hr/>
评论的内容如下：<br/>
&lt;script&gt;window.location=&quot;https://www.baidu.com&quot;&lt;/script&gt;
```

图 13-17　HTTP 响应的全部内容

13.2.4　URL 字符串处理函数

URL 字符串处理函数

1．parse_url 函数和 parse_str 函数

（1）parse_url 函数的语法格式如下，其功能是解析$url 字符串，以数组方式返回协议名 scheme、主机名 host、端口号 port、用户名 user、密码 pass、路径 path、查询字符串 query 以及页内锚点 fragment。

```
parse_url (string $url) : array
```

（2）parse_str 函数的语法格式如下，其功能是将查询字符串$string 中的所有"参数名=参数值"解析为数组$result。

```
parse_str(string $string, array &$result): void
```

例如，PHP 程序 parse.php 的代码如图 13-18 所示，执行结果如图 13-19 所示。

```php
<?php
  $url = "http://nobody:secret@example.com:80/script.php?var1=value1&var2=value2#anchor";
  $parse_url = parse_url($url);
  var_dump($parse_url);
  echo "<hr/>";
  $query_string = $parse_url["query"];
  parse_str($query_string, $output);
  var_dump($output);
?>
```

图 13-18　PHP 程序 parse.php 的代码

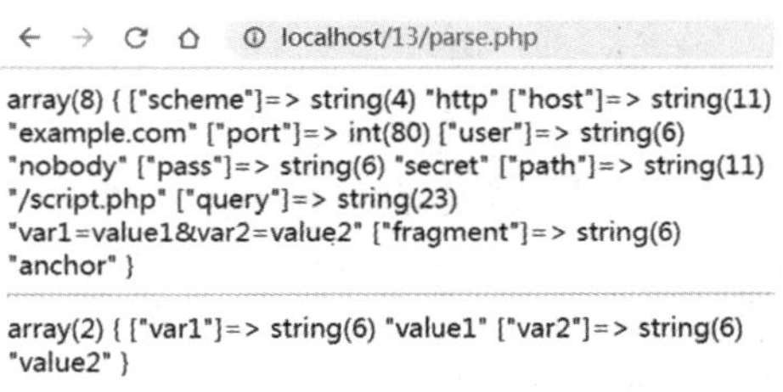

localhost/13/parse.php
array(8) { ["scheme"]=> string(4) "http" ["host"]=> string(11) "example.com" ["port"]=> int(80) ["user"]=> string(6) "nobody" ["pass"]=> string(6) "secret" ["path"]=> string(11) "/script.php" ["query"]=> string(23) "var1=value1&var2=value2" ["fragment"]=> string(6) "anchor" }
array(2) { ["var1"]=> string(6) "value1" ["var2"]=> string(6) "value2" }

图 13-19　PHP 程序 parse.php 的执行结果

2．URL 中的特殊字符

URL 中的特殊字符有特殊的含义，例如，URL 中的“?”定义了查询字符串的开始，“=”用于连接查询字符串中的“参数名”和“参数值”，“&”用于分隔查询字符串中的多个参数，查询字符串中不允许有空格字符存在。如何在查询字符串中传递“?”“=”“&”“空格”等特殊字符？通用的做法是将它们转义成以“%”开头的字符序列（此时“%”也变成了特殊字符，也需要转义）。URL 中的特殊字符及对应的转义字符如表 13-1 所示。

表 13-1　URL 中的特殊字符及对应的转义字符

URL 中的特殊字符	含　义	对应的转义字符（或序列）
#	页内锚点	23%
&	分隔查询字符串中的多个参数	26%
+	在 URL 中表示空格	%2B
\	表示目录路径	%2F
=	连接查询字符串中的参数名和参数值	%3D
?	查询字符串的开始	%3F
空格字符	URL 中不允许存在空格字符	+或%20
%	对 URL 中的特殊字符进行转义	25%

例如，PHP 程序 url.php 的代码及执行结果如图 13-20 所示。

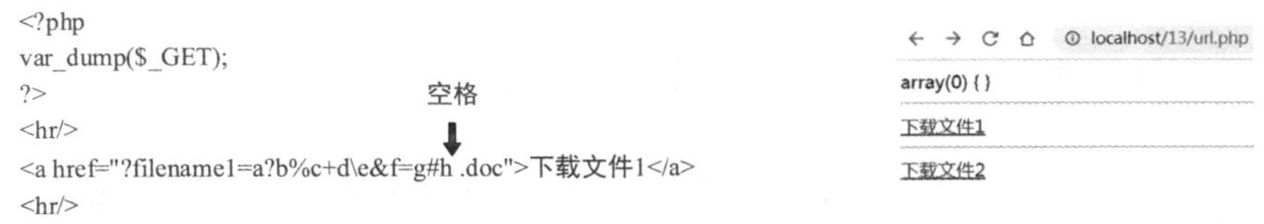

```php
<?php
var_dump($_GET);
?>
<hr/>
<a href="?filename1=a?b%c+d\e&f=g#h .doc">下载文件1</a>
<hr/>
<a href="?filename2=a%3Fb%25c%2Bd%2Fe%26f%3Dg%23h%20.doc">下载文件2</a>
```


图 13-20　PHP 程序 url.php 的代码及执行结果

单击“下载文件 1”超链接和“下载文件 2”超链接的执行结果如图 13-21 所示。

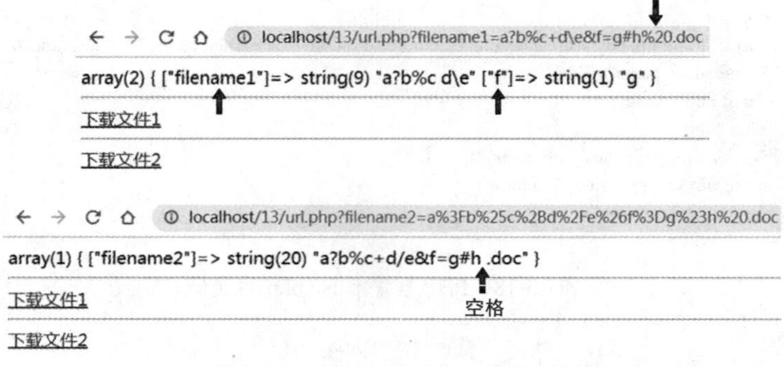

图 13-21　单击“下载文件 1”超链接和“下载文件 2”超链接的执行结果

（1）单击“下载文件 1”超链接时，触发程序自己运行，并向自己传递查询字符串，查询字符串中包含 filename1 和 f 两个参数，#后面的字符被作为页内锚点。需要注意的是：显示在浏览器地址栏中的空格字符被转义为%20。

（2）单击“下载文件 2”超链接时，触发程序自己运行，并向自己传递查询字符串，查询字符串中包含 filename2 一个参数，该参数中不包含 URL 特殊字符（所有特殊字符使用“%”转义）。

从执行结果可以看到：如果 URL 的查询字符串中包含特殊字符，则需要将特殊字符转义为字符序列，urlencode 函数和 rawurlencode 函数可以实现该功能。

3．urlencode 函数和 rawurlencode 函数

urlencode 函数的语法格式如下，其功能是将字符串$string 中的 URL 特殊字符转义为以“%”开头的字符序列。

```
urlencode(string $string) : string
```

例如，PHP 程序 urlencode.php 的代码及执行结果如图 13-22 所示，该程序的功能是下载文件名为“a+b%e4%bd%a0　%e5%a5%bd.doc”的 Word 文档（文件名中含有两个空格）。

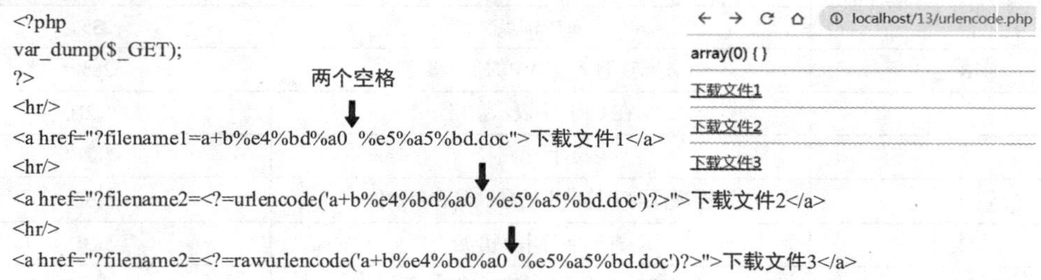

图 13-22　PHP 程序 urlencode.php 的代码及执行结果

单击“下载文件 1”“下载文件 2”和“下载文件 3”超链接的执行结果如图 13-23 所示。

（1）单击“下载文件 1”超链接时，下载的是“a b 你 好.doc”文件，该 Word 文档不存在，下载失败。

（2）单击“下载文件 2”超链接时，下载的是“a+b%e4%bd%a0 %e5%a5%bd.doc”Word 文档，下载成功。

（3）单击“下载文件 3”超链接时，下载的是“a+b%e4%bd%a0 %e5%a5%bd.doc”Word 文档，下载成功。

rawurlencode 函数和 urlencode 函数的功能几乎相同。不同之处在于：urlencode 函数将空格字符转义为“+”字符；rawurlencode 函数将空格字符转义为“%20”字符序列。

localhost/13/urlencode.php?filename1=a+b你%20%20好.doc

array(1) { ["filename1"]=> string(15) "a b你 好.doc" }

空格

下载文件1

下载文件2

下载文件3

localhost/13/urlencode.php?filename2=a%2Bb%25e4%25bd%25a0++%25e5%25a5%25bd.doc

array(1) { ["filename2"]=> string(27) "a+b%e4%bd%a0 %e5%a5%bd.doc" }

下载文件1

下载文件2

下载文件3

localhost/13/urlencode.php?filename2=a%2Bb%25e4%25bd%25a0%20%20%25e5%25a5%25bd.doc

array(1) { ["filename2"]=> string(27) "a+b%e4%bd%a0 %e5%a5%bd.doc" }

下载文件1

下载文件2

下载文件3

图 13-23　单击“下载文件 1”“下载文件 2”和“下载文件 3”超链接的执行结果

4．urldecode 函数和 rawurldecode 函数

urldecode 函数是 urlencode 函数的反函数。由于浏览器会自动将 urldecode 函数转义后的字符串进行 urldecode 处理，因此一般情况下不需要使用 urldecode 函数，除非字符串做了两次 urlencode() 处理。

rawurldecode 函数是 rawurlencode 函数的反函数，这里不再赘述。

上机实践 1　个人博客系统中字符串的处理

知识提示：目前个人博客系统还存在一些 bug，某些 bug 会导致系统出现安全隐患。

（1）将 myblog 目录复制一份，命名为 myblog_session（表示 myblog 的 session 会话版本），以备将来使用。保持 myblog 是最新版本。

（2）删除模糊查询中关键字两边的空格。

将 PHP 程序 list_blog.php 中的代码：

```
$kw = $_GET["kw"] ?? "";
```

修改为：

```
$kw = trim($_GET["kw"] ?? "");
```

（3）修改文件下载功能的代码。

如果博客的附件名是“a+b.txt”，则下载该附件时将提示“文件不存在或已删除”信息，而事实上“a+b.txt”附件确实存在，产生该 bug 的原因是文件名中存在 URL 特殊字符“+”，使用$_GET 读取数据时，这些特殊字符将被转义，从而导致文件下载失败，解决办法是将超链接中的查询字符串用 urlencode 处理。

将 PHP 程序 get_blog_detail.php 中的代码片段：

```
attachment=<?=$attachment?>"><?=$attachment?>
```

修改为：

```
attachment=<?=urlencode($attachment)?>"><?=$attachment?>
```

（4）修改发表评论功能的代码。

登录用户发表评论时，如果评论内容中包含 JavaScript 代码或 HTML 代码，则会给系统带来安全隐患。例如，如果评论的内容是<script>window.location='http://www.baidu.com'</script>，则显示该

评论的内容时将导致页面重定向到百度首页。使用 htmlspecialchars 函数过滤评论的内容可以解决该 bug。将 review_save.php 程序中的代码片段：

```
$_POST['content']
```

修改为：

```
htmlspecialchars($_POST['content'])
```

（5）优化标题显示功能。

如果某些博客标题过长，某些博客标题过短，则会导致标题列表显示不规整。解决这个问题的方法是将过长的标题截取一定长度作为新标题。将 PHP 程序 list_blog.php 中的代码片段：

```
$row ['title']
```

修改为：

```
mb_strcut($row['title'],0,60,"UTF-8")
```

（6）优化分页函数代码。

"第 11 章　个人博客系统的设计与开发"中定义的分页函数 page 的语法格式如下。

```
page($total_records,$page_size,$current_page,$url,$kw="") : string
```

其中参数$url 的功能是为分页导航提供超链接的目的地址。如果$url 参数自身带有查询字符串（如 index.php?url=/myblog/blog/list_blog.php），则构造的分页导航的目的地址变为 index.php?url=/myblog/blog/list_blog.php?page_current=1，而正确格式应该为 index.php?url=/myblog/blog/list_blog.php&page_current=1。有必要修改 page 函数的代码。将 PHP 程序 page.php 的代码修改为如图 13-24 所示的代码（粗体字代码为代码改动部分）。

```
<?php
  function page($total_records,$page_size,$current_page,$url,$kw=""){
    $total_pages = ceil($total_records/$page_size);
    $previous_page = ($current_page<=1) ? 1 : $current_page-1;
    $next_page = ($current_page>=$total_pages) ? $total_pages : $current_page+1;
    $next_page = ($next_page==0) ? 1 : $next_page;
    $start_page = ($current_page-5>0) ? $current_page-5 : 0;
    $end_page = ($start_page+10<$total_pages) ? $start_page+10 : $total_pages;
    $start_page = $end_page-10;
    if($start_page<0) $start_page = 0;
    $parse_url = parse_url($url);
    if(empty($parse_url["query"])){
      $url = $url . '?';
    }else{
      $url = $url . '&';
    }
    $url = "{$url}kw={$kw}";
    $navigator = "<a href={$url}&current_page={$previous_page}>上一页</a> ";
    for($i=$start_page; $i<$end_page; $i++){
      $j = $i + 1;
      $navigator .= "<a href='{$url}&current_page={$j}'>{$j}</a> ";
    }
    $navigator .= "<a href={$url}&current_page={$next_page}>下一页</a><br/>";
    $navigator .= "共{$total_records}条记录，共{$total_pages}页，当前是第{$current_page}页";
    echo $navigator;
  }
?>
```

图 13-24　修改后的 PHP 程序 page.php 的代码

上机实践 2　字符串处理

（1）在 D:/wamp/www/目录下创建"13"目录，本章涉及的所有 PHP 程序都存放到该目录中。

（2）将本章的所有 PHP 程序都部署到 Apache 服务器，并执行这些 PHP 程序。

习题

一、选择题

1. 下面 PHP 代码的执行结果是什么？（　　）

```
<?php
$array = '0123456789ABCDEFG';
$s = '';
for ($i = 1; $i < 50;$i++) {
       $s .= $array[rand(0,strlen ( $array) - 1)];
}
echo $s;
?>
```

A. 由 50 个随机字符组成的字符串

B. 由 49 个相同字符组成的字符串，因为没有初始化随机数生成器

C. 由 49 个随机字符组成的字符串

D. 什么都没有，因为$array 不是数组

E. 由 49 个字母 G 组成的字符串

2. 下面代码的执行结果是什么？（　　）

```
<?php
$A = "PHPlinux";
$B = "PHPLinux";
$C = strstr($A,"L");
$D = stristr($B,"l");
echo $C ." is ". $D;
?>
```

A. PHP is Linux　　B. is Linux　　C. PHP is inux　　D. PHP is

3. 下面代码的执行结果是什么？（　　）

```
<?php
$first = "This course is very easy !";
$second = explode(" ",$first);
$first = implode(",", $second);
echo $first;
?>
```

A. This,course,is,very,easy,!　　B. This course is very easy !

C. This course is very easy !,　　D. 提示错误

4. 下面的代码将如何影响$s 字符串？（多选）（　　）

```
<?php
$s = '<p>Hello</p>';
$ss = htmlentities ($s);
echo  $s;
?>
```

A. 尖括号<>会被转换成 HTML 标记，因此字符串将变长

B. 没有变化

C. 在浏览器上打印该字符串时，尖括号是可见的

D. 在浏览器上打印该字符串时，尖括号及其内容将被识别为 HTML 标签，因此不可见

E. 由于调用了 htmlentities()，所以字符串会被销毁

5. 如何把数组存储在 Cookie 中？（　　）

A. 给 Cookie 名添加一对方括号[]　　B. 使用 implode 函数

C. 不可能，因为有容量限制　　D. 使用 serialize 函数

E. 给 Cookie 名添加 ARRAY 关键词

6. 下面代码的执行结果是什么？（　　）

```
<?php
$nextWeek = time() + (7 * 24 * 60 * 60);
echo 'Now:      '. date('Y-m-d') ."n";
echo 'Next Week: '. date('Y-m-d', $nextWeek) ."n";
?>
```

A. 得到今天的日期（月-日）

B. 得到今天（年-月-日）与下周的日期（年-月-日）

C. 得到现在的时间（小时-分-秒）

D. 得到现在到下周的时间间隔

7. 考虑如下代码，标记处应该添加哪条 PHP 语句才能让脚本输出字符串"php"？（　　）

```
<?php
$alpha = 'abcdefghijklmnopqrstuvwxyz';
$letters = array(15, 7, 15);
foreach( $letters as  $val) {
      /* 这里应该加入什么 */
}
?>
```

A. echo chr($val);　　B. echo asc($val);

C. echo substr($alpha, $val, 2);　　D. echo $alpha{$val};

E. echo $alpha{$val+1};

8. 以下哪一项不能把字符串$s1 和$s2 组成一个字符串？（　　）

A. $s1 + $s2　　B. "{$s1}{$s2}"　　C. $s1.$s2

D. implode('', array($s1,$s2))　　E. 以上都可以

9. 变量$email 的值是字符串"user@example.com"，以下哪项能把字符串转化成"example.com"？（　　）

A. substr($email, strpos($email, "@"));

B. strstr($email, "@");

C. strchr($email, "@");

D. substr($email, strpos($email, "@")+1);

E. strrpos($email, "@");

10. 给定一个用逗号分隔一组值的字符串，以下哪个函数能在仅调用一次的情况下就把每个独立的值放入一个新创建的数组？（　　）

A. strstr()　　B. 不可能只调用一次就完成

C. extract()　　D. explode()

E. strtok()

11. 要比较两个字符串，以下哪种方法最万能？（　　）

A. 用 strpos 函数　B. 用= =操作符　C. 用 strcasecmp()　D. 用 strcmp()

12. 下面代码的执行结果是什么？（　　）

```
<?php
 $s = '12345';
 $s[$s[1]] = '2';
echo  $s;
?>
```

A. 12345　　B. 12245　　C. 2234

D. 11345　　E. Array

13. 以下哪个比较将返回 true？（多选）（　　）

A. '1top' == '1'　　B. 'top' == 0　　C. 'top' === 0

D. 'a' == a　　E. 123 == '123'

14. 在 PHP 中，单引号和双引号包围的字符串有什么区别？（多选）（　　）

A. 单引号速度快，双引号速度慢

B. 双引号速度快，单引号速度慢

C. 两者没有速度差别

D. 双引号解析其中以$开头的变量，而单引号不解析

15. 以下哪个函数能不区分大小写地对两个字符串进行二进制比对？

A. strcmp()　　B. stricmp()　　C. strcasecmp()

D. stristr()　　E. 以上都不能

16. 以下哪些函数能把字符串中存储的二进制数据转化成十六进制？（多选）（　　）

A. encode_hex()　　B. pack()　　C. hex2bin()

D. bin2hex()　　E. printf()

17. 以下脚本输出什么？（　　）

```
<?php
 $x = 'apple';
echo substr_replace ( $x, 'x', 1, 2);
?>
```

A. x　　B. axle　　C. axxle

D. applex　　E. xapple

二、填空题

1. ___________函数能把换行符转换成 HTML 标签
。

2. ___________函数能用来确保一个字符串的字符数总是大于一个指定值。

3. PHP 中能把 UTF-8 转换成 GBK 的函数是___________。

4. PHP 中将字符串分割为数组的函数是___________，将数组连接为字符串的函数是___________。

5. rawurlencode 和 urlencode 函数的区别是___________。

6. PHP 中过滤 HTML 标签的函数是___________，字符串转义函数是___________。

7. 根据本章的学习，取出$a（$a = 'abcdef'）中的第一个字母可以使用___________或者___________。

8. 在 PHP 中，heredoc 是一种特殊的字符串，它的结束标志必须___________。

三、问答题

1. 编写函数实现以下功能：

字符串“open_door”转换成“OpenDoor”，“make_by_id”转换成“MakeById”。

2. 如何实现中文字符串截取无乱码？

3. 编写函数，尽可能高效地从一个标准 URL 中取出文件的扩展名（例如，“http://www.sina.com.cn/abc/de/fg.php?id=1”需要取出 php 或.php）。

4. 编写至少两个函数，取文件名的后缀（例如，文件'/as/image/bc.jpg'得到 jpg 或者.jpg）。

5. 编写程序实现下述功能。

计算两个文件的相对路径（例如，$a = '/a/b/c/d/e.php';，$b = '/a/b/12/34/c.php';，计算出$b 相对于$a 的相对路径应该是 ../../c/d）。

第14章 个人博客系统首页的UI设计与实现

本章讲解了CSS、JavaScript等Web前端知识，重点讲解使用DIV+CSS实现个人博客系统首页的页面布局方法，详细讲解了利用请求包含将PHP程序融入个人博客系统首页的方法。通过本章的学习，读者可以制作一个美观大方的个人博客系统。

14.1 Web前端技术

HTML、JavaScript和CSS是Web开发人员必须了解的Web前端技术。HTML定义了网页的内容；CSS和JavaScript都是为了渲染HTML，CSS能够让HTML外观更美观，JavaScript定义了HTML具备的行为。

14.1.1 HTML简介

HTML简介

一个HTML页面是包含多个HTML元素的文本文档，HTML元素是指从开始标签到结束标签的所有HTML代码，HTML元素的内容是开始标签与结束标签之间的内容。以HTML元素“<textarea>多行文本框</textarea>”为例，“<textarea>”是开始标签，“</textarea>”是结束标签，“多行文本框”就是该HTML元素的内容。

HTML元素通常包含若干属性，用于向HTML元素提供附加信息，这些附加信息可能会影响HTML元素的外观，也可能影响HTML元素的行为（例如，可以添加鼠标单击或者双击事件等）。以图14-1所示的HTML元素“<font color='red'>学习强国</font>”为例，“学习强国”就是该HTML元素的内容，color定义了“<font>”标签的属性，影响了“学习强国”在浏览器上显示的外观（以红色显示）。

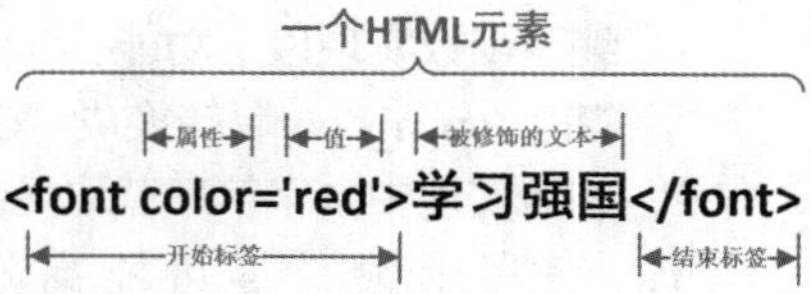

一个HTML元素

属性　值　被修饰的文本

<font color='red'>学习强国</font>

开始标签　结束标签

图14-1　含有属性的HTML元素

说明1：有些HTML元素不允许包含内容，如<img />、
、<hr />，这些元素称为空元素。

说明2：HTML元素中的标签名、属性名不区分大小写，属性可以以任意顺序出现。

14.1.2 HTML元素的属性

HTML元素的属性

本书将HTML元素的属性分为核心属性、外观属性和事件属性。例如，下面的<input />标签定义了一个单行文本框。

```
<input style="text-align:center;color:red;font-size:20px;border:10px solid blue;"
onblur="alert(this.value)" type='text' name="userName" id="userName" value=""/>
```

核心属性：id、name、type 和 value 等属性是 HTML 元素的核心属性。

外观属性：示例代码使用 style 属性定义了 HTML 元素的外观（单行文本框中的文字以“居中、红色、20 像素”CSS 样式显示），style 属性可以包含 CSS 样式代码。

说明：HTML 元素的 style 属性定义了 HTML 元素的行内 CSS 样式，HTML 元素的 class 属性为当前的 HTML 元素应用一个或者多个 CSS 样式类（多个 CSS 样式类使用空格隔开即可）。

事件属性：通过鼠标或者键盘操作 HTML 元素时，可以在 HTML 元素上产生事件；事件的发生可以触发 HTML 元素的“行为”，“行为”通过 JavaScript 定义。例如，当单行文本框失去焦点时，触发 onblur 事件，继而触发执行 onblur 事件属性对应的 JavaScript 代码“alert(this.value)”，而 alert(this.value)负责弹出一个对话框，对话框显示了单行文本框中输入的内容。

说明：JavaScript 是一种面向对象编程语言，JavaScript 中的 this 表示当前被操作的 HTML 元素对象，this.value 用于访问当前被操作的 HTML 元素对象的 value 属性值。

HTML 元素常用的事件属性如下。

<body>标签常用的事件属性是 onload，表示 HTML 页面加载到浏览器后，触发执行 onload 属性定义的行为。

单行文本框 input 标签（type='text'）常用的事件属性是 onblur，当单行文本框元素失去焦点时，触发执行 onblur 事件属性定义的行为。

事件属性 onchange，在内容改变且失去焦点时，触发执行 onchange 属性定义的行为。

事件属性 onclick，当 HTML 元素上发生鼠标单击事件时，触发执行 onclick 属性定义的行为。

事件属性 ondbclick，当 HTML 元素上发生鼠标双击事件时，触发执行 ondbclick 属性定义的行为。

14.1.3 CSS 简介

CSS 简介

CSS 是 Cascading Style Sheets 的缩写，译作层叠样式表。CSS 描述了 HTML 元素如何被浏览器渲染，用于控制 HTML 元素在浏览器中显示的外观。CSS 第一版的标准于 1996 制定，最新版为 CSS3，于 1999 年制订。

所谓层叠，是一种“冲突”的解决方案。这是因为，一个 HTML 元素可能同时被多个外观属性修饰，当多个外观属性出现冲突时，以优先级高的为准（覆盖），最后将所有外观属性叠加，形成该 HTML 元素的最终外观。

14.1.4 JavaScript 简介

JavaScript 简介

JavaScript 诞生于 1995 年（和 Java 同一年诞生），JavaScript 代码可以在浏览器端执行，因此 JavaScript 是浏览器端的编程语言。早期，JavaScript 的主要功能是验证 FORM 表单数据的合法性；如今，JavaScript 被赋予更多的功能，例如，可以使用 JavaScript 发送异步请求、接收异步响应；甚至 JavaScript 已经演变出可以在服务器端运行的 Node.js。

▶注意：不要将 JavaScript 脚本语言与 Java 编程语言混淆，虽然“JavaScript”在命名上借鉴了“Java”，虽然它们在同一年诞生，虽然 JavaScript 和 Java 都是面向对象编程语言，但是这两门语言在语法、语义与用途方面有很大不同。

1．JavaScript 代码的编写位置

简单的 JavaScript 代码可以直接编写在 HTML 元素的事件属性中。

复杂的 JavaScript 代码需要借助<script />标签嵌入 HTML 页面中，<script />标签可以写在 HTML 页面的任意位置，不过通常写在<head />标签中、</body>结束标签前或者</body>结束标签后。

2．HTML 元素以及 JavaScript 呈现的顺序

加载 HTML 页面时，浏览器按照 HTML 页面中 HTML 元素以及 JavaScript 出现的先后顺序一一呈现，最终呈现出整个页面效果。

3．JavaScript 的 document 对象

HTML 页面被加载到浏览器后，整个 HTML 页面被映射为 JavaScript 的 document 对象。document 对象就是整个 HTML 页面，整个 HTML 页面就是 document 对象，JavaScript 通过操作 document 对象，继而可以操作整个 HTML 页面。

document 对象提供了很多属性，用于获取整个 HTML 页面的特征信息，如 characterSet、contentType、title、URL、cookie、lastModified、referrer 等属性。

document 对象还提供了很多方法，例如，document.write('字符串')方法将字符串写到当前 HTML 页面。

> ▶注意：HTML 页面加载到浏览器后，不要再使用 document.write('字符串')方法将字符串写到当前 HTML 页面，否则会覆盖整个 HTML 页面。

4．JavaScript 语句

JavaScript 每条语句以“;”分号结束，使用“+”可以将两个字符串拼接成一个字符串。

5．声明变量

JavaScript 声明变量的语法格式如下。

```
var age;
```

说明 1：保留字 var 之后紧跟着的就是一个变量名。

说明 2：JavaScript 是动态数据类型的编程语言，声明 JavaScript 变量时，无须指定变量的数据类型。例如，下面两条 JavaScript 语句为变量 age 赋值，先赋值为整数，再赋值为字符串。

```
age = 20;
age = '2000-1-1';
```

说明 3：阅读其他 JavaScript 代码时，可能会遇到诸如省略 var 关键字的变量声明（参见下面的代码），但本书建议使用 var 关键字声明 JavaScript 变量。

```
birthday = '2000-1-1';
```

6．声明函数

JavaScript 中声明函数的语法格式如下，其中 myFunction 为函数名。

```
var myFunction = function (myArgs) {
    // do sth
}
```

说明：声明函数和声明变量的语法格式一致，这是因为，对于 JavaScript 而言，函数名和变量名本质上是一样的。

7．调用函数

函数名后紧跟括号（括号内可以有参数），表示对函数进行调用。调用函数的语法格式如下。

```
myFunction(args);
```

14.1.5 通过 JavaScript 的 document 对象操作 HTML 元素

通过 JavaScript 的 document 对象操作 HTML 元素

要想操作 HTML 元素，首先必须通过 JavaScript 的 document 对象定位该 HTML 元素。

1．通过 JavaScript 的 document 对象定位 HTML 元素

只有先定位到 HTML 元素，才能操作该 HTML 元素。借助 HTML 元素的 id

属性或者 name 属性可以定位 HTML 元素。

（1）通过 HTML 元素的 id 属性定位 HTML 元素

```
document.getElementById("username")
```

功能：返回“id=userName”的第一个 HTML 元素。

说明：在同一 HTML 页面上，HTML 元素的 id 属性唯一，因此通过 id 属性可以定位唯一的 HTML 元素。

（2）通过 HTML 元素的 name 属性定位 HTML 元素

```
document.getElementsByName("hobby")
```

功能：返回“name=hobby”的所有 HTML 元素的数组，而不是一个 HTML 元素。

说明：在同一 HTML 页面上，HTML 元素的 name 属性可能不唯一（如单选框、复选框等表单控件），因此通过 name 属性定位多个 HTML 元素。

当然，定位 HTML 元素还有其他方法，如 document.getElementsByTagName(tagName)，该方法按照 HTML 元素的标签名定位 HTML 元素。

2．读取或设置 HTML 元素的内容

前面曾经提到：HTML 元素的内容是开始标签与结束标签之间的内容，有些 HTML 元素存在内容，有些 HTML 元素不存在内容。如果某个 HTML 元素存在内容，则可以通过操作 HTML 元素的 innerHTML 属性，读取或设置当前 HTML 元素的内容。

（1）设置 HTML 元素内容的语法格式如下。

```
document.getElementById(id).innerHTML = new text or new HTML element;
```

（2）读取 HTML 元素内容的语法格式如下。

```
var id = document.getElementById(id).innerHTML;
```

3．读取或设置 HTML 元素的属性值

（1）设置 HTML 元素的属性值的语法格式如下。

```
document.getElementById(id).attribute = new value
```

（2）读取 HTML 元素的属性值的语法格式如下。

```
var attribute = document.getElementById(id).attribute;
```

4．innerHTML 和 innerText 的使用和区别

innerHTML 和属性 innerText 都可以用于读取或设置当前 HTML 元素的内容，它们之间的区别如下。

（1）innerHTML 用于读取或者设置 HTML 元素包含的 HTML 标签+文本信息； innerText 用于读取或者设置 HTML 元素包含的文本信息（不包含 HTML 标签）。

（2）所有浏览器都支持 innerHTML 属性；越来越多的浏览器支持 innerText 属性。

5．设置 HTML 元素的 style 属性值

设置 HTML 元素的 style 属性值的语法格式如下。

```
document.getElementById(id).style.样式名="样式值"//添加 style 样式或者修改 style 样式
document.getElementById(id).style.样式名=""//删除 style 样式
```

上机实践 Web 前端技术

场景 1 理解 CSS 中层叠的含义

（1）在 D:/wamp/www/目录下创建“14”目录，在该目录中创建 HTML 程序 css.html，该程序的代码如图 14-2 所示。

```
<!DOCTYPE html>
<html>
<head>
<title>层叠特性</title>
<style type="text/css">
p{   /*  这是一个标签选择器，本样式适用于所有<p>标签   */
   color:green;
}
.redColor{   /*这是一个类选择器，用.定义，本样式适用于所有class='redColor'的标签   */
   color:red;
}
.blackColor{   /*这是一个类选择器，用.定义，本样式适用于所有class='blackColor'的标签   */
   color:black;
}
#line3{   /*这是一个ID选择器，用#定义，本样式适用于所有id='line3'的标签   */
   color:blue;
}
</style>
</head>
<body>
   <p>第1行绿色文本</p>
   <p class="redColor">第2行红色文本</p>
   <p id="line3" class="redColor">第3行蓝色文本</p>
   <p style="color:orange;" id="line3">第4行橙色文本</p>
   <p class="blackColor redColor">第5行黑色文本</p>
   <p class="redColor blackColor">第6行黑色文本</p>
</body>
</html>
```

图 14-2　HTML 程序 css.html 的代码

代码分析如下。

第 1 行，<p>标签没有出现冲突问题，显示标签选择器 p 中定义的绿色。

第 2 行，<p>标签使用 class 属性定义了本元素的类名为 redColor，此时产生了冲突。类选择器的优先级大于标签选择器，因此以“.redColor”定义的样式为准，显示为红色。

第 3 行，<p>标签既有 ID 选择器，又有类选择器（同时还有标签选择器），此时产生了冲突。ID 选择器的优先级大于类选择器，因此以“#line3”定义的样式为准，显示为蓝色。

第 4 行，<p>标签增加了行内样式，既有行内样式，又有 ID 选择器，此时产生了冲突。行内样式的优先级大于 ID 选择器，因此以 style="color:orange;"定义的样式为准，显示为橙色。

第 5、第 6 行，<p>标签使用了两个类选择器，并且两个类选择器都定义了 color 属性，此时产生了冲突。blackColor 类选择器的优先级大于 redColor，因此显示为黑色。

（2）执行 HTML 程序 css.html，执行结果如图 14-3 所示。

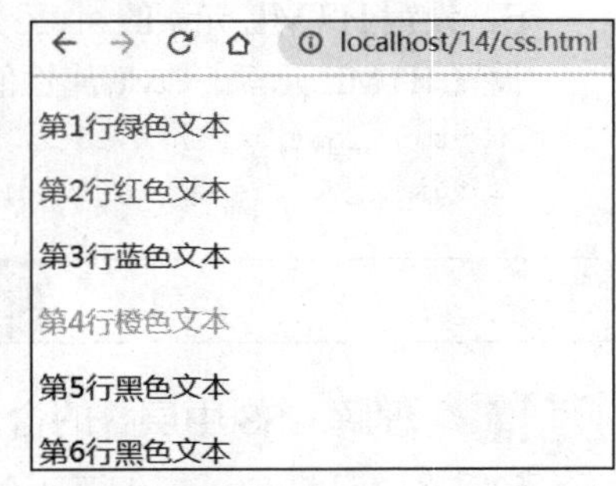

图 14-3　HTML 程序 css.html 的执行结果

说明 1：一个 HTML 元素可以被赋予多个 class，这么做可以把若干个 CSS 类选择器合并到一个 HTML 元素中，产生层叠效果。

说明 2：类选择器的优先级是按照 CSS 样式表的顺序，后面的覆盖前面的。

说明 3：简单的 CSS 代码可以直接编写在 HTML 元素的 style 属性中。复杂的 CSS 代码需要借助<style />标签嵌入 HTML 页面中，<style />标签通常写在 HTML 页面的<head />标签中。

场景 2 通过 JavaScript 的 document 对象操作 HTML 元素

（1）准备图片“php.jpg”，将其存放在“14”目录下。

（2）在 Web Content 目录下创建 PHP 程序 js.php，该程序的代码如图 14-4 所示。

```
<!DOCTYPE html>
<html>
<head>
<title>通过JavaScript的document对象操作HTML元素</title>
<script>
var showMessage = function(input){
   var username = input.value.trim();
   var msg = document.getElementById("msg");
   if(username == ""){
      msg.style.color = "red";
      msg.innerHTML = "用户名不能为空！";
      return;
   }
   if(username == "zhangsan"){
      msg.style.color = "red";
      msg.innerHTML = "用户名已经被占用！";
      return;
   }else{
      msg.style.color = "green";
      msg.innerHTML = "用户名可以使用！";
   }
}
var showPicture = function(){
   document.getElementById("picture").innerHTML = "<img width=100 src='php.jpg'>";
}
</script>
</head>
<body>
<input onblur="showMessage(this)" type='text' /><span id='msg'></span>
<br/>
<input type="submit" onclick="showPicture()" value="加载图片"><span id="picture"></span>
</body>
</html>
```

图 14-4　PHP 程序 js.php 的代码

说明 1：代码 onblur="showMessage(this)"表示该 HTML 元素失去焦点后，调用执行 showMessage 函数。

说明 2：<span></span>标签通常被用来组合 HTML 页面中的行内元素。行内元素、块级元素和行内块级元素的对比如下。

① 行内元素的特点：相邻的行内元素不换行，设置宽度、高度无效，外边距 margin 和内边距 padding 仅水平方向有效，垂直方向无效。

② 块级元素的特点，能够自动换行开启新的一行，能够设置宽度、高度，外边距 margin 和内边距 padding 对上、下、左、右 4 个方向的设置均有效。

③ 行内块级元素的特点：元素排列在一行，不会自动换行，宽度、高度的设置，外边距 margin 和内边距 padding 对上、下、左、右 4 个方向的设置均有效。

说明 3：常见的行内元素有 span、img、a、big、small、strong、u 等。常见的块级元素有 div、p、h1~h6、table、ul、li、ol 等，以及 H5 新增的属性 header、section、aside、footer 等。行内元素、块级元素和行内块级元素可以通过如下 CSS 代码相互转换。

```
display: inline;           转为行内元素
display: block;            转为块级元素
display: inline-block;     转为行内块级元素
```

（3）该程序可能的执行结果如图 14-5 所示。

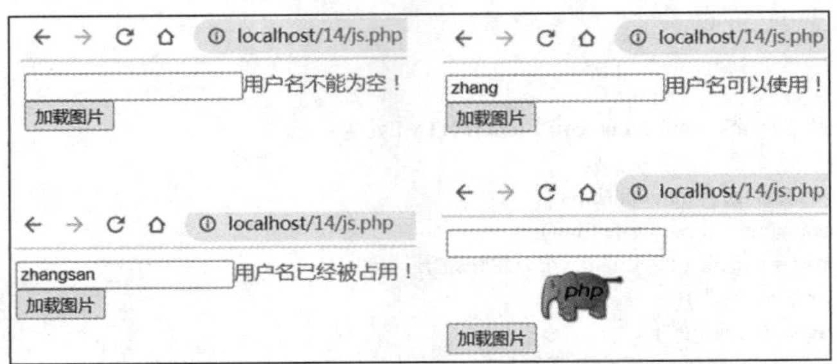

图 14-5 PHP 程序 js.php 可能的执行结果

场景 3 JavaScript 在个人博客系统中的应用

（1）将 myblog 目录复制一份，命名为 myblog_string（表示 myblog 的字符串版本），以备将来使用。保持 myblog 是最新版本。

（2）单击“删除”博客超链接时弹出“确定删除”对话框，只有单击对话框中的“确定”按钮才会执行博客的删除操作。将 PHP 程序 list_blog.php 中的代码：

```
<a href="/myblog/blog/delete_blog.php?blog_id=<?=$row['blog_id']?>">删除</a>
```

修改为：

```
<a  href="/myblog/blog/delete_blog.php?blog_id=<?=$row['blog_id']?>"  onclick="return confirm('确定删除吗? ');">删除</a>
```

（3）提供博客编辑的撤销功能，单击博客编辑页面中的“取消”按钮后，撤销博客的编辑操作。将 PHP 程序 edit_blog.php 中的代码：

```
<input type="reset" name="reset" value="重置"/>
```

修改为：

```
<input type="button" value="取消" onclick="window.history.back();">
```

14.2 使用 DIV+CSS 实现个人博客系统首页的页面布局

DIV+CSS 是 Web 设计标准，是一种网页布局方法。相较传统的通过表格（table）布局定位的方法，它可以实现页面内容与显示效果分离。

DIV+CSS 概述

14.2.1 DIV+CSS 概述

DIV 是一个块级元素，这意味着它的内容自动开始一个新行。DIV 的起始标签和结束标签之间的所有内容都是用来构成这个块的。在标准网页设计中，网页的内容放在 DIV 中，内容的显示效果由 CSS 控制，使用 DIV+CSS 的方式布局整个网页，可以实现页面内容与显示效果分离。这样不仅可以使维护网站的外观变得容易，而且可以使 HTML 文档代码简练，缩短浏览器的加载时间。

使用 DIV 定义个人博客系统首页的内容结构

14.2.2 使用 DIV 定义个人博客系统首页的内容结构

使用 DIV 定义个人博客系统首页的内容结构，如图 14-6 所示，该内容结构分为以下几个部分。

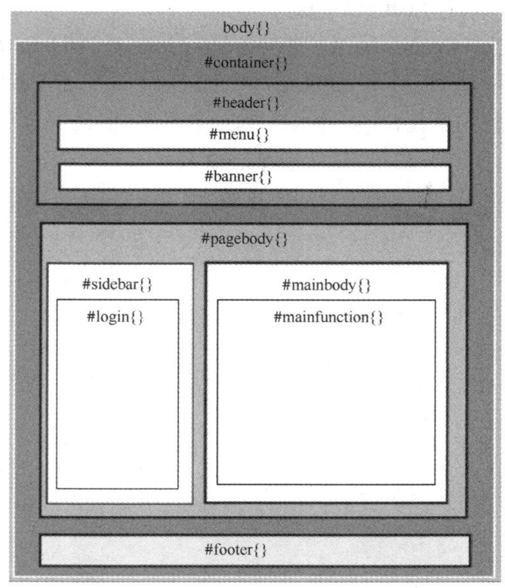

图 14-6　个人博客系统首页的内容结构

（1）body：对于任何 HTML 页面，页面内容显示在 body 中。

（2）container：在 body 中定义一个 id 为 container 的 DIV，作为显示整个首页的容器，并将 container 划分为上（header）、中（pagebody）、下（footer）3 个部分。

（3）header：包含上（menu）、下（banner）两个部分。

（4）menu：定义个人博客系统需要显示的功能超链接，并将个人博客系统的 Logo（logo.gif 图片）作为背景。

（5）banner：只定义一张背景图片 banner.jpg。

（6）pagebody：包含左（sidebar）、右（mainbody）两个部分。

（7）sidebar：仅包含 login，而 login 提供用户登录表单。

（8）mainbody：仅包含 mainfunction，是主功能显示区域。

（9）footer：定义个人博客系统的版权等信息。

上机实践 1　使用 DIV+CSS 实现个人博客系统首页的页面布局

场景 1　使用 DIV 定义个人博客系统首页的内容结构

在项目根目录 myblog 中创建 PHP 程序 index.php，该程序是个人博客系统的首页，该程序使用 DIV 定义个人博客系统首页的内容结构。PHP 程序 index.php 的代码如图 14-7 所示。

说明：下面的代码负责将 css 目录中的 CSS 文件 myblog.css“加载”到当前页面（此处是 index.php）中。

```
<link rel="stylesheet" href="/myblog/css/myblog.css" type="text/css">
```

场景 2　使用 CSS 定义个人博客系统首页的显示效果

（1）利用搜索引擎搜索一张图片作为个人博客系统的 LOGO。要求：图片宽度为 980 像素，图片高度为 74 像素，将图片命名为 logo.gif。

（2）利用搜索引擎搜索一张图片作为个人博客系统的 banner。要求：图片宽度为 958 像素，图片高度为 177 像素，将图片命名为 banner.jpg。

（3）在 myblog 目录中创建 images 目录，将准备好的 logo.gif 和 banner.jpg 图片存放在该目录中。

（4）创建 CSS 文件。在项目根目录 myblog 中创建 css 目录，在该目录中创建 myblog.css 文件，代码如图 14-8 所示。需要注意的是，CSS 文件本质是文本文件，将 CSS 文件的字符编码设置为 UTF-8。

```
<!DOCTYPE html>
<html>
<head>
  <title>孔祥盛的个人博客系统 </title>
  <link rel="stylesheet" href="/myblog/css/myblog.css" type="text/css">
</head>
<body>
<div id="container">
  <div id="header">
    <div id="menu">
    </div>
    <div id="banner">
    </div>
  </div>
  <div id="pagebody">
    <div id="sidebar">
      <div id="login">
      </div>
    </div>
    <div id="mainbody">
      <div id="mainfunction">
      </div>
    </div>
  </div>
  <div id="footer">
    <a href="">系统简介</a>
    <a href="">联系方法</a>
    <a href="">相关法律</a>
    <a href="">举报违法信息</a>
    <br><br>公司版权所有
  </div>
</body>
</html>
```

图 14-7　PHP 程序 index.php 的代码

```
body{
  font:12px "宋体";
  text-align:center;
  margin:0px;
  background-color:#FFF;
}
#container{
  width:980px;
  margin:0px auto;
}
#header{
  width:980px;
  margin:0px auto;
}
#menu{
  width:980px;
  height:74px;
  margin:0px auto;
  background:url("/myblog/images/logo.gif") no-repeat;
  background-size:980px 74px;
}
#banner{
  width:958px;
  height:177px;
  margin:0px auto;
  background:url('/myblog/images/banner.jpg') no-repeat;
  background-size:958px 177px;
}
#pagebody{
  width:958px;
  height:500px;
  margin:0px auto;
}
#sidebar{
  width:225px;
  height:500px;
  float:left;
  background-color:#BDBDBD;
}
#login{
  margin:10px 0px 0px 0px;
}
#mainbody{
  text-align:left;
  width:730px;
  height:500px;
  float:right;
  background-color:#D8D8D8;
}
#mainfunction{
  margin:10px 0px 0px 10px;
}
#footer{
  width:958px;
  height:50px;
  margin:0px auto;
  background-color:#FFCC00;
}
```

图 14-8　myblog.css 文件的代码

（5）运行 PHP 程序 index.php，观察首页的变化。

myblog.css 代码说明如下。

① font:12px "宋体"：设置对象内的字体大小为 12 像素，字体为宋体。这里使用了字体设置的缩写格式，完整的 CSS 代码为 font-size:12px;font-family: "宋体"；。

② text-align:center：设置对象内的文字对齐方式为居中对齐。另外，还可以将文字对齐方式设置为居左（left）或居右（right）。

③ margin:0px：设置对象的外边距为 0 像素。这里使用了外边距设置的缩写格式，完整的 CSS 代码为 margin-top:0px;margin-right:0px;margin-bottom:0px;margin-left:0px 或 margin:0px 0px 0px 0px;，表示设置上边距、右边距、下边距、左边距均为 0 像素。如果使用 auto 则表示自动调整外边距，例如，“margin:0px auto；”设置上下外边距为 0 像素，左右外边距为自动调整，即对象水平方向居中显示。

④ padding 属性：设置对象的内边距，其属性值请参考 margin。padding 属性在 IE 浏览器和 Firefox 浏览器的表现不同，因此该属性应慎用。padding 属性在浏览器的表现如图 14-9 所示。

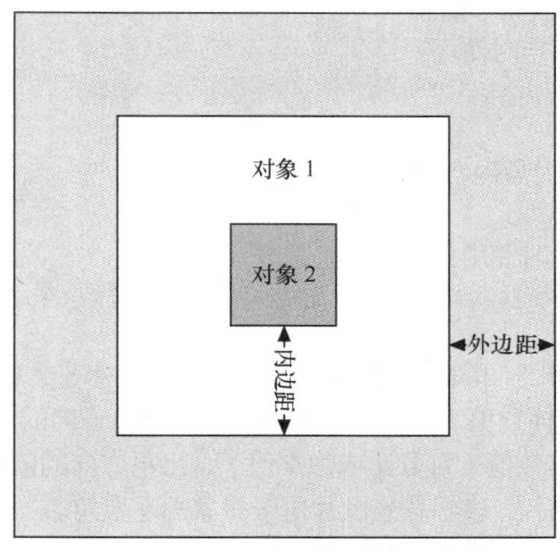

图 14-9　padding 属性

⑤ background-color:#FFF：设置对象的背景色为白色，#FFF 颜色使用了缩写，完整的颜色格式是#FFFFFF。

⑥ width:980px：设置对象的宽度为 980 像素。

说明：header 层的宽度由 menu 层的宽度决定，menu 层的宽度由 logo.gif 图片的宽度决定；pagebody 层和 footer 层的宽度设置为 banner.jpg 图片的宽度；sidebar 层的宽度与 mainbody 层的宽度之和小于 pagebody 层的宽度。

⑦ height:74px：设置对象的高度为 74 像素。

说明：header 层的高度是 menu 层的高度与 banner 层的高度之和；menu 层的高度由 logo.gif 图片的高度决定；banner 层的高度由 banner.jpg 图片的高度决定；sidebar 层的高度等于 mainbody 层的高度；pagebody 层的高度由 sidebar 层的高度（或 mainbody 层的高度）决定。

⑧ background:url("/myblog/images/logo.gif") no-repeat;：设置对象的背景图片为 logo.gif 并且不平铺。这里使用了背景设置的缩写格式（使用背景设置的缩写格式时，各属性值的位置可以任意）。

⑨ background-size:980px 74px：设置背景图片的宽度为 980 像素，高度为 74 像素。

⑩ 设置背景颜色时使用：

```
background-color:transparent|color
```

参数值说明如下。

transparent：指定背景色透明。

color：指定具体的背景颜色。

⑪ 设置背景图片时使用：

```
background-image:none|url(url)
```

参数值说明如下。

none：指定无背景图片。

url：使用绝对地址或相对地址指定背景图片。

⑫ 设置背景图片的平铺方式时使用：

```
background-repeat:repeat|no-repeat|repeat-x|repeat-y
```

参数值说明如下。

repeat：指定背景图片纵向平铺和横向平铺。

no-repeat：指定背景图片不平铺。

repeat-x：指定背景图片横向平铺。

repeat-y：指定背景图片纵向平铺。

⑬ 设置背景图片是否固定时使用：

```
background-attachment:scroll|fixed
```

参数值说明如下。

scroll：指定背景图片随对象内容滚动。

fixed：指定背景图片固定。

⑭ 设置背景图片的位置时使用：

```
background-position:position
```

参数值说明如下。

position：指定背景图片相对于对象的位置。该属性包含的水平方向的值为 left（居左）、center（居中）、right（居右）或具体数值（百分比或像素值），垂直方向的值为 bottom（底部）、middle（中间）、top（顶部）和具体数值（百分比或像素值），水平方向的值与垂直方向的值用空格隔开。此属性的默认值为“(0% 0%)”，表示背景图片位于对象的左上角。

⑮ align 属性：设定文本、图像和表格的对齐方式。

⑯ float:left：设置一个页面元素相对于另一个页面元素的浮动，即控制页面元素之间的相对位置排列。float 包含的值有 none（无浮动）、left（在左边浮动）和 right（在右边浮动），默认值为 none。float 属性与 align 属性的作用相似，只是 align 属性只能设定文本、图像和表格的对齐方式，而 float 可以设置任何页面元素的对齐方式。由于 DIV 是一个块级元素，这意味着它的内容自动开始一个新行，使用 float 属性可以设置 DIV 之间左右对齐。由于 pagebody 层的宽度为 958 像素，而 sidebar 层和 mainbody 层的宽度之和 225 像素+730 像素等于 955 像素，因此当 sidebar 层漂浮在 pagebody 层的左边（float:left;），mainbody 层漂浮在 pagebody 层的右边（float:right;）时，sidebar 和 mainbody 之间存在 3 像素的间隙。

场景 3 header 层中 menu 层的实现

知识提示：header 层包含 menu 层和 banner 层，本场景实现 header 层中的 menu 层。

（1）将 PHP 程序 index.php 中 id 为 menu 的 DIV 层的代码修改为如图 14-10 所示。

说明 1：<ul></ul>与<li></li>结合起来可以在页面中以项目符号“●”以及项目列表的形式显示信息。使用项目列表<li>实现菜单 menu，可以方便对菜单 menu 定制样式。

说明 2：<li class="menudiv"></li>代码的功能是向菜单项中间插入形如“|”的分隔样式。在 CSS 中设置该分隔样式的语法格式为.menudiv{}。

（2）向 myblog.css 末尾添加图 14-11 所示的代码，设置 menu 层中的项目符号以及项目列表的 CSS 样式。

```
<div id="menu">
  <ul>
  <li><a href="">首页</a></li>
  <li class="menudiv"></li>
  <li><a href="">评论浏览</a></li>
  <li class="menudiv"></li>
  <li><a href="">标签浏览</a></li>
  <li class="menudiv"></li>
  <li><a href="">博客发布</a></li>
  <li class="menudiv"></li>
  <li><a href="">添加标签</a></li>
  <li class="menudiv"></li>
  <li><a href="">用户注册</a></li>
  </ul>
</div>
```

图 14-10　PHP 程序 index.php 中 id 为 menu 的 DIV 层的代码

```
#menu ul{
  list-style:none;
}
#menu ul li{
  float:left;
}
```

图 14-11　设置 menu 层中的项目符号以及项目列表的 CSS 样式

说明 1：由于<ul>标签包含在 id="menu"的 DIV 层中，所以设置<ul>标签的 CSS 样式的语法格式应该是#menu ul{}；如果<ul>标签包含在 class="menudiv"的 DIV 层中，则设置该<ul>标签的 CSS 样式的语法格式应该是.menudiv ul{}。

说明 2：<ul>标签的 CSS 样式 list-style:none 表示取消项目符号“●”的显示。

说明 3：<li>标签的 CSS 样式 float:left 表示设置项目列表在同一行显示。

（3）向#menu ul li{}中添加下面的代码，使项目列表项之间产生 20 像素的距离(左：10 像素，右：10 像素)。

```
margin:0 10px;
```

（4）向#menu ul{}中添加下面的代码，将整个项目列表标签浮动到 menu 层的右边。

```
float:right;
```

（5）向#menu ul{}中添加下面的代码，设置<ul>项目列表的外边距。此时项目列表<ul>标签分别向下移动 25 像素，向左移动 10 像素。

```
margin:25px 10px 0px 0px;
```

（6）向 myblog.css 样式表中添加图 14-12 所示的代码，向项目列表项间添加一条竖线“|”，竖线的宽度为 2 像素，高度为 28 像素，背景颜色为灰色#999。

```
.menudiv{
  width:2px;
  height:28px;
  background:#999;
}
```

图 14-12　向项目列表项间添加一条竖线“|”

（7）由于项目列表项的文字位于竖线“|”的顶部，所以向#menu ul li{}中添加下面的代码，设置项目列表项中文本行的高度，这里将文本行的高度设置为与竖线同样的高度。

```
line-height:28px;
```

（8）向 myblog.css 末尾添加图 14-13 所示的代码，修改项目列表项中超链接的样式。

说明 1：font-weight 属性用于设置字体的加粗情况，属性值包括 normal（普通）、bold（加粗）、bolder（更粗）、lighter（更细）以及 100、200、300、400、500、600、700、800 和 900。其中 normal 相当于 400，bold 相当于 700。

```
#menu ul li a:link,#menu ul li a:visited{
    font-weight:bold;
    color:#666;
    text-decoration:none;
    background-color:#efefef;
}
#menu ul li a:hover{
    background:#666;
    color:#fff;
}
```

图 14-13　修改项目列表项中超链接的样式

说明 2：text-decoration 属性用于设置文字修饰效果，属性值包括 none（无修饰）、underline（下划线）、overline（上划线）、line-through（删除线）和 blink（闪烁）。

说明 3：在 CSS 样式中设置超链接的 CSS 样式时，a:link 用于设置超链接未被访问时的样式，a:visited 用于设置超链接被访问后的样式，a:hover 用于设置当鼠标指针悬停到超链接上时超链接的样式，a:active 用于设置按下鼠标时超链接的样式。

▶注意：设置超链接的 CSS 样式时，必须按 a:link、a:visited、a:hover 和 a:active 的顺序进行设置，否则可能出现预想不到的效果，记住它们的顺序是“LVHA”。

（9）重新执行 PHP 程序 index.php，观察 header 层中 menu 层的变化。

场景 4　header 层中 banner 层的实现

知识提示 1：header 层包含 menu 层和 banner 层，本场景实现 header 层中的 banner 层。

知识提示 2：前面已经使用 CSS 样式设置了 banner 层的宽度、高度、背景图片和外边距，本场景向 banner 层添加高度为 5 像素，颜色为浅黄色的下边框。

（1）向#banner{}中添加下面的代码，向 banner 层添加宽度为 5 像素，颜色为浅黄色的下边框。

```
border-bottom:5px solid #EFEF00;
```

说明 1：使用 border-left、border-right 和 border-top 可以分别设置对象的左边框、右边框和上边框。

说明 2：solid 表示实线。使用 dotted 可以表示由点组成的虚线，使用 dashed 可以表示由短线组成的虚线。

（2）将#banner{}中的代码：

```
height:177px;
```

修改为：

```
height:179px;
```

说明：banner.jpg 图片的高度是 177 像素，将 banner 层的高度设置为 179，使 banner 层的浅黄色下边框与 banner.jpg 图片之间存在 2 像素的空白区域。

（3）重新执行 PHP 程序 index.php，观察 header 层中 banner 层的变化。

场景 5　pagebody 层的实现

（1）将#pagebody{}中的代码：

```
margin:0px auto;
```

修改为：

```
margin:2px auto;
```

说明：修改后的代码使 pagebody 层与 header 层和 footer 层上下间隔 2 像素。

（2）分别向#sidebar{}和#mainbody{}中添加下面的代码。

```
overflow:hidden;
```

说明：当 mainbody 层或 sidebar 层中的页面内容过长时，修改后的代码可将过长部分自动隐藏，防止内容过长时撑破页面布局。

场景 6 footer 层的实现

（1）向#footer{}中添加下面的代码。

```
padding:20px 0px 20px 0px;
font-weight:bolder;
```

说明：上面的 CSS 样式代码将 footer 层的上内边距和下内边距均设置为 20 像素，字体加粗显示。

（2）向 myblog.css 末尾添加图 14-14 所示的代码，修改首页中超链接的 CSS 样式。

```
a:link,a:visited{
    text-decoration:none;
}
a:hover{
    background:#666;
    color:#fff;
}
```

图 14-14 修改首页中超链接的 CSS 样式

（3）重新执行 PHP 程序 index.php，执行结果如图 14-15 所示。

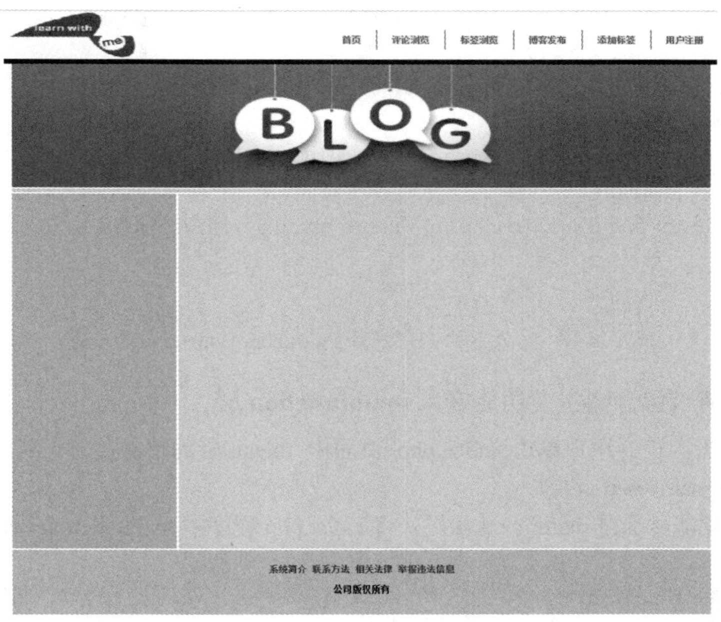

图 14-15 PHP 程序 index.php 的执行结果

上机实践 2 将个人博客系统的各个功能模块整合到首页

知识提示：利用请求包含，可以将个人博客系统的各个功能模块整合到首页。

场景 1 将用户登录和注销功能嵌入 login 层

（1）将 myblog 目录复制一份，命名为 myblog_index（表示 myblog 的首页版本），以备将来使用。保持 myblog 是最新版本。

（2）将登录页面 login.php 嵌入 index.php 页面中的 login 层中，将 index.php 程序中 login 层的代码修改为如下代码。

```
<div id="login">
    <?php include_once(__DIR__ . "/user/login.php"); ?>
</div>
```

（3）将登录处理 PHP 程序 login_process.php 和注销处理 PHP 程序 logout.php 中的重定向代码修改为如下代码。

```
header("Location:/myblog/index.php");
```

无论用户是登录成功还是失败，都将页面重定向到首页 index.php。

场景 2　修改 menu 层的代码

将 index.php 程序中 menu 层的代码修改为图 14-16 所示的代码。

```
<div id="menu">
  <ul>
  <li><a href="/myblog/index.php?url=/blog/list_blog.php">首页</a></li>
  <li class="menudiv"></li>
  <li><a href="/myblog/index.php?url=/comment/list_comment.php">评论浏览</a></li>
  <li class="menudiv"></li>
  <li><a href="/myblog/index.php?url=/tag/list_tag.php">标签浏览</a></li>
  <li class="menudiv"></li>
  <li><a href="/myblog/index.php?url=/blog/add_blog.php">博客发布</a></li>
  <li class="menudiv"></li>
  <li><a href="/myblog/index.php?url=/tag/add_tag.php">添加标签</a></li>
  <li class="menudiv"></li>
  <li><a href="/myblog/index.php?url=/user/form.html">用户注册</a></li>
  </ul>
</div>
```

图 14-16　修改后的 PHP 程序 index.php 中 menu 层的代码

场景 3　利用请求包含将主要功能嵌入 mainfunction 层

知识提示：当浏览器用户单击 index.php 页面中 menu 层的超链接时，对应结果应该显示在 index.php 页面的 mainfunction 层中。

（1）将主要功能显示在 mainfunction 层。将 index.php 程序中 mainfunction 层的代码修改为如下代码。

```
<div id="mainfunction">
<?php include_once(__DIR__ . ($_GET["url"] ?? "/blog/list_blog.php")); ?>
</div>
```

说明：默认情况下，mainbody 层请求包含 PHP 程序/blog/list_blog.php；当浏览器用户单击 menu 层的超链接时，mainbody 层加载 URL 查询字符串对应的 PHP 程序。

（2）将博客的模糊查询功能嵌入 mainfunction 层。将 PHP 程序 list_blog.php 中模糊查询 FORM 的 action 代码修改为如下代码。

```
<form action="/myblog/index.php?url=/blog/list_blog.php" method="get">
```

（3）将 PHP 程序 list_blog.php 中查看博客详情超链接、编辑超链接和删除超链接的代码修改为图 14-17 所示的代码。

```
<tr><td>
<a href="/myblog/index.php?url=/blog/get_blog_detail.php&blog_id=<?=$row['blog_id']?>"><?=mb_strcut($row['title'],0,60,"UTF-8")?></a>
</td><?php if(isset($_SESSION["user"]) && $_SESSION["user"]["blogger"]=="Y"){ ?><td>
<a href="/myblog/index.php?url=/blog/edit_blog.php&blog_id=<?=$row['blog_id']?>">编辑</a>
</td><td>
<a href="/myblog/index.php?url=/blog/delete_blog.php&blog_id=<?=$row['blog_id']?>" onclick="return confirm('确定删除吗？');">删除</a>
</td><?php } ?></tr>
```

图 14-17　修改后的 PHP 程序 list_blog.php 中查看博客详情超链接、编辑超链接和删除超链接的代码

▶注意：查询字符串中的多个参数使用“&”符号连接。

（4）将 PHP 程序 update_blog.php、delete_blog.php 和 save_blog.php 中的重定向代码修改为如下代码。

```
header("Location:/myblog/index.php?url=/blog/list_blog.php");
```

（5）将 PHP 程序 save_comment.php 中的重定向代码修改为如下代码。

```
header("Location:/myblog/index.php?url=/blog/get_blog_detail.php&blog_id={$_POST['blog_id']}");
```

▶注意：查询字符串中的多个参数使用“&”符号连接。

（6）将 PHP 程序 check_comment.php 和 delete_comment.php 中的重定向代码修改为如下代码。

```
header("Location:/myblog/index.php?url=/comment/list_comment.php");
```

（7）将 PHP 程序 check_comment.php 和 delete_comment.php 中的重定向代码修改为如下代码。

```
header("Location:/myblog/index.php?url=/comment/list_comment.php");
```

（8）将 PHP 程序 list_blog.php 中的分页代码修改为如下代码。

```
page($total_records,$page_size,$current_page,"/myblog/index.php?url=/blog/list_blog.php",$kw);
```

经过上面所有步骤的代码修改后，已经将 PHP 程序与首页融为一体。从上面代码的修改过程可以看出，大部分的代码修改仅局限于对路径的修改，并没有涉及任何功能性代码的修改。对于其他功能的代码实现，读者可参照本节的内容进行相应修改。

习题

问答题

利用 CSS 样式表定义已访问超链接的字体大小为 14pt，颜色为红色。

（1）如果 JavaScript 中网页后退的代码 history.back()的效果和 history.go(-1)的效果相同，则 JavaScript 中网页前进的代码是什么？

（2）JavaScript 表单弹出对话框的函数是什么？获得输入焦点的函数是什么？

（3）JavaScript 的重定向函数是什么？怎样引入一个外部 JS 文件？

PHP 内置错误类和异常类

```
interface Throwable
  |- Error implements Throwable（Error类实现了Throwable接口）
    |- CompileError extends Error（编译错误类继承了Error类）
      |- ParseError extends CompileError（解析错误类继承了编译错误类）
    |- TypeError extends Error（类型错误类继承了Error类）
      |- ArgumentCountError extends TypeError（实参错误类继承了类型错误类）
    |- ArithmeticError extends Error（算术运算错误类继承了Error类）
      |- DivisionByZeroError extends ArithmeticError（被零除错误类继承了算术运算错误类）
    |- AssertionError extends Error（断言错误类继承了Error类）
  |- Exception implements Throwable（Exception类实现了Throwable接口）
    |- ClosedGeneratorException（生成器被关闭异常）
    |- DOMException（DOM异常）
    |- ErrorException（错误异常）
    |- IntlException（内置数据类型异常）
    |- LogicException（逻辑异常）
      |- BadFunctionCallException（错误的函数调用异常）
        |- BadMethodCallException（错误的方法调用异常）
      |- DomainException（域名异常）
      |- InvalidArgumentException（无效参数异常）
      |- LengthException（长度异常）
      |- OutOfRangeException（非法索引异常）
    |- PharException（phar 文件异常）
    |- ReflectionException（反射异常）
    |- RuntimeException（运行时异常）
      |- mysqli_sql_exception（mysqli 异常）
      |- OutOfBoundsException（越界异常）
      |- OverflowException（上溢出异常）
      |- PDOException（PDO异常）
      |- RangeException（范围异常）
      |- UnderflowException（下溢出异常）
      |- UnexpectedValueException（意外值异常）
    |- Custom Exception（自定义异常）
```